军事海洋导论

黄昆仑　主　编
葛义军　副主编

国防工业出版社
·北京·

内 容 简 介

本书系统而全面地阐述了军事海洋学的基本概念、理论和方法，主要内容包括：军事海洋学的发展概况，军事海洋环境（地理环境、声光环境、水文气象环境）的基本特征和变化规律，海洋调查的基本概念、分类和观测方法，全球海洋环境特征以及军事海洋学的军事应用。

本书可作为有关院校军事海洋学相关课程的教材，也可作为从事军事海洋环境保障领域专业技术人员的参考资料。

图书在版编目（CIP）数据

军事海洋导论 / 黄昆仑等主编. -- 北京：国防工业出版社，2025.2. -- ISBN 978-7-118-13614-2

Ⅰ. E993.1

中国国家版本馆 CIP 数据核字第 2025BC5570 号

※

国防工业出版社出版发行

（北京市海淀区紫竹院南路 23 号　邮政编码 100048）
北京凌奇印刷有限责任公司印刷
新华书店经售

*

开本 710×1000　1/16　插页 1　印张 23½　字数 416 千字
2025 年 2 月第 1 版第 1 次印刷　印数 1—1300 册　定价 128.00 元

（本书如有印装错误，我社负责调换）

国防书店：（010）88540777　　书店传真：（010）88540776
发行业务：（010）88540717　　发行传真：（010）88540762

本书编写人员

主　　编　黄昆仑

副 主 编　葛义军

编　　写　方　斌　王智宇　尼胜楠

校　　对　尼胜楠

前　言

《军事海洋导论》是为船舶与海洋工程及港口航道与海岸工程等专业"军事海洋概论"课程精心打造的专属教材。可作为大学本科学生教材使用，也可作为从事军事海洋环境保障领域技术人员的专业参考资料。

习主席强调，"建设海洋强国是实现中华民族伟大复兴的重大战略任务"，海洋事业关系民族生存发展状态，关系国家兴衰安危。我国作为海洋大国，海域面积辽阔，海洋在经济发展、资源供给、战略安全等方面都发挥着不可替代的作用。从"向海洋进军，加快建设海洋强国"的战略指示，到对海洋经济、海洋科研发展的重视，都彰显了海洋在国家发展全局中的关键地位。海军舰艇从浅海走向深海，海洋成为军事活动的重要舞台，复杂海洋环境对军事行动的影响愈发显著，从航海、通信、武器装备运用到作战方案制定，都与海洋环境息息相关。因此，深入研究军事海洋环境效应，培养掌握军事海洋知识的专业人才，已成为提升海军战斗力、维护国家海洋权益的迫切需求。"军事海洋概论"课程也因此成为本科学生培养海战场意识、筑牢军事海洋基础的必修课程。

本书内容丰富、结构严谨，共分为十一章。第 1 章引领读者走进军事海洋学的世界，剖析其内涵、回顾发展历程并展望未来，同时简要梳理海洋科学的发展历史，构建理解军事海洋学的宏观框架。第 2 章聚焦海洋地理环境，介绍地形地貌与海陆分布，帮助读者建立对海洋空间的直观认知。第 3 章深入研究海水物理性质，如温度、盐度、密度等，这些参数在海洋动力过程和军事应用中至关重要。第 4 章关注海洋大气环境，探讨海气相互作用及其对军事活动的影响。第 5 至 7 章深入剖析海洋动力环境，包括海流、海浪和潮汐，揭示其形成机制、变化规律及军事影响。第 8 章探索海洋声、光传播奥秘及其军事应用，展现海洋声学和光学技术在现代海战中的价值。第 9 章围绕海洋环境数据获取，介绍海洋调查和卫星海洋遥感等技术手段。第 10 章着重分析中国近海和世界海洋环境特征，为军事活动提供针对性环境参考。第 11 章将理论与实践结合，阐述军事海洋学在海军作战和装备保障中的具体应用，凸显其实践意义。

在编写过程中，编者广泛汲取众多优秀成果。海洋环境部分参考了冯士筰院士主编的《海洋科学导论》、叶安乐编著的《物理海洋学》、侍茂崇主编的《海洋调查方法》等经典教材，以及大量国内外权威书刊。在此致以诚挚感谢。

然而，由于编者知识水平有限，编写时间紧迫，书中难免存在缺点和不足。衷心希望广大读者不吝赐教，提出宝贵的批评和建议，这将有助于我们完善教材内容，提高教学质量。

编者

2024 年 12 月

目　　录

第 1 章　绪论 ··· 1
1.1　军事海洋学及其发展概况 ·· 1
1.1.1　军事海洋学的发展概况 ·· 1
1.1.2　军事海洋学的主要研究内容 ··· 4
1.1.3　军事海洋学的研究方法 ·· 8
1.2　海洋科学及其发展史 ·· 12
1.2.1　海洋科学的知识体系 ·· 12
1.2.2　海洋科学的发展简史 ·· 15
1.3　军事海洋学展望 ··· 20
1.3.1　未来海战对军事海洋学的要求 ·· 20
1.3.2　海洋环境监测调查研究展望 ··· 21
1.3.3　战场海洋环境保障系统展望 ··· 21
1.3.4　战场海洋信息技术研究展望 ··· 22
习题和思考题 ··· 22

第 2 章　海洋自然地理环境 ·· 23
2.1　地球与海洋 ·· 23
2.1.1　地球的形状与大小 ·· 23
2.1.2　地球的圈层结构 ··· 24
2.1.3　海洋的定义及水文特征 ·· 26
2.2　海洋的划分 ·· 27
2.2.1　洋的划分 ·· 27
2.2.2　海的分类 ·· 28
2.3　海底地貌形态 ··· 29
2.3.1　海岸带 ·· 29
2.3.2　大陆边缘 ·· 30
2.3.3　大洋底 ·· 32
习题和思考题 ··· 33

第3章 海水的物理性质 ·········· 34

3.1 海水的组成及盐度 ·········· 34
3.1.1 纯水的特性 ·········· 35
3.1.2 海水的组成 ·········· 39
3.1.3 海水的盐度 ·········· 41

3.2 海水的热学性质和力学性质 ·········· 44
3.2.1 海水的主要热学性质 ·········· 45
3.2.2 海水的主要力学性质 ·········· 50

3.3 海水的密度和状态方程 ·········· 51
3.3.1 海水的密度 ·········· 51
3.3.2 海水的状态方程 ·········· 52

3.4 海冰 ·········· 53
3.4.1 海冰的形成和类型 ·········· 53
3.4.2 海冰的盐度和密度 ·········· 54

3.5 世界大洋的热量平衡和温度分布 ·········· 55
3.5.1 海面的热量收入与支出 ·········· 55
3.5.2 海洋内部的热交换 ·········· 60
3.5.3 世界大洋的温度分布与变化 ·········· 62

3.6 世界大洋的水量循环和盐度分布 ·········· 67
3.6.1 影响水平衡的因素 ·········· 68
3.6.2 水量平衡方程 ·········· 69
3.6.3 世界大洋的盐度分布 ·········· 70

3.7 世界大洋的密度的分布和变化 ·········· 75
3.7.1 密度的水平分布 ·········· 76
3.7.2 密度的铅直方向分布 ·········· 77
3.7.3 海水密度的变化 ·········· 78

习题和思考题 ·········· 78

第4章 海洋气象环境 ·········· 79

4.1 海洋大气概述 ·········· 79
4.1.1 大气的组成 ·········· 79
4.1.2 大气的垂直分层 ·········· 80

4.2 主要气象要素 ·········· 82
4.2.1 气温 ·········· 82
4.2.2 湿度 ·········· 82

		4.2.3 气压	84
		4.2.4 风	87
	4.3	大气的运动	89
		4.3.1 大气的水平运动	89
		4.3.2 大气环流	94
	4.4	气团、锋和锋面气旋	102
		4.4.1 气团和锋	102
		4.4.2 锋面气旋	105
	4.5	反气旋和副热带高压	107
		4.5.1 冷高压	108
		4.5.2 副热带高压	111
	4.6	热带气旋	113
		4.6.1 热带气旋概述	114
		4.6.2 热带气旋的形成及其发展的条件	116
		4.6.3 热带气旋的范围和强度	117
		4.6.4 热带气旋的移动路径	118
		4.6.5 台风的结构和天气模式	119
	习题和思考题		122

第5章 海流 123

	5.1	海水运动方程	123
		5.1.1 海水运动的研究思路	124
		5.1.2 海水的运动方程建立	125
		5.1.3 连续方程	133
	5.2	海流概述	134
		5.2.1 成因	134
		5.2.2 分类	135
		5.2.3 表示方法	135
	5.3	地转流	136
		5.3.1 概念及形成机制	136
		5.3.2 假设及方程简化	137
		5.3.3 运动方程求解及特点	138
	5.4	风海流	140
		5.4.1 无限深海风海流	140
		5.4.2 浅海风海流	144

  5.4.3 风海流的体积输运和副效应······145
 5.5 世界大洋环流······148
  5.5.1 海洋表层环流的地理分布······149
  5.5.2 大洋水团······154
 习题和思考题······155

第6章 海洋波动现象······156
 6.1 概述······156
  6.1.1 海洋波动现象的类型······156
  6.1.2 波浪要素······158
 6.2 小振幅重力波······159
  6.2.1 小振幅波波剖面方程和频散关系······159
  6.2.2 小振幅波动的运动特征······159
  6.2.3 正弦波的叠加······162
 6.3 风浪和涌浪······164
  6.3.1 风浪的成长与风时、风区的关系······164
  6.3.2 海浪的随机性与海浪谱······166
 6.4 近岸波浪传播的变形······169
  6.4.1 浅水影响（波长、波速、波高的变化）······169
  6.4.2 波向的折射······171
  6.4.3 绕射······173
  6.4.4 反射······174
  6.4.5 波浪的破碎······174
 6.5 海洋内波······175
  6.5.1 海洋内波研究简史······175
  6.5.2 内波基本概念······176
  6.5.3 界面内波及其特征······178
  6.5.4 海洋内波的观测······180
  6.5.5 海洋内孤立波的分布······183
 习题和思考题······185

第7章 海洋潮汐现象······186
 7.1 潮汐现象概述······186
  7.1.1 与潮汐现象有关的天文知识······186
  7.1.2 潮位曲线和潮汐要素······188
  7.1.3 潮汐的类型······190

7.1.4 潮汐不等现象 190
7.2 引潮力 192
7.2.1 月球引力 192
7.2.2 惯性离心力 192
7.2.3 引潮力 193
7.2.4 引潮力势 195
7.3 平衡潮理论 196
7.3.1 假设 196
7.3.2 潮汐椭球 196
7.3.3 基本结论 197
7.3.4 潮高公式 197
7.3.5 潮汐不等现象 198
7.3.6 分潮与假想天体 199
7.3.7 评价 200
7.4 潮汐动力理论 201
7.4.1 长海峡中的潮汐和潮流 201
7.4.2 窄长半封闭海湾中的潮汐和潮流 202
7.4.3 半封闭宽海湾中的潮汐和潮流（旋转潮波） 202
7.4.4 潮汐动力学理论的应用 202
习题和思考题 204

第8章 海洋中的声、光传播及其应用 205
8.1 海洋声学概述 205
8.1.1 水声学与海洋声学的发展 205
8.1.2 海洋声学的研究内容 206
8.1.3 海洋声学的应用前景 207
8.2 声波的基本理论 207
8.2.1 声波 207
8.2.2 理想流体中的小振幅声波 207
8.2.3 海水中声波的传播速度 209
8.3 海洋的声学特性 212
8.3.1 海水的声吸收 212
8.3.2 海面波浪的声散射 214
8.3.3 海水中的声速和声速铅直剖面 215

	8.3.4 海底声学特性	217
	8.3.5 海洋内部的不均匀性对声波的影响	220
8.4	声传播理论和典型水文条件下的声场特征	220
	8.4.1 波动声学基础	220
	8.4.2 射线声学基础	221
	8.4.3 分层不均匀海洋中的射线声学	223
	8.4.4 海洋中声的波导传播和反波导传播	224
	8.4.5 深海水下声道	225
	8.4.6 浅海表面声道	227
8.5	海洋的环境噪声	227
	8.5.1 海洋中的噪声源	227
	8.5.2 海洋动力学噪声谱特性	228
8.6	海洋声学方法遥测和反演海洋参数	229
	8.6.1 声遥测海洋参数	229
	8.6.2 利用声波反演海洋气候参数	230
8.7	海洋的光学性质	231
	8.7.1 海洋光学中的相关物理量	231
	8.7.2 光在海水中的衰减	234
	8.7.3 海水中光的散射	235
	8.7.4 水中能见度	237
	8.7.5 水下电视	238
	8.7.6 海洋激光雷达及其应用	238
	8.7.7 海洋光学浮标	240
习题和思考题		241

第9章 卫星海洋遥感与海洋调查 ·············· 242

9.1	海洋调查的定义、历史及科学作用	242
	9.1.1 海洋调查的定义	242
	9.1.2 海洋调查简史	242
	9.1.3 海洋调查的科学作用	246
9.2	海洋调查平台及仪器	247
	9.2.1 海洋调查船	248
	9.2.2 海洋卫星	249
	9.2.3 浮标和潜标	250

9.2.4 水下自航式海洋观测平台 254
9.2.5 海洋调查仪器 257
9.3 海洋调查的分类及内容 258
9.3.1 调查对象 259
9.3.2 传感器和仪器 260
9.3.3 平台 261
9.3.4 施测方法 261
9.3.5 数据信息处理 262
9.4 海洋水文观测 263
9.4.1 海洋水文观测的分类 263
9.4.2 水文观测的内容 265
9.4.3 海洋水文调查资料处理 276
9.5 卫星海洋遥感 276
9.5.1 海洋环境条件保障 276
9.5.2 海洋目标监视 277
9.5.3 水下潜艇探测 277
9.6 全球海洋观测系统简述 278
习题和思考题 279

第10章 全球海洋环境特征 280
10.1 中国近海海洋环境特征 280
10.1.1 中国近海海区 280
10.1.2 中国近海重点军事海域 294
10.2 世界海洋环境特征 299
10.2.1 世界各大洋 299
10.2.2 世界重点军事海域 311
习题和思考题 313

第11章 军事海洋学的军事应用 314
11.1 在海军作战中的应用 314
11.1.1 登陆作战中的应用 314
11.1.2 水下作战中的应用 319
11.1.3 水雷作战中的应用 325
11.1.4 无人舰艇作战中的应用 328
11.2 在海军装备保障中的应用 333

  11.2.1 舰艇作战平台中的应用 ……………………………………… 333
  11.2.2 导弹武器保障中的应用 ………………………………………… 336
  11.2.3 鱼雷武器保障中的应用 ………………………………………… 340
  11.2.4 水雷武器保障中的应用 ………………………………………… 343
  11.2.5 雷达装备保障中的应用 ………………………………………… 346
  11.2.6 声纳装备保障中的应用 ………………………………………… 352
  11.2.7 导航通信装备保障中的应用 …………………………………… 356
 习题和思考题 ………………………………………………………………… 357
参考文献 ………………………………………………………………………… 358
后记 …………………………………………………………………………… 360

第1章 绪　　论

1.1 军事海洋学及其发展概况

1.1.1 军事海洋学的发展概况

军事海洋学是研究与军事活动有关的海洋环境变化规律及其对海上军事活动的影响，以及实施军事海洋保障的理论、技术与方法的科学。具体地说，研究海面、海中、海岸和海洋上空的整个海洋环境，掌握海洋环境的资料，分析海洋水文、气象、物理、化学、生物、地质和地球物理（重力、地磁）的特性及其在海洋各种界面层上发生的现象，过程和变化规律为海军提供科学数据和理论依据，研究海洋环境与军事活动的关系，以及海洋科学技术在战时和平时一切军事活动中的应用。

军事环境学属于海洋科学和军事科学的交叉性学科，既是海洋科学中属于应用与技术研究的一个分支，也是军事环境学的分支。军事环境学虽然与海、陆、空各兵种的军事活动都有关联，但显然与海军最为密切，故在美国也称为"海军海洋学"。

军事环境学的雏形最早可以追溯到距今 2500 多年以前，当时中国杰出的大军事家孙武把"阴阳、寒暑、时制"概括为"天"，"知天知地，胜乃可全"，强调"天时地利"因素对战争胜负的重要影响，可以认为这是军事环境学的启蒙。公元 208 年的赤壁之战，诸葛亮"借东南风"，火烧曹操水军战船，以弱胜强，即是利用军事环境学的战例；公元 1661 年，郑成功率战舰 350 多艘，将士 25000 多人，横渡台湾海峡，利用天文大潮的有利水文条件，成功地一举收复台湾，这可以说是中国古代军事史上应用军事环境学非常成功的范例。

如果追溯到 19 世纪，当时"海洋学"这一学科的定义刚刚出现（英国 1883 年），为军事活动服务的海洋学工作，即已归入"军事海洋学"范畴，最早在这一领域做出贡献的当属英国海军少将弗朗西斯·蒲福（Francis Beaufort）。他当舰长时不仅坚持记气象日记，还对多次反复观测的海面风和相应的海况进行研究、分析，最终总结完成的蒲氏风级表，至今仍被海洋工作者使用。同一时期的大量工作只是打通海上航道，进行水深和气象的观测。美国海军则较早地建立了海洋调查仪器和海图仓库，而自美国的第一艘潜艇下水服役并成立美国海军潜艇部队后，特别是在第一次世界大战期间，主要参战的海洋国家才从近海至深海，从气象至海流、海水温度、盐度和底质乃至海洋生物进行了全方位的海上调查和研究，为了反潜战的需要，海洋水声学也在此时应运而生。因此，军事海洋学也因此获得了较大的发展。

1936年，美国"塞姆斯"号驱逐舰上的威廉·普莱尔中尉发现，在炎热无风的晴天下午舰载声纳探测不到潜艇，即所谓"午后效应"现象。为揭开此谜团，美国海军开始进行系统的海洋学调查和水声学研究，由此揭开了近代军事海洋学研究的序幕。在第二次世界大战期间，海洋学再次显示出其在海战中的重要性，因此各国海军相继组建海洋调查船队，并与大学和民间研究所合作，在此期间改进了海洋仪器，研制了潜艇探测仪，印制了声纳操作手册，绘制了海底沉淀物分布图，收集并整理了为两栖舰艇登陆所用资料，并对水下爆破等课题进行了深入研究，海洋水声学乃至军事海洋学许多分支在世界范围内都得到了迅速发展。第二次世界大战后的冷战时期，美国和苏联两个军事超级大国为保持其海军在全球大洋的支配地位，同时也为了保障其水下作战的军事需求，投入大量精力推动军事海洋学研究的发展，其中美国军事海洋学的研究最具代表性。

美国海军对军事海洋学的研究，大体上经历了以下历程。

第一阶段：为发展海军海洋学及其他科研工作，首先组建了一批机构。1945年5月，在德国投降后的第三天，美国海军参谋长就组建了海军研究办公室；1946年8月，美国海军研究局（ONR）正式成立，负责支持相关的科研和技术攻关，在1962年还将原美国水文局改建为海军海洋局（USNOO）。此后，又建立了一系列为海军服务的研究机构，如海军海洋学家办公室（OCEANAV）、海军水下研究和发展中心（NURDC）、海军气象局（NWS）、海军全球环境情报网（NWEDN）、海军水声实验室（USNUSL）等。这些机构从体制上保障并促进了美国军事海洋学基础及应用研究的开展和提高。第二次世界大战以及20世纪50年代初的朝鲜战争，对美国海军海洋战场环境研究提出了一些新课题，推动了军事海洋学的应用研究。这一阶段的研究工作，侧重于海洋气象和海洋水文要素的分析与预报，主要服务于两栖登陆作战、大洋航海水文气象保障（气象导航）以及反潜作战。其中，以海军海洋学家R.詹姆斯博士利用海洋气候学资料和实时环境资料，确定大洋最佳航线的应用技术研究工作最具代表性。另外，海军的海洋学家利用 Sverdrup-Munk 有效波技术，估算波浪和拍岸浪状况，成功保障了第二次世界大战期间盟军的重大两栖作战计划以及美军侵朝战争期间在仁川的登陆战。

第二阶段：美国在 1959 年制定了世界上第一个军事海洋学发展规划——《海军海洋学十年规划》。此后，在 20 世纪 60—80 年代，是军事海洋学和海洋战场环境研究的大发展时期。在这 20 多年时间里，海洋科学快速发展，开始更大规模地进行国际海洋合作调查，例如：国际海洋考察 10 年计划（IDOE，1971—1980）；黑潮及邻近水域合作研究（CSK，1966—1977）；全球大气研究计划（GARP，1977—1979）；深海钻探计划（DSDP，1968—1983）等。这些海洋科学的研究成果，直接推动了军事海洋学和海洋战场环境研究的更快发展。另一方面，在 20 世纪 60—70 年代，冷战期间超级大国的军事对抗，特别是全球大洋上的对抗，又极大地促进了各方以潜艇战和反潜战海洋环境保障服务为目标的海军海洋学研究和相关系统的建立。例如：美国海军海洋研究局研制并建立了世界范围的模块化数据同化系统（MODAS）和海洋环境气候背景场数据库（MOODS），该系统随着监测的不断增加和数据同化技术的发展，功能已越来越完善，不但为海军提供海洋环境决策支持，同时还可为海洋环境预报提供初始场。现今美国海军舰队数值海洋预报中心（FNOC）的成熟业务化系统，大多就是在上述研究期间开发研制的。例如海军战术环境保障系统（TESS），即属于这一阶段的基础和应用研究成果。

第三阶段：即冷战结束后至今，美军军事海洋学的重点转向以快速海洋环境评估和以水下战、一体化作战为核心的海洋战术保障系统建设。这期间，美军研制并投入业务化运行的两大分析预报保障系统，分别是综合指挥反潜预报系统（ICAPS）和通用业务化模型与模拟系统（COMPASS）。其中，ICAPS 系统主要装备于航空母舰和岸基反潜指挥中心，用于声场分析、声纳作用距离预报、目标威胁特征和战场态势分析；COMPASS 系统则能够提供广泛的建模与模拟服务（包括浅海温、盐、流、潮以及声场快速反应预报）和用于反潜艇、水雷战以及两栖作战的 C4I 系统决策支持。美国海军自 20 世纪 90 年代以来，基于其"前沿存在，由海到陆"的战略指导思想，推动了海洋环境效应项目（OEEP）和海洋环境保障系统项目的技术发展。其中，海洋环境快速评估（REA）即为满足美军在全球濒海区域冲突中，保证海军快速部署、快速反应的战场海洋环境保障体系建设项目。REA 通过先进的多传感器数据融合技术和卫星通信网数据传输技术，向海上作战单元（舰艇分队、潜艇、作战飞机等）提供作战现场战术指挥所需的实时环境数据支持和战术辅助决策支持。REA 项目的研究，使美军在21世纪海上作战保障能力取得了质的飞跃。

1.1.2 军事海洋学的主要研究内容

有的军事海洋学家将军事海洋学划分为三大类，即"普通军事海洋学""区域军事海洋学""专题军事海洋学"。第一大类普遍研究世界大洋上空、海面、水下直至海底的各种海洋现象造成的环境状态、现象的发生机理及发展过程，特别是这些环境状态对军事活动可能造成的影响，以使海上的军事活动适应环境，并为海防建设提供科学依据。第二大类相应于海洋学中的区域海洋学，是对本国或敌方所在海域进行具体研究。第三大类则是研究在一定的海洋环境中如何开展特定的军事活动，如"反潜战海洋学"，就是对影响甚至决定反潜战胜负的一些现象，如跃层与内波、海洋水声学甚至海洋浮游生物的分布的知识进行较为细微的了解与研究。

海军是技术高度密集的军种，其对高技术的应用几乎涉及各个领域。例如，侦察预警技术、探测与传感技术、通信技术、精确制导技术、隐身技术、电子对抗技术以及各类武器系统、指挥自动化系统、作战平台及其所使用的各种高端技术，其中包括信息、新材料、航天、能源、定向能、生物和海洋等几乎所有领域中的高新技术。海洋技术是海军高技术重要的综合性研究领域，其中海洋观测、探测技术是研究海洋和海上军事活动的基础。

海军高技术的发展和应用，对海军作战产生了深远的影响。海洋技术和电子信息技术的发展，使海战的对抗空间遍及水面、水下、空中、太空和电磁等多维空间，并向深海和外层空间等领域扩展。

在这些对海军建设都非常重要的科技领域中，军事海洋学又是怎样发挥作用的，它应该给海军的科技人员提供哪些知识呢？

简单地说，军事海洋学主要集中于三个部分：①对海洋环境的认知；②各种海洋环境对海上战场及海战装备（舰艇及各种武器系统）使用的影响；③海洋环境在军事上的释用研究。

第一部分涵盖了物理海洋学、区域海洋学、海洋物理学、海洋气象学、海洋地质学乃至海洋生物和海洋化学诸领域中的相关内容。具体来说，像全球大洋和我国近海的海岸、陆架、岛屿与海峡的分布，海水的温度、盐度、密度场、磁场、声场的形成和变化，海浪、潮汐、环流的生成机制及时空变化规律，各种跃层和海洋锋的特征，内波及中尺度涡的生成和传播等，这些动态的和非动态的海洋环境及其各种参数，当然应该是现代化的海军指战员特别是战略和战术研究人员所应掌握的知识。至于海洋环境对军事活动的影响和海洋技术在海军的运用。例如，海洋大气环境对无线电系统（通信、雷达）的影响，海洋卫星遥感在海军中的应用，海洋和大气环境对侦察预警、精确制导等军事作战活动的影响等诸方面的知识，则是第二部分的内容。这是对海上作战较为直接应用的知识，自然是军事海洋学不可或缺的部分。关于这部分内容在本书的有关章节中均有或详或简的介绍，这里先给读者介绍几个历史上发生过的有关战例，以使初学者对海洋环境在海战中的作用先有一个感性上的认识。

中外作战史中不乏成功利用海洋环境取得作战胜利的范例。

第一个战争范例是第二次世界大战中日军为偷袭珍珠港，对北太平洋海域的水文气象条件进行了充分的考虑和利用，在偷袭的北、南、中三条大洋航线中，最终选择航程最远、天气和海况最差的北航线，就是为了利用该航线冬季强风，海上没有商船，被美国海军航空兵远程侦察机发现的可能性最小，能够达到隐蔽和突然袭击的目的。由 33 艘舰艇和 350 架舰载机组成的庞大联合舰队，于 1941 年 11 月 26 日从日本单冠湾出发，航线跨北太平洋 50 多个纬距，并穿越西风急流区，航程 3500nmile 以上，历时 12 天顺利到达海区攻击阵位。在突袭行动中，日军再次利用云层作掩护，隐蔽到达珍珠港上空，在 90 多分钟的连续突击中，击毁美机 260 架，炸沉、炸毁各种军舰 20 艘，毙伤美军人员 4575 名。日军对海洋环境的选择和利用，显然是此次成功偷袭美军，使美国太平洋舰队遭受有史以来最大重创的因素之一。

另外一个经典的范例是诺曼底登陆，为了选择最有利的作战地点和时间，美、英从 1942 年起，就对英吉利海峡及其海岸地区的天气和气候进行了认真的研究。依据对历史资料的统计分析，选择 1944 年 6 月 5 日为 D 日——登陆战役"海神"行动日。由于天气突变，6 月 4 日这一天，英吉利海峡上出现狂风暴雨和恶浪，登陆作战计划行动面临特别严峻的考验。在此关键时刻，以美国著名气象学家罗斯贝为首的气象联合小组，做出了 6 月 5 日风暴过海峡，6 日有适宜登陆天气的预报。盟军司令艾森豪威尔采纳了气象专家们的预报，决定 6 月 6 日为"海神"行动日。与此相应的是，虽然德军也预报出了这次低压风暴的出现，但他们认为，由于风暴的持续影响，至少半个月内美英盟军不会采取行动。甚至就在美英盟军发起进攻之前的几小时，德军的天气预报还认为"从目前的气象和潮汐来看，恶劣的天气形势还将在英吉利海峡持续下去"。正是由于对天气形势的错误估计和预报，不仅使驻法国的德军司令隆美尔元帅麻痹大意，而且连德军司令部的高级指挥官在接到盟军行动的情报时，依然错误地判断不会有大规模的军事行动。海上天气这把双刃剑，对盟军和德军产生了两种截然不同的影响。此次盟军取得了登陆战役的胜利，也对促使第二次世界大战更快地胜利结束起了关键作用。

上述两个范例虽已说明海上战时环境对海战胜负的至关重要性，然而，在早期战役决策人和指挥官都还只能认识到海上天气的影响，至于海浪和海流等现象对海面舰艇的航行和作战的影响并不严重，所以对上述的那些海洋环境尚未引起他们足够的重视。当潜艇成为海战的重要角色后，若干潜艇事故的出现，使指战员们不得不开始重视相关的各种海洋现象，其具体战例如下。

（1）1940 年，纳粹德国在侵占挪威时，海军"狼群"战术的发明人邓尼兹使用潜艇编队，用磁性鱼雷在挪威海域攻击英国运输船。然而，大部分磁性感应鱼雷失灵，潜艇战失利。经过近两年的调查分析才弄清原因，原来该战区靠近北极，地球磁场变化较大，与德国海军刚刚获胜的大西洋海区差异很大。而潜艇上人员对海洋磁场的地理分布又缺乏相关知识，未对鱼雷磁性引信做任何修正，因而发射出去的磁性感应鱼雷大部分未能引爆，从而导致失败。

（2）第二次世界大战后期，由于日本在太平洋战争中已损失惨重，因而其大型运输船已无法用战斗舰艇予以护航，这正给了美国海军利用潜艇对其进行攻击的大好机会。因此，1944 年 9 月末美国便派出了"唐格"号潜艇，从珍珠港驶往太平洋西部海域，对日本的运输船队实施鱼雷攻击。该潜艇屡屡得手，4 次攻击就击沉日本 13 艘运输船。然而，正当该潜艇人员欢呼雀跃地庆祝大胜时，转眼间发生了惨剧。只见刚发射出去的 1 枚鱼雷，竟然在离艇不远处来了一个 180° 的大转弯，并直奔"康格"号潜艇而来，随着一声爆炸，潜艇完全损毁，多数艇员葬身海底。

这桩离奇的事故，其原因自然也难以有所定论，其中一种意见认为是鱼雷的方向机械系统失灵，而海洋学家则猜测，北太平洋西边界的流场复杂，可能是遇到了中尺度涡，涡旋运动使鱼雷入水后受到非常态的海流作用导致其误击。

（3）以色列为加强海军建设，1965 年从英国购置了 3 艘潜艇，其中 1 艘是原英国海军的"图腾"号。在以色列的要求下，对其改造并安装了现代化的武器及装备，花了近两年的时间，结果没有赶在 1967 年阿以"六月战争"中派上用场。以色列将其改名为"达卡尔"号，于 1968 年 1 月 9 日才从英国的朴茨茅斯港起程，原定于 2 月 2 日抵达以色列的海法，并计划在此举行欢迎仪式。当该艇通过直布罗陀海峡进入地中海后，考虑到沿岸的几个阿拉伯国家有可能采取的敌对破坏活动，以色列海军部命令该艇在水下航行，并尽量加速，从而将抵达日期提前至 1 月 29 日。同时命令该艇每隔 6h 向海军部发送航行状况的电报，每 24h 告知潜艇所在位置，前期行程似乎还算顺利。然而，当海军部于 1 月 25 日 0:00 收到例行的电报之后（此时确定该艇刚刚驶过克里特岛），却再也没有收到它的任何信息。几天的大规模海上搜索,也未发现任何曾爆发过海战的迹象。"达卡尔"号潜艇就这样莫名其妙地失踪了。此后,以方还持续在附近海域搜索找寻"达卡尔"号潜艇的遗迹,然而直到 30 年后的 1999 年 5 月 28 日,才由美国的"深海打捞公司"在地中海下 3000 多 m 深的海底找到了它,而这里距其目的地海法只剩 270nmile 的航程。

与此前类似,几经调查分析后,人们对该艇失事的原因也只是给出了几种可能。但是,对其残骸的分析认定该艇可能是撞上了海面的一艘巨轮,之后海洋学家又航拍到了克里特岛附近海域出现的内波现象。所以海洋学家认为最大的可能是该艇遇上了内波,并被内波突然抛向海面,从而酿成了这一惨剧。

(4) 海洋生物作为一种有生命的海洋环境因素,有时也会扮演海战中的特殊角色。第二次世界大战中美国研制了声纳探潜系统,在海军基地中设置了声纳监听站,以此及时发现偷袭基地的日、德潜艇,然而不久这套系统却失去了作用,美军设在太平洋的一些基地,依旧没能发现和阻止日本的潜艇和水下敢死队的攻击,致使美国海军基地的潜艇遭受了严重损失。原来在美国声纳探潜系统建立后,日军专门成立了一个研究对策的班子。他们发现在南太平洋海域生存着一种"弹指虾",它们不停地发出"啪啪"的类似人弹指的声音,这种声音若通过声纳系统的扩音,要远比潜艇在水下航行形成的各种声响大得多,从而干扰声纳系统对水下声响的接收和判别,这自然就掩护了前来偷袭的日军潜艇。于是,日本海军就派出若干兵员去捕捞这种小虾,并投放在美国海军基地附近海域,这一招果然奏效。

后来,美国对高智能的海洋动物海豚进行了研究和训练,并组建了一支由海豚组成的"水下特种部队"帮助美国海军完成一些特殊任务。据传在冷战时期,这一"海豚部队"在苏联海军舰船底安装跟踪装置、寻找不慎落入水中的反潜火箭等方面都曾屡建奇功。而 2003 年伊拉克战争打响后,美国海军出动大批海豚,在伊南部的乌姆盖斯尔港探测水雷。相似的战例还有很多,无疑,对海洋的了解越多,就会有越多克敌制胜的办法,因此不难理解为什么苏联海军总司令、海军战略和建设专家戈尔什科夫在其著作中不再像美国的早期海战专家马汉那样,只是强调以巨舰大炮来控制海权,而是将对海洋学的研究放在了重要方面,强调海军的领导人甚至海员,都应该是知识渊博、全面发展的人。

至于第三部分,所谓海洋环境的军事学释用,是指把海洋环境知识和信息与军事学知识相结合,将单纯的海洋环境信息产品转化为军事上可直接应用的产品以及相关的方法和技术。传统的军事海洋学比较注重海洋环境的预测保障能力,所能提供的产品主要是海洋环境的业务化信息产品。如何使用这些产品则取决于军事指挥员的决策。虽然海洋环境业务保障人员可以向指挥员提供有关如何利用这些产品的建议和辅助保障决策方案。但是，在现代高技术战争中，海洋环境信息与海上战争或战术指挥之间绝不是简单的链接或"0，1"开关式关系。军事武器装备系统的高技术性和复杂化，特别是海洋-大气环境对武器系统载体平台、传感器和武器系统本身的影响与作用更趋复杂化，海洋战场环境保障中，对战术海洋环境产品的需求越来越高。这种产品的保障，仅仅依靠单一业务部门的研究是不可能解决的。海洋环境的军事学释用研究，融合了海洋环境及相关技术知识、武器系统知识、海军作战指挥和战术指挥知识以及军事运筹学和计算机信息处理等多学科技术知识，能够系统和科学地提出海洋环境对军事活动的影响及作用，建立作战指挥和作战战术与武器（包括传感器）系统环境知识之间的最佳结合，实现军事海洋学研究对作战效能的"倍增器"作用。综观美国海军海洋学，特别是其战术海洋学的核心研究——"战术环境支撑系统"（TESS），有关海洋环境的军事学释用研究早已成为其军事海洋学研究的重点方向。因此，尽管目前我军海洋战场准备工作任重而道远，但在军事海洋学研究中，除了抓好基础研究项目建设外，也必须高度重视海洋环境的军事学释用研究，以便开发和研制适合我国国情、军情的战术环境支撑系统。

1.1.3 军事海洋学的研究方法

军事海洋学既然是海洋科学与军事科学的交叉学科，它的研究特点和方法也基本上与海洋学一致，特别是其对海洋环境的认知方面更是如此。换言之，即基础理论研究与实验、调查研究并重。研究方法主要包括海洋环境监测、调查、信息处理，海洋环境理论研究以及数值模拟和预报、预测。因此军事海洋学在很大程度上依靠海洋科学的基础性和前沿性研究成果的支持。

1. 海洋环境监测和调查

海洋环境监测和调查研究是指利用岸基海洋观测站、河床基海洋观测站、锚碇浮标、漂流浮标、海洋调查船和卫星等平台上安装的监测、测量仪器或传感器，从陆上、海面、海中、海底以及空中等多方位、多途径获取海洋环境信息并进行有效传递的技术，这是海洋科学的研究与发展的基础，也是海洋环境军事应用研究的基础。

在海洋科学发展的进程中，海洋观测和调查（包括海洋观测技术仪器的发明）起到了关键的作用。早在公元1世纪，我国的先民就通过观测发现海洋潮汐与月亮圆缺的关系。

自19世纪到20世纪中叶，对海洋的综合考察和研究，奠定了近代海洋科学的基础。1831—1836年，达尔文随"贝格尔"号调查船的环球探险和海洋考察，特别是英国"挑战者"号调查船1872—1876年的环球航行考察，标志着现代海洋学研究的真正开始。第二次世界大战极大地推进了海洋学尤其是军事海洋学的发展，在此期间及第二次世界大战后，现代海洋调查技术迅速发展，大规模的海洋国际合作调查不断展开。

美国等一些国家的海军十分重视对海洋环境的调查。第二次世界大战期间，美国曾派遣5艘潜艇在北非海岸进行水文气象和海况的观测，直接服务于英美盟军登陆北非的任务。在海湾战争前，美军已经通过卫星遥感和其他观测手段，获取了海湾地区长达14年的海洋水文资料，这些资料在海湾战争中发挥了重要的作用。美国海军为获得全球范围的海洋和气象资料，一直保持着世界上最庞大的海洋调查船队。1993年，仅美国海军就拥有16艘专用海洋调查船队和3架海洋调查飞机；1995年以来，又新增6艘5000吨级海洋调查船，同时还拥有大量的民用调查船只为国防服务。目前，世界上的发达国家已经形成了由卫星、飞机、船舶、浮标、雷达、潜标、声层析装置、深潜器以及岸用海洋自动观测网（C-MAN）构成的现代化立体实时海洋观测、监测网。

在海洋监测、海洋调查技术发展方面，空间海洋观测技术的发展特别是卫星海洋遥感，是20世纪后期海洋科学取得重大进展的关键技术之一。1957年，苏联发射的第一颗人造地球卫星标志人类第一次可以从太空空间上观测海洋。美国国家航空航天局（NASA）在1960年4月发射了第一颗电视与红外观测卫星TIROS-I，随后发射的TIROS-II卫星开始涉及海温的观测。美国海洋大气局（NOAA）在20世纪70年代初期发射了改进型的TIROS卫星，随后在1972—1976年陆续发射了5颗NOAA-N系列卫星，这些卫星上的红外扫描辐射计和微波辐射计，可用于估计海表温度和大气温-湿剖面。1978年，NASA先后发射了第一颗海洋实验卫星Seasat A、TIROS-N和Nimbus-7卫星，为海洋学观测和研究提供了崭新的技术手段，大大提高了海洋的卫星观测和监测能力。Seasat A卫星上载有微波辐射计（SMMR）、微波高度计（RALT）、微波散射计（SASS）、合成孔径雷达（SAR）和可见光红外辐射计（VIRR）5种传感器。Seasat A卫星虽然仅仅工作了108天，但却提供了大量宝贵的海洋信息，包括海表温度、海面高度、海面风场、海浪、海冰、海底地形、风暴潮和降水等海洋和气象信息。Nimbus-7卫星载有7台传感器，其中多通道扫描微波辐射计SMMR和沿岸带海色扫描仪CZCS与海洋观测有关。CZCS专门用于海色测量，它奠定了海色卫星遥感的基础。

进入20世纪90年代以后，美国、日本、法国以及欧洲航天局（ESA）一系列海洋卫星计划的实施，标志着卫星海洋遥感技术已经趋于成熟并进入业务化运行。现在，美国海军的海洋学专家不仅利用卫星资料来测定海面高度、表层水温、洋流、上升流、水团以及锋面、涡旋等中尺度海洋特征的位置，而且还能够利用海洋卫星的遥感资料监测水下潜艇的活动。正因为卫星遥感技术在海洋环境研究和海洋战场准备中发挥越来越大的作用，所以美国一直将海洋（气象）环境遥感技术列入其国防部的关键技术发展计划中。我国在海洋环境调查方面也做了大量工作，海军的军事海洋学建设工作也取得了显著的成就。

2. 海洋环境信息处理研究

海洋环境信息处理是海洋学和军事海洋学研究及技术应用的重要组成，也是海洋战场准备和海洋环境保障的基础性工作。就信息特征而言，可分为海洋水文信息处理，海洋气象信息处理，海洋声、光、电磁信息处理，海洋地质、地貌信息处理，海洋生物信息处理，海洋水文、气象现象处理以及海洋水文、气象、水声信息统计分析等。从军事应用的角度又可分为背景信息处理、实况信息处理和预报信息处理。

海洋环境信息处理是将常规海洋环境观测、航空航天遥感探测以及潜艇等特殊观测平台观测到的数据、信息，通过数据处理、数据交换、信息提取、数据再现、信息融合、管理、资料整编以及军事释用等技术对海洋环境信息的分析、加工和管理过程，它在我军海上作战、训练以及武器试验等领域得到了广泛的应用。随着高新技术的不断发展和未来海上战争对海洋环境保障的需求，集成技术、数据仓库技术、标准化处理技术、快速处理技术和虚拟现实技术将成为军事海洋环境信息处理技术的主要发展方向。

3. 海洋环境理论研究及数值模拟

"万物皆流，万物皆变"，这是古希腊哲学家赫拉克里特（Heraklet）的名言。它反映出人们很早就认识到事物都在不断地运动、变化和发展之中。在众多的随时间而变的现象中，其中一类重要的现象是流体在外界的热力和动力的强迫下所发生的运动。海洋和大气的运动正是这样一种运动，它们的运动都遵循流体力学的一般规律，体现于用数学语言描述的一系列物理定律即微分以及代数方程。通过对这些方程解的研究，能够从本质上了解和掌握海水运动的形态、变化的规律和发展机制等。物理海洋学的一个重要方面，是应用数学和物理的方法研究海洋环境动力学理论问题。通过潮汐动力理论、海洋环流理论、海浪及海浪谱理论、风暴潮和海—气相互作用等一系理论研究，深刻揭示了海洋运动的基本规律和机制，推动了海洋科学的快速发展。然而，由于描述海洋的流体运动方程多为非线性偏微分方程，因而一般无法求得其解析解。计算机的出现使得计算流体力学很快发展起来。通过地球物理流体力学方法和计算机求数值解相结合的方式,大大拓展和深化了人们对纷繁复杂的流体运动现象,特别是对海洋和大气运动的认识。现在海洋和大气科学的理论研究,主要有四种既相互区别、又相互联系的方法:观测和调查资料的分析和诊断;物理模型实验;动力学理论研究和数值模拟研究。

1)观测和调查资料的分析和诊断

通过前述各类监测和调查,只是取得了一系列的数据或图像,即观测资料。只有采用适当的数据分析方法对这些观测资料进行分析诊断,才可以初步认识现象的发生、发展规律,并为更深入的理论研究提出问题。分析和诊断又离不开理论的指导,同时又可以促进资料分析新方法的出现,这不仅使诊断分析的精度不断提高,而且也使分析结果的物理意义更为可信。

2)物理模型实验

所谓物理模型实验,即在实验室中依据流体动力学相似理论建造与实际流动空间几何相似的实体模型,利用人工装置再现真实的流体运动在某些简单的、已知的因素作用下的情况,并进行流动的测量,如著名的 Yaylor 柱实验。与自然界中观测的最大不同在于,流体运动实验观测可以重复并有明显的直观性,比在实际海洋或大气中观测要简单得多。事实上,流体运动的模型实验还可以使人们发现一些新的现象,启发人们的思考,并推动理论的向前发展。特别有用的是,它可以在工程施工前就人为造出施工后的相似流场的模型进行实验,从而可以事先看到即将改造后的流场的流动状态。

3)动力学理论研究

上述两种方式,也可以获得一定的理论研究成果。此外,应用物理学定律和相适应的数学方法研究海洋和大气运动的变化机制,能够很好地解释海洋和大气现象。动力海洋学理论在不断发展,牛顿(1687)用万有引力定律和地-月、地-日海洋潮汐静力学解释,而拉普拉斯(1775)则首创大洋潮汐动力理论,指明了潮汐现象是一种长重力波的实质,更加科学地解释了潮汐的形成和传播;桑德斯特朗和海兰-汉森(1903)提出深海海流的动力计算方法,而后来的研究者在指出该方法的缺陷后,又不断给出新的计算海流的方法。Ekman(1905)提出了漂流理论,指明了大洋风生洋流的主要机制。大气动力学理论研究方面,在20世纪20年代形成了以V.比耶克内斯为代表的锋面气旋学派和以罗斯比长波理论为核心的芝加哥学派。这些理论的研究及其后来的发展,为海洋和大气环境数值预报奠定了基础。当然,随着现代探测新技术的发展和应用,新的现象不断被发现,新的问题需要动力学理论不断探索和解决,如中尺度涡、赤道潜流和各种海洋锋等现象的动力理论都在不断完善。特别是非线性动力学的研究与发展，使得大气和海洋的理论研究都有了更深、更新的研究成果出现。

4）数值模拟研究

由于描述海洋或大气运动的数学微分方程的非线性性质，以及海盆形状的不规则，难以进行解析求解，因此单纯依靠理论方法研究海洋和大气运动也难以深入进行。计算机技术，特别是高性能计算机的出现，可以求出支配海洋和大气运动方程的数值解，从而进行数值模拟和数值研究，甚至对某些现象进行数值预测、预报。数值研究是一种不同于理论和实验的研究方法，它极大地促进了理论的发展，丰富了人们对海洋及大气运动现象和规律性的认识。海洋环境数值预报技术的日益成熟，既得益于数值模拟研究工作的不断探索和进展，也得益于大型计算机性能的快速提高。因而，将相关的观测资料融于数值模型中的同化技术则发展的异常迅速，因为它可以使数值计算结果更接近于实际运动。

1.2 海洋科学及其发展史

从技术层面上讲，军事海洋学既是一门交叉性学科，又是海洋科学的一个分支，因此了解海洋科学无疑是学好军事海洋学的一个重要基础。

1.2.1 海洋科学的知识体系

海洋科学是研究地球上海洋的自然现象、变化规律及其与大气圈、岩石圈、生物圈的相互作用，以及开发、利用和保护海洋有关的知识体系。它的研究对象，既有占地球表面近71%的海洋，其中包括海洋中的水以及溶解或悬浮于海水中的物质，生存于海洋中的生物；也有海洋底边界——海洋沉积和海底岩石圈，以及海洋侧边界——河口、海岸带，还有海洋的上边界——海面上的大气边界层等。它的研究内容，既有海水的运动规律、海洋中的物理、化学、生物、地质过程及其相互作用的基础理论，也包括海洋资源开发、利用、保护以及有关海洋军事活动所迫切需要的应用研究。这些研究与力学、物理学、化学、生物学、地质学以及大气科学、水文科学等均有密切关系，而海洋环境保护和污染监测与治理，还涉及环境科学、管理科学、经济学和法学等。世界大洋既浩瀚深邃又相互连通，从而具有统一性与整体性，海洋中各种自然过程相互作用及反馈的复杂性，人为外加影响的日趋多样性，主要研究方法和手段的相互借鉴相辅相成的共同性等，促使海洋科学发展成为一个综合性很强的科学体系。

第1章 绪 论

1. 海洋科学研究的对象

海洋科学研究的对象虽然主要是世界海洋，但又涉及地球的各大圈层以及理、化学、生物等过程，这些研究对象显然有如下的特点。

（1）特殊性与复杂性。在太阳系中，除地球之外，尚未发现其他星球上有海洋。全球海洋的总面积约 $3.61\times10^8 km^2$，是陆地面积的 243 倍。在总体积 $13.7\times10^8 km^3$ 的海水中，水占 96.5%。水与其他液态物质相比，具有许多特殊的物理性质，如极大的比热容、介电常数和溶解能力，极小的黏滞性和压缩性等。海水由于溶解了多种物质，因而其性质更特殊，这不仅影响着海水自身的理化性质，而且导致海洋生物与陆地生物存在诸多差异。陆地生物几乎集中栖息于地表上下数十米的范围内，海洋生物的分布则从海面到海底，范围可超过 10000m。海洋中生存着超过 200000 种动物、10000 多种植物，还有细菌和真菌等，组成了纷繁交织的海洋食物网。再加上与之有关的非生命环境，则形成了有机界与无机界相互作用与联系的各种类型的生态系统，而最终又叠加、复合为地球上最为庞杂的生态系统——海洋生态系统。

（2）运动性和时变性。作为一个物理系统，海洋中水—气—冰三态的转化无时无刻不在进行之中，这也是在其他星球上所未发现的。海洋每年蒸发约 $44\times10^8 t$ 淡水，可使大气水分 10～15 天完成一次更新，这一过程势必影响海水密度等诸多物理性质的分布与变化，并进而制约海水的运动以及海洋水团的形成与长消。在固结于旋转地球坐标系中观察，海水的运动还受制于海面风应力、天体引力、重力和地球自转偏向力等。例如，此类的各种因素共同作用，必然导致海洋中的各种物理过程更趋复杂，即不仅有力学、热学等物理类型，也有大、中、小各种空间或时间特征尺度的过程。但是，其中的运动过程，则具有特殊的重要性，因为海水任何时刻都处于不停运动的过程中。

（3）多层级的耦合性。海洋作为一个自然系统，具有多层级耦合的特点。地球海洋充满了各种各样的矛盾，如海陆分布的不均匀、海洋的连通与阻隔。海洋水平尺度之大能达到数万千米，而铅直向尺度之小，平均水深只有 3795m，更何况广阔的陆架浅海水深大都不到 200m，其间的差别非常悬殊。其他现象诸如蒸发与降水，结冰与融冰，海水的增温与降温，下沉与上升，物质的溶解与析出，沉降与悬浮，淤积与冲刷，海侵与海退，涨潮与落潮，波生与波消，板块的张裂与会聚，洋壳的扩张与潜没，海洋生态系的平衡维系与失衡破坏等。它们相辅相成，共同组成了这个复杂的统一体。当然，这个统一体可以分成许多子系统，而许多子系统之间，如海洋与大气，海水与海岸、海底，海洋与生物及化学过程等，又有某些相互耦合关系，并且与全球构造运动以及某些天文因素等密切相关。这些自然过程通过各种形式的能量或物质循环，相互影响和制约，从而结合在一起构成了一个全球规模的、多层级的、复杂的海洋自然系统。海洋科学的任务，就是借助现场观测、物理实验和数值实验手段，通过分析、综合、归纳、演绎及科学抽象等方法，研究这一系统的结构和功能，以便深入认识海洋，逐步揭示规律，既可以开发、利用使之服务于人类，又能保护、治理以实现可持续发展。

2. 海洋科学研究的特点

（1）海洋科学研究明显地依赖于直接的观测。这些观测应该是在自然条件下长期进行的，且最好是周密计划的、连续的、系统而多层次的、有区域代表性的海洋考察。直接观测的资料既为实验研究和数学研究的模式提供可靠的借鉴，也可对试验和数学方法研究的结果予以验证。历史已经证明，使用先进的研究船、测试仪器和技术设施所进行的直接观测，的确推动了海洋科学的发展。特别是20世纪60年代以来，海洋科学研究几乎所有的重大进展都与此密切相关。

（2）信息论、控制论、系统论等方法在海洋科学研究中的作用越来越明显。这是因为，实施直接的海洋观测，既艰苦危险、耗资费时，获取的信息即使再多，但相对于海洋整体和全局而言仍属局部和片段，据此而直接研究海洋现象、过程与动态，显然仍是远远不够的。借助于信息论、控制论、系统论的观点和方法，对已有的资料信息进行加工，通过系统功能模拟进行研究则是可取的，事实上也取得了较好的结果。

（3）学科分支细化与相互交叉、渗透并重，而综合与整体化研究的趋势日渐明显。海洋科学在其发展过程中，表现出学科分支越来越细，研究也随之越发深入。然而，深入研究则发现，各分支学科之间又是相互交叉渗透，彼此依存和促进的。这是研究对象—海洋的本质和特性使然，因此，着眼于整体，从相互耦合与相互联系中去揭示整个系统的特征与规律的观点以及方法论，日趋兴盛发展。近年来的事实也证明现代海洋科学研究及海洋科学理论体系的整体化，已是大势所趋。

3. 海洋科学的分支

海洋科学体系既有基础性科学，也有应用与技术研究，还包括管理与开发的研究。属于基础性科学的分支学科包括物理海洋学、化学海洋学、生物海洋学、海洋物理学、海洋地质学、环境海洋学、海气相互作用以及区域海洋学等。属于应用与技术研究的分支有卫星海洋学、渔场海洋学、军事海洋学、航海海洋学、海洋声学、光学与遥感探测技术、海洋生物技术、海洋环境预报以及工程环境海洋学等。管理、开发研究方面的分支有海洋管理学、海洋资源学、海洋环境功能区划与海域管理、海洋法学、海洋环境与资源法学、海洋监测与环境评价、海洋污染治理、海洋保护区与海岛管理等。

1.2.2 海洋科学的发展简史

1. 海洋知识的积累与早期的观测、研究（18世纪以前）

古代人类在生产活动中不断积累了有关海洋的知识，也得出了不少出色的见解。公元前7世纪至公元前6世纪，古希腊的泰勒斯认为大地是浮在茫茫大海之中的。公元前4世纪，古希腊的亚里斯多德在《动物志》中已经描述和记载了爱琴海的170余种动物。当然，对海洋更多的了解，还是从15世纪资本主义兴起之后。在西方国家称为地理大发现时代的15—16世纪，意大利人哥伦布于1492—1504年四次横渡大西洋到达南美洲；葡萄牙人达伽马于1498年从大西洋绕过好望角经印度洋到印度；1519—1522年葡萄牙人麦哲伦完成了人类第一次环球航行。200多年后，1768—1779年英国人库克3次进行海洋探险，终于首次完成了人类的环南极航行，并最早进行了科学考察，获取了第一批关于大洋深度、表层水温、海流及珊瑚礁等方面的资料。

这一时期的许多科技成就，有的直接推动了航海探险，有的则为海洋科学的一些分支奠定了基础。前者如1567年鲍恩发明计程仪，1569年墨卡托提出了绘制地图的圆柱投影法，1579年哈里森制成当时最精确的航海天文钟，1600年吉伯特发明测定船位纬度的磁倾针等。后者如1673年英国人玻意耳发表了研究海水浓度的著名论文，1674年荷兰人列文虎克在荷兰海域最先发现海洋原生动物，1678年英国人牛顿用引力定律解释潮汐，1740年瑞士人伯努利提出平衡潮学说，1770年美国人富兰克林发表湾流图，1772年法国人拉瓦锡首先测定海水成分，1775年法国人拉普拉斯首创大洋潮汐动力理论等。

2. 海洋科学的奠基与形成（19—20世纪中叶）

在这一时期海洋探险已逐渐明显地转向对海洋的综合考察，更重要的进展是海洋研究的深化、成果的众多和理论体系的形成。

在海洋调查方面，著名的有1831—1836年达尔文随"贝格尔"号调查船的环球探险；1839—1843年英国人罗斯的环南极探险；特别是1872—1876年英国"挑战者"号调查船的环球航行考察，被认为是现代海洋学研究的真正开始。"挑战者"号调查船在三大洋和南极海域的几百个站位，进行了多学科综合性的观测，后继的研究又获得了大量的成果，从而使海洋学得以由传统的地理学领域中分化出来，逐渐形成为独立的学科。这次考察的巨大成就，又激起了世界性的海洋调查研究热潮。在各国竞相进行的调查中，1925—1927年德国"流星"号调查船的南大西洋调查，因计划周密、仪器新颖、成果丰硕而备受重视。"流星"号调查船的成就，又引发挪威、荷兰、英国、美国、苏联等国先后进行环球航行探险调查。这些大规模的海洋调查，不仅积累了大量的资料，而且也观测到许多新的海洋现象，还为观测方法本身的革新准备了条件。

在海洋研究方面，出现了很多重要成果。19世纪40—50年代英国人福布斯出版了海产生物分布图和《欧洲海的自然史》，1855年美国人莫里出版了《海洋自然地理学》，1859年英国人达尔文出版了《物种起源》，它们分别被誉为海洋生态学、近代海洋学和进化论的经典著作。在海洋化学方面，1884年迪特玛证实了海水主要溶解成分的恒比关系。在海流研究方面，1903年桑德斯特朗和海兰－汉森提出了深海海流的动力计算方法，1905年埃克曼提出了漂流理论。在海洋地质学方面，1891年莫里出版了《深海沉积》一书。特别值得推崇的是，斯维尔德鲁普、约翰逊和福莱明合著的《海洋》一书。他们在书中对此前的海洋科学的发展和研究给出了全面、系统而深入的总结，被誉为海洋科学建立的标志。

专职研究人员的增多和专门研究机构的建立，也是海洋科学独立形成的重要标志。1925年和1930年，美国先后建立了斯克里普斯和伍兹霍尔两个海洋研究所；1946年苏联科学院成立了海洋研究所；1949年，英国成立国立海洋研究所等。

3．现代海洋科学时期（20世纪中叶至今）

第二次世界大战对海洋科学有很大的影响；一方面是"军用"学科迅速发展；另一方面，也延缓了"非军用"学科的发展。第二次世界大战后海洋科学又得以恢复和迅速发展，遂进入现代海洋科学的新时期。

虽然早在1902年就成立了第一个国际海洋科学组织—国际海洋考察理事会（ICES），但大多数组织，包括政府间组织和民间组织，则成立于第二次世界大战之后。政府间组织以1951年建立的世界气象组织（WTO）和1960年成立的政府间海洋学委员会（简称海委会，IOC；隶属于联合国教科文组织UNESCO）为代表。民间组织如国际物理海洋学协会（IAPO）于1967年改为国际海洋物理科学协会（IAPSO），1957年成立了海洋研究科学委员会（SCOR），1966年建立国际生物海洋学协会（IABO）；在国际地质科学联合会（IUGS）之下也设立了海洋地质学委员会（CMG）等。这些组织的设置，对海洋科学研究国际合作起了很大的推动作用。

第1章 绪 论

这一时期，海洋国际合作调查研究更大规模地展开，如国际地球物理年（IGY，1957—1958），国际印度洋考察（IIOE，1957—1965），国际海洋考察10年（IDOE，1971—1980，包括6个分计划31项活动），热带大西洋国际合作调查（ICITA，1963—1964），黑潮及邻近水域合作研究（CSK，1965—1977），全球大气研究计划（GARP，1977—1979，第一次全球试验FGGE及四个副计划），世界气候研究计划（WCRP，1980—1983，包括四个子计划），深海钻探计划（DSDP，1968—1983）。1980年以后，又提出和实施了多项为期10年及更长时段的海洋考察研究计划。例如，大洋钻探计划（ODP，1985—2003），世界海洋环流试验（WOCE，1990—2002），全球海洋通量研究（JGOFS，1990—2004）；海岸带陆海相互作用研究计划（LOICA，1995—2005），热带大洋及其与全球大气的相互作用（TOGA）以及其组成部分"热带海洋全球大气耦合响应实验（TOGA-COARE）"，还有1993年起实施的为期15年的气候变率和可预报性研究计划（CLIVAR），则将海洋研究扩展到海—陆、海—气相互作用甚至气候等领域；深海研究在DSDP和ODP之后又实施了其第三步——综合大洋钻探计划（IODP，2003—2013）。全球海洋观测系统计划（GOOS），是对全球沿海和大洋要素进行长期观测的大型国际海洋观测计划，作为其中的一个重要组成部分，国际ARGO在2000—2004年在全球大洋布放3000个卫星追踪浮标，组成一个庞大的ARGO全球海洋观测网。

这期间各国政府对海洋科学研究的投资大幅度地增加，研究船的数量成倍增长。20世纪60年代以后，专门设计的海洋研究船，性能更好，设备更先进，计算机、微电子、声学、光学及遥感技术广泛地应用于海洋调查和研究中，如盐度（电导）—温度—深度仪（CTD）、声学多普勒流速剖面仪（ADCP）、锚泊海洋浮标、气象卫星、海洋卫星、地层剖面仪、侧扫声呐、潜水器、水下实验室、水下机器人、海底深钻和立体取样的立体观测系统等。

短短几十年的研究成果早已超出历史的总和，重要的突破屡见不鲜。板块构造学说被誉为地质学的一次革命。海底热泉的发现，使海洋生物学和海洋地球化学获得新的启示。海洋中尺度涡旋和热盐细微结构的发现与研究，促进了物理海洋学的新进展。大洋环流理论、海浪谱理论、温跃层通风理论、海洋生态系统、热带大洋和全球大气变化等领域的研究都获得突出的进展与成果，科研论著的面世令人目不暇接，特别是一些多卷集系列著作，如海尔主编的《海洋》（The Sea）、莫宁主编的《海洋学》（Океанология）等，都堪称为代表性著作。

4．中国海洋科学的发展

在人类早期认识海洋的历史中，中国人作出了巨大的贡献。公元前4世纪时，中国先民已能在所有邻海上航行。早在2000多年前，已发明指南针，且至少在1500年前就用于航海，从而使人们更能远离海岸涉足重洋。至汉朝，中国不仅陆路通西域，海路也通东亚日本、南亚印尼、斯里兰卡和印度，甚至远达罗马帝国。公元1405—1433年，郑和先后率船队七下西洋，渡南海至爪哇，越印度洋到马达加斯加，堪为人类航海史中的空前壮举。12世纪时中国的指南针经阿拉伯传入欧洲，又促进了欧洲的远洋航行探险。

关于海洋知识，早在公元前11世纪至公元前6世纪的《诗经》中，已记载"朝宗于海"，公元前2世纪至公元前1世纪，《尔雅》中记载了海洋动物和海藻，公元1世纪，王充已明确指出潮汐与月相的相关性。8世纪窦叔蒙的《海涛志》，进一步论述了潮汐的日、月、年变化周期，建立了现知世界上最早的潮汐推算图解表。11世纪燕肃在《海潮论》中分析了潮汐与日、月的关系，潮汐的月变化以及钱塘江涌潮的地理因素。在宋代，人们已开始养殖珍珠贝。在《郑和航海图》中不仅绘有中外岛屿846个，而且分出11种地貌类型。1596年屠本峻撰成区域性海产动物志《闽中海错疏》。蜿蜒于中国东部及东南沿海的海塘，工程雄伟，堪与长城、大运河相比，为建造与大海抗争的如此浩大的工程，海洋科学知识显然是其根基和后盾。

中国封建社会长期囿于大陆文化，严重阻碍了海洋科学的发展。特别是在鸦片战争之后，国家陷入半殖民地状态，海洋科学处境更为艰难，发展甚为缓慢。进入20世纪之后，才陆续成立中国地学会、中国科学社，开始宣传海洋科学知识，开展一些海洋研究。1922年海军部设立了海道测量局，开始进行海道测绘。1928年青岛观象台设立海洋科，1931年成立中华海产生物学会，1935年成立太平洋科学协会海洋学组中国分会，同年6—10月，中央研究院动植物研究所组织了首次青岛至秦皇岛沿线调查。之后，由于日本侵华，战乱迭起，研究工作大都停顿，只有马廷英、唐世凤等少数专家在福建沿海组织了一次海洋考察。抗战胜利后的1946年，山东大学、厦门大学和台湾大学分别创立了海洋研究所，厦门大学还建立了海洋学系。

新中国成立后不到1年，1950年8月就在青岛设立了中国科学院海洋生物研究室，1959年扩建为海洋研究所。1952年厦门大学海洋系理化部北迁青岛，与山东大学海洋研究所合并成立了山东大学海洋系。1959年在青岛建立山东海洋学院（2002年更名为中国海洋大学）。1964年设立了国家海洋局，直属国务院，统管全国海洋事务。此后，特别是 20 世纪 80 年代以来，又陆续建立了一大批海洋科学研究机构，分别隶属于中国科学院、教育部、海洋局等，业已形成了强有力的科学技术队伍。目前，国内主要研究方向有海洋科学基础理论和应用研究，海洋资源调查、勘探和开发技术研究，海洋仪器设备研制和技术开发研究，海洋工程技术研究，海洋环境科学研究与服务，海水养殖与渔业研究等。在物理海洋学、海洋地质学、海洋生物学、海洋化学、海洋工程、海洋环境保护及预报、海洋调查、海洋遥感与卫星海洋学等方面，都取得了巨大的进步，不仅缩短了与发达国家的差距，而且在某些方面已跻身于世界先进之列。

在"挑战者"号调查船的环球调查 80 多年之后，中国于 1958—1960 年进行了近海较大规模的综合调查，1976 年才第一次赴太平洋中部调查，与国际上相比落后了 100 年。然而，此后两年，中国就参加了全球大气研究计划中的中太平洋西部调查。之后则是在 1984 年首次派出南极考察队且以后每年不间断；1985 年 2 月建成南极长城站；1986 年加入"南极条约组织"，1989 年成为南极研究科学委员会（SCAR）的正式成员国之一；1989 年建成南极中山站；1990 年联合国决定在中国建立"世界海洋资料中心"；1991 年 2 月联合国国际海底管理局批准中国申请太平洋国际海底矿区 $15×10^4 km^2$；1991 年 11 月中国首次参加世界大洋环流实验调查；1992 年 11 月至 1993 年 3 月参加"TOGA-COARE"的西太平洋强化观测；1992 年完成了历时 7 年的中日黑潮合作调查研究；1994 年 10 月在天津正式成立国际海洋学院中国业务中心；1995 年又开始了中日副热带环流合作调查研究；1995 年 5 月中国首次远征北极科学考察队到达北极点；1996 年 11 月，世界海洋和平大会在北京召开，通过了《北京海洋宣言》。《中国 21 世纪议程》对海洋领域给予高度重视，其后制订的《中国海洋 21 世纪议程》，则更全面地阐述了我国海洋未来可持续发展的战略目标和行动计划。继"七五"计划、"八五"计划之后，在"九五"规划国家科技攻关计划中，也列入了海洋高技术研究开发的项目。

进入 21 世纪以来，我国海洋科学事业获得了更快的发展，不仅国内开展了更多重大课题的研究，取得了若干新成果，在国际方面也有重大举措。例如，2004 年 7 月建成了我国第一座北极考察站—黄河站；"大洋"1 号科考船在郑和下西洋 600 周年之际（2005 年）首次进行全球科学考察，2007 年 3 月在西南印度洋中脊发现了新的洋底热液活动区，并抓取到烟囱体和生物样品，2008 年又在东太平洋发现 5 个新的活动的热液活动区，而且首次发现一个以地幔为基底的多金属硫化物区，科学意义重大，2009 年 10 月用"海龙"2 号水下机器人在 2700m 深处发现高 26m、直径 45m 的黑烟囱体。

我国海洋科学研究已引起了国际的重视，许多国际海洋科学组织都有我国科学家参与，甚至担任要职，如 IOC 的主席、SCOR 的副主席、IGBP 的科学委员会委员、ARGO 科学组成员等。

1.3　军事海洋学展望

1.3.1　未来海战对军事海洋学的要求

20 世纪 70 年代末，以苏联总参谋长奥加尔科夫为代表的一批军事理论家，对以电子计算机为核心的信息技术和精确制导武器等武器系统倍加关注，认为这些新技术装备将引发"军事技术革命"。海湾战争后，一大批高新技术武器装备，如精确制导武器、电子战装备、预警飞机、C^4I 系统以及新一代的作战平台相继问世投入使用，这不仅在作战效能、使用方式上发生了质变，也引起了作战方法、指挥原则乃至战场形态的变化，而新军事理论的发展，也同样促进了军事海洋学新的发展。

未来的军事海洋学如何发展，在很大程度上应着眼于未来海战的发展和需求。一位海洋军事评论家认为："如果说第一次世界大战是靠战列舰赢得胜利，第二次世界大战依靠的则是航空母舰，一旦发生第三次世界大战，抢先控制电磁频谱的一方，才是最后的赢家。"虽然第三次世界大战没有爆发，但自 1967 年阿以战争开始，冷战期间的几次局部海战，却均已显示了电子战的特点。电子战、信息战对海洋环境的要求，必然使军事海洋学家们将海洋环境中凡是影响电、磁、声等各种信号传输的海洋磁场、海浪、强流、层化、内波、中尺度涡等进行综合研究，以保障在任何情况下，都能使各种传感器接发信号畅通无阻，电子战、信息战才能克敌制胜。

有战略分析家认为，今后的海上冲突多是因大陆架和专属经济区资源引发的角夺。因此，海军行动的重点正在从大洋向沿岸海域转移。有鉴于此，对于海洋环境的认知，也应更重视我们国家近海环境的调查研究。当然由于我国是刚刚进入注重海权的"海洋国家"行列，还有"国家海上生命线"需要保护，对深海远洋，特别是具有海上通道的深海环境的调查和研究必须尽快赶上发达的海洋国家，在这方面我们甚至还不如战败后受"和平宪法"限制的日本。

有些国家已将海洋动物用于军事目的作为一项研究课题。海洋中的哺乳动物具有较高的智商，可以接受培训而成为人类在海洋中的得力助手，代替人甚至完成人所不能完成的任务。例如，海豚的生物声呐比人造声呐更灵敏，因而能够更快地锁定水雷；海豹在水中的视力极好，训练有素的海豹可以区分敌我潜水员，将海豹空投至敌方海域可以安装水雷、摄录水下状况，使用特种测量仪测出辐射强度，甚至在极端环境下用梭镖射杀敌方人员。此外，以往用声呐或电视摄像去寻找水下敌方放置的武器与设备时，对于已沉入海底并被厚厚的泥沙所覆盖的物体是无能为力的，但是经过训练的海豚和虎鲸却可以顺利完成这类任务。因此，我国为军事服务的海洋工作者，显然不能忽视这一研究方向。

由此可见，21世纪军事海洋学研究的对象，在传统的海洋水体环境、海洋大气、海洋地质地理环境等研究基础上，将更加侧重于研究这些环境与武器载运平台、环境与武器系统的相互作用问题，特别是有关传感器环境的研究，因为从作战效能或战术应用的角度看来，传感器环境的因素变得越来越重要。由于信息战地位的提升，军事海洋学与信息战的关系也将成为新兴的极具挑战性的研究课题。而海洋环境不仅作为海战背景，需要了解和研究它对武器及战术的影响，而且对于今后的电子信息战显然还可以人工制造并形成"伪环境"（人造环境，如各种"噪声"）以干扰和迷惑对方，巧妙地克敌制胜。这无疑也是今后的军事海洋学研究一个颇为重要的方向。研究战略方向明确之后，无疑对几个技术层面的具体研究内容就要求有所改进和创新。

1.3.2 海洋环境监测调查研究展望

海洋监测已经进入从空间、沿岸、水面及水下对海洋环境进行立体监测的时代。未来10年，将研制和应用海洋动力环境监测仪器，浮标系统，水下自定位专用温盐深仪（CTD），潜标，高频远程地波雷达，海冰监测雷达，声学多波束多普勒流速剖面仪（ADCP），高精度、大深度的声相关多普勒海流计（ACCP），合成孔径雷达（SAR）和合成孔径声纳（SAS），以及海床基的海洋监测系统。

除了在以上监测仪器设备研制方面取得突破外，在海洋环境监测数据的传输、汇集、质量控制和多源数据的融合和同化处理、专用信息软件包开发等技术领域以及海洋声场匹配技术、海洋遥感机理等重大基础研究领域都应有新的突破。

1.3.3 战场海洋环境保障系统展望

未来5～10年内将在军事海洋环境信息系统建设、军事海洋环境数值预报业务化系统建设和海军作战平台海洋环境保障系统建设三大专项建设中，取得重大的进展。其中，应重点开展以下课题的研究并争取有所突破：海洋环境信息数据库系统；战术海洋学信息产品及分发显示系统；风—浪—流耦合数值模型及业务化系统；高分辨率海面风场预报业务化系统；三维斜压海流数值预报业务化系统；风暴潮客观分析、四维同化和数值预报系统；跃层数值预报及同化技术研究；战术水声环境仿真系统；战场海洋环境和战术海洋环境保障支撑系统；水下作战平台自主海洋环境保障系统。

1.3.4 战场海洋信息技术研究展望

21世纪信息技术的发展，将促进军事海洋学信息化的实现。空间技术、地理信息系统（GIS）技术、可视化技术，以及计算机网络技术越来越广泛应用于海洋领域。我国"十五"规划期间，对海洋信息的数据标准、海洋空间信息提取技术、GIS技术，网络技术和海洋地理信息系统建设技术等领域已开展研究并取得了阶段性的成果，海军海洋战场环境调查和海洋数据库建设也已经取得很大成就，在此基础上，在未来10～15年内，海洋战场环境信息研究将向空间化、可视化、产品化和网络化方向更快发展。特别是在海洋战场环境可视技术研究方面，将实现海洋信息产品的图形化、立体化和动态显示的能力。海洋温度、盐度分布立体视图技术将使未来水下潜艇战、反潜战战场实现向"透明的海洋"逼近。此外，国家海洋空间数据基础设施（MSDI）将完成海洋空间数据框架、数据转换标准、海洋数据的提取及管理技术等主要的基础性工作，这将大大促进战场海洋信息技术的研究发展。

习题和思考题

1. 简述军事海洋学主要的研究内容。
2. 回顾海洋科学发展历史,你能够得到哪些启示。
3. 在战场海洋环境保障系统方面，主要有哪些研究方向。

第 2 章　海洋自然地理环境

2.1　地球与海洋

2.1.1　地球的形状与大小

地球是什么形状的？一般来说地球的形状是指全球静止海面的形状，即一个等位势面的形状。全球静止海面是既不考虑地表海陆差异、也不考虑陆、海地势起伏的静止海面。在海洋上它是不考虑波浪、潮汐和海流的存在，海水完全静止的海面；在大陆上是海洋上的静止海面向大陆之下延伸的假想"海面"，两者总称大地水准面，它是陆上高程的起算面。因此，理想的地球形状就是大地水准面的形状，即一个正球体的形状。实际上，大地水准面只能反映地球的宏观轮廓，而不能反映地表起伏的变化。另外，我们都知道地球是绕着地轴自西向东不停自转的，因此必然产生惯性离心力，这就使得地球沿着赤道面向外膨胀而沿着两极向内收缩，这样一来地球应该更接近一个椭球体。第16届国际大地测量和地球物理协会根据人造地球卫星的测量资料修订了地球形状的参数（表2-1），并推荐由这组参数表示的旋转椭球体作为大地测量的参考面。

地球赤道半径与子午线半径示意图如图2-1所示，但是与椭球相比，地球的北极凸出14m，南极凹进24m，赤道至45°N间向内凹进，赤道至60°S间向外凸出，将其夸张一点表示就得出了如图2-2所示的"梨形地球"。那么地球到底是什么形状呢？通过数据（表2-1）我们知道和地球庞大的半径相比凹凸的高度可以忽略掉，并且地球的扁率也非常小，因此我们通常把地球近似为一个正球体。

表 2-1　表示地球形状的主要参数

赤道半径	R_1	6378.104km	赤道周长	$2\pi R_1$	40075.036km
两极半径	R_2	6356.755km	子午线周长	$2\pi R_2$	39940.670km
平均半径	$R=(R_1^2 R_2)^{1/3}$	6371.004km	表面积	$4\pi R^2$	510064471.9km^2
扁　率	$(R_1-R_2)/R_1$	0.0033528	体　积	$4/3\pi R^3$	10832.069×10^{8}km^3

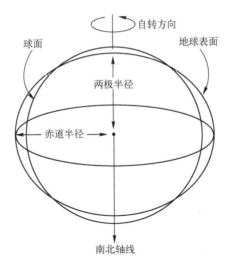

图 2-1 地球赤道半径和子午线半径示意图

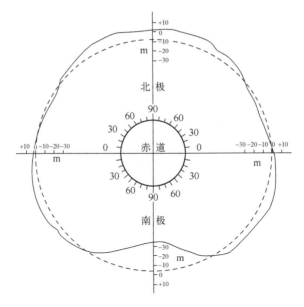

图 2-2 "梨形地球"示意图

2.1.2 地球的圈层结构

1. 地球的内部圈层

地球物理学家依据对天然地震波传播方向和速度证明，地球内部物质呈同心圈层结构（图 2-3），各圈层间存在着地震波速度变化明显的界面（或称为不连续面)。其中最重要的有莫霍面(M 面)和古登堡面(G 面),它们将地球内部由内到外分成地核、地幔和地壳三大圈层。

地核(Core):以 G 面与地幔分界,其成分可能相当于铁陨石,主要是铁以及含 5%~20%的镍和少量硅、氧。根据地震波的传播将其分成液态外核(Outer core)和固态内核(Inner core)。

地幔(Mantle):位于 M 面与 G 面之间,厚度约 2800km,质量和体积分别占地球的 67.6%和 83%,由铁、镁、硅酸盐物质组成。

地壳(Crust):M 面以上的岩石物质层,其厚度变化很大,海底不足 5km,大陆造山带 70km,平均 15km。

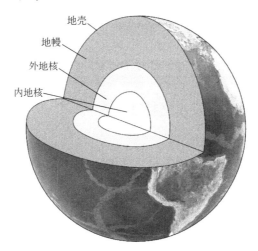

图 2-3 地球内部圈层

2. 地球的外部圈层

地球固体表面以上,根据物质性状可以分为大气圈、水圈和生物圈,把它们总称为地球外部圈层(图 2-4)。大气圈是包围着地球的气体,厚度有几万千米,总质量约 $5136×10^8$t。由于受地心的引力,以地球表面的大气最稠密(约有 3/4 集中在地面到 100km 高度范围内,1/2 集中在地面至 10km 高度范围内),向外逐渐稀薄,过渡为宇宙气体,故大气圈无明确的上界。水圈是地球表层的水体,占地球总质量的 0.024%。其中绝大部分汇集在海洋里(占总水量的 97%),另一部分分布在陆地上河流、湖沼和表层岩石的孔隙中。此外,地球上的水还以固态水(两极和山地的冰川)或水汽的形式存在,其中冰川约占总水量的 2%。陆上江河湖沼的水或直接、或通过水汽、地下水与海洋相通。生物圈是地球上生物(包括动物、植物和微生物)

生存和活动的范围。

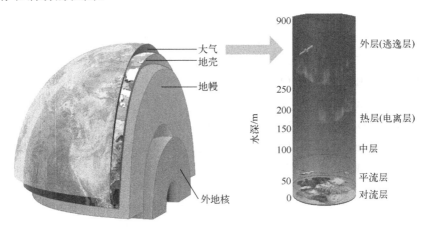

图 2-4　地球外部圈层

2.1.3　海洋的定义及水文特征

1. 地表海陆分布

地球表面总面积约 $5.1×10^8 km^2$，分属于陆地和海洋。如以大地水准面为基准，陆地面积为 $1.49×10^8 km^2$，占地表总面积的 29.2%；海洋面积为 $3.61×10^8 km^2$，占地表总面积的 70.8%。由此可见，地表面积的大部分为海水所覆盖。地球上的海洋是相互连通的，构成统一的世界大洋；而陆地是相互分离的，没有统一的世界大陆。地表海陆分布也极不均衡。在北半球，陆地占其总面积的 67.5%，在南半球，陆地占总面积的 32.5%。北半球海洋和陆地的比例分别为 60.7% 和 39.3%，南半球海陆比例分别是 80.9% 和 19.1%。如果以经度 0°，北纬 38°的一点和经度 180°，南纬 47°的一点为两极，把地球分为两个半球，海陆面积的对比达到最大程度，两者分别称为"陆半球"和"水半球"。陆半球的中心位于西班牙东南沿海，陆地约占 47%，海洋占 53%；这个半球集中了全球陆地的 81%，是陆地在一个半球内最大的集中。水半球的中心位于新西兰的东北沿海，海洋占 89%，陆地占 11%；这个半球集中了全球海洋的 63%，是海洋在一个半球内最大的集中。这就是它们分别称为陆半球和水半球的原因。

2. 洋及其水文特征

海洋的主要部分称为洋或大洋，是海洋主体部分。洋一般远离大陆，面积广阔，约占海洋总面积的 90.3%，深度一般大于 2000m，海洋要素（盐度、温度等）不受大陆影响，盐度平均为35，年变化小，具有独立的潮汐系统和强大的洋流系统。

3．海及其水文特征

海洋的附属部分叫做海、海湾、海峡，是海洋的边缘部分。全球共有54个海，面积占世界海洋总面积的9.7%；海的深度较浅，平均深度一般在2000m以内。其温度和盐度等海洋水文要素受陆地影响很大，有明显的季节变化。水色低，透明度小，没有独立的潮汐和洋流系统，潮汐涨落往往比大洋显著，海流有自己的环流形式。

2.2 海洋的划分

2.2.1 洋的划分

1．地理划分

洋分为太平洋，大西洋，印度洋和北冰洋。

太平洋（Pacific）面积最大，占地表总面积1/3，海洋表面积的1/2；平均深度4028m，东西最宽达半个赤道。海底地形：东部洋脊为主；东北部为洋盆，上有断裂带；中部海山集中，群岛很多；北部和西部多岛弧、海沟和边缘海。

大西洋（Atlantic）面积占世界大洋面积1/4，平均深度3627m，海沟4个，最深9218m。大西洋洋脊横贯南北，赤道窄，分南北大西洋。海岸形态：南部平直无附属海；北部迂回曲折，多岛屿、港湾和附属海。

印度洋（Indian Ocean）面积占世界大洋面积的1/5，平均深度超过大西洋，平均深度3897m，最深处7450m。"入"字形洋脊由南而北扩张速度减小。

北冰洋（Arctic Ocean）面积最小，水深最浅，平均1200m。有人称其为北极地中海。具有世界上最宽的大陆架为1000km。

2．海洋学划分

海洋学上将南纬45°至南大陆间的广阔水域，即南极洲大陆附近连成一片的水域，称为南大洋（Southern Ocean）或南极海域。也就是说在海洋学上大洋分为太平洋、大西洋、印度洋、北冰洋、南大洋，比地理学上多划出一个大洋在南极洲（图2-5），南大洋具有独特的潮波系统和环流系统。

图 2-5 海洋学上的大洋划分

2.2.2 海的分类

1. 地理位置划分

根据海所处的位置可将其分为陆间海、内陆海和边缘海。

（1）陆间海是指位于大陆之间的海，面积和深度都较大，如地中海和加勒比海。

（2）内陆海是伸入大陆内部的海，面积较小，其水文特征受周围大陆的强烈影响，如渤海和波罗的海等。

（3）边缘海是位于大陆边缘，以半岛、岛屿或群岛与大洋分隔，但水流交换通畅，如东海、日本海等。

陆间海和内陆海一般只有狭窄的水道与大洋相通，其物理性质与化学成分与大洋有明显差别。

2. 连通性划分

按其连通性可分为海湾、海峡。

（1）海湾是洋或海延伸进大陆且深度逐渐减小的水域，一般以入口处海角之间的连线或入口处的等深线作为与洋或海的分界。其海洋状况与邻接海洋很相似，但在海湾中常出现最大潮差，如我国杭州湾最大潮差达 8.9m。

（2）海峡是两端连接海洋的狭窄水道。最主要的特征是流急，特别是潮流速度大。由于海峡中往往受不同海区水团和环流的影响，故其海洋状况通常比较复杂。

2.3 海底地貌形态

海底地貌形态主要划分为海岸带、大陆边缘和大洋底三个区域（图 2-6 和图 2-7）。

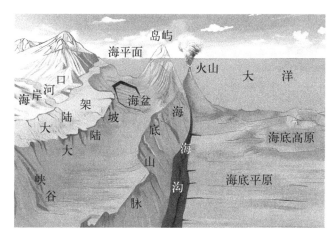

图 2-6　海岸带、大陆边缘和大洋底

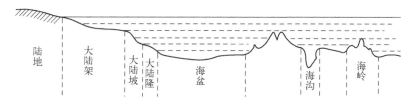

图 2-7　海洋地形平面图

2.3.1　海岸带

世界海岸线全长 $44×10^4$ km，它是陆地和海洋的分界线。由于潮位变化和风引起的增水—减水作用，海岸线是变动的。水位升高便被淹没，水位降低便露出的狭长地带就是海岸带（图 2-8）。

海岸带是海陆交互作用的地带。海岸地貌是在波浪、潮汐、海流作用下形成的。现代海岸带一般包括海岸、海滩和水下岸坡三部分。

（1）海岸是高潮线以上狭窄的陆上地带，大部分时间裸露在水面之上，仅在特大高潮或暴风浪时才被淹没，又称潮上带。

（2）海滩是高低潮之间的地带，高潮时被淹没，低潮时露出水面，又称潮间带。

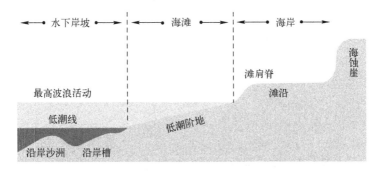

图 2-8 海岸、海滩、水下岸坡示意图

（3）水下岸坡是低潮线以下直到波浪作用所能达到的海底部分，又称潮下带。

2.3.2 大陆边缘

大陆边缘是大陆与大洋之间的过渡带，按构造活动性分为稳定型和活动型两大类。

1. 稳定型大陆边缘

稳定型大陆边缘没有活火山，也极少有地震活动，反映了近代在构造上是稳定的，以大西洋两侧的美洲、非洲大陆边缘比较典型，也称大西洋大陆型边缘，此外也广泛出现在印度洋和北冰洋周围。稳定型大陆边缘由大陆架、大陆坡和大陆隆三部分组成（图 2-9）。

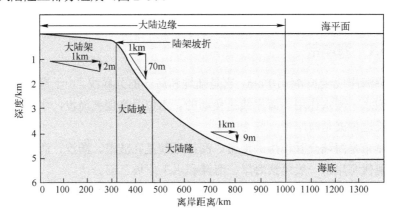

图 2-9 由大陆架、大陆坡、大陆隆组成的稳定型大陆边缘

大陆架是大陆周围被海水淹没的浅水地带,是大陆向海洋底的自然延伸,其范围是从低潮线起以极其平缓的坡度延伸到坡度突然变大的地方为止。坡度陡然增加的地方称为陆架坡折或陆架外缘,因此陆架外缘线不是某一特定深度。

1958年,国际海洋法会议通过《大陆架公约》,将大陆架定义为"邻接海岸但在领海范围以外深度达200m或超过此限度而上覆水域的深度容许开采其自然资源的海底区域的海床和底土以及邻近岛屿与海岸的类似海底区域的海床与底土"。

大致特点:海岸线到水深200m以内,平均深度133m;宽度1~1000km,平均75km;平均坡度0.1°;地壳为硅质花岗岩构成(大陆架的宽度和深度变化比较大。北冰洋陆架宽度可超过1000km,北冰洋的西伯利亚和阿拉斯加宽度超过700km以上,外缘深度不足75m,但其东面的加拿大外陆架宽度约200km,陆架外缘深度却超过500m。东海大陆架最大宽度达500km以上,陆架外缘深度超过500m)。

大陆坡是一个分开大陆和大洋的全球性巨大斜坡,其上限是大陆架外缘(陆架坡折),下限水深变化较大。稳定型陆缘的大陆坡一般宽度大,坡度小,大西洋为3°05′,印度洋为2°55′,坡度小于世界平均值,全球最陡的海域也分布在稳定型陆缘,斯里兰卡岸外陆坡达35°~45°。地貌形态为深切陡峭的V形海底峡谷,深海平坦面。

大陆隆是自大陆坡坡麓缓缓倾向洋底的扇形地,位于水深2000~5000m处。大陆隆表面坡度平缓,沉积物厚度巨大,常以深海扇的形式出现。

2. 活动型大陆边缘

活动型大陆边缘是全球最强烈的构造活动带,集中分布在太平洋东西两侧,故又称为太平洋型大陆边缘。它的最大特征是具有强烈而频繁的地震(释放能量占全世界的80%)和活火山(活火山占全世界80%以上)活动(图2-10)。

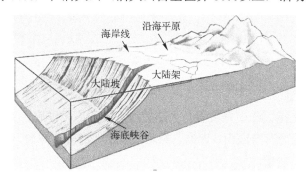

图2-10 由大陆架、大陆坡、海沟等组成的活动型大陆边缘

太平洋型大陆边缘以深邃的海沟与大洋底分界。海沟是由于板块的俯冲作用而形成的深水（大于 6000m）狭长洼地，往往作为俯冲带的标志。海沟长数百米至数千千米，宽度数千米至数十千米，横剖面呈现不对称的 V 形，一般是陆侧坡陡而洋侧坡缓。全球已识别的海沟 20 多条，绝大部分分布在太平洋周缘，其中深度超过万米的 6 条海沟也全部在太平洋。

2.3.3 大洋底

1. 大洋中脊

大洋中脊是大洋中的山脉或隆起，成因相同、特征相似（图 2-11）。大洋中脊北端在各大洋分别延伸上陆，南端互相连接。顶部水深大多在 2~3km，高出盆底 1~3km，宽数百至数千千米。面积占洋底面积 32.8%。全长 7 万余千米。具有全球规模。

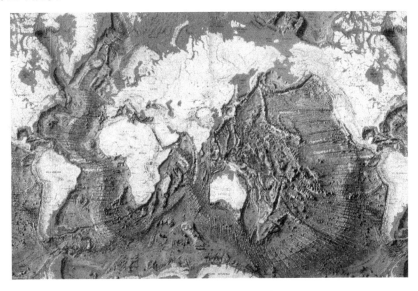

图 2-11 世界大洋大洋中脊

2. 大洋盆地

大洋盆地是指大洋中脊坡麓与大陆边缘之间的广阔洋底，其上分布正地形和负地形。正地形有海底山，海峰，海底平顶山，海隆，海台，海岭，海丘等；负地形有海盆，海槽。

习题和思考题

1. 地球外部与内部圈层是怎样划分的；说明它们之间的内在联系和区别。
2. 简述洋与海的水文特征区别。
3. 海按地理位置分为哪几种，请各自列举典型代表。
4. 什么是海岸带？说明其组成部分是如何界定的。
5. 大陆边缘分为几种主要类型？说明各自的构成及其主要特点。
6. 什么是大洋中脊体系，它有哪些主要特点?

第 3 章 海水的物理性质

海水和淡水之间最大的差别是海水中含有盐。由于盐的存在使海水的性质与淡水相比有了很大的不同。比如，海水的冰点通常比淡水要低，海水不能直接饮用等等。为了表征海水中含盐量的多少，提出了盐度的概念。为了更精确、方便地测量海水的盐度，盐度的定义和测量方法也几经演变，直到现在使用的实用盐标。相关内容具体在 3.1 节中介绍。

海水的物理性质制约着海水的各种运动（海流、海浪、潮汐等），在 3.2 节中介绍了海水的热学性质和力学性质。当然，海水的声学、光学、电磁学性质等也都属于海水的物理性质，部分内容在后面有专门的章节介绍。

3.3 节中介绍了海水的密度定义，以及海水密度与温度、盐度、压力的关系。

在南北半球的高纬度地区，存在着大量的海冰。这些海冰是如何形成的，有着怎样的特点，对海洋环境有什么样的影响，相关内容在第 3.4 节中介绍。

多年前测量的深层观测的水温和盐度值与现今重测的结果惊人的吻合（热平衡，水循环），这些都与海水的物理性质有密切的关系。海水的温度、盐度和密度在全球大洋中的分布规律和时间、空间变化等内容，在 3.5、3.6、3.7 节中介绍。

海水的温度、盐度和密度对海军的军事活动有着密切的关联，这部分内容在第 8 节中介绍。

3.1 海水的组成及盐度

描述理想气体最基本的物理量是温度、体积和压力，而描述海水最基本的物理量是温度、盐度和压力。海水的其他物理量，如密度、比热容、热膨胀系数、压缩系数和电导率等，通常都是这三个量的函数，本节重点介绍盐度以及盐度定义的演变。

海水可以看成是纯水中加入了无机盐得到的，其主要部分还是纯水。

水是如此的普通,以至于我们通常不以为然,然而水却是地球上最特殊的物质。

几乎其他所有的液体都在接近冰点时收缩,而水却在结冰时膨胀。因此,开始结冰时水停留在表面,而冰可以漂浮,这种特性在其他物质中是很少见的。假如水不具备这种特性,那么所有温带地区的湖泊、池塘、河流,甚至是海洋都会从底部开始结冰,最终全部成为固体,生命将不复存在。反过来,漂浮在水面的冰层则会作为隔绝层,保护生活在底部液态水中的海洋生物。

实际上,所有生物体的主要组成部分就是水。正是由于水的存在,才使得地球上有了生命存在的可能,而水的优良特性则使得我们的星球生机勃勃。

3.1.1 纯水的特性

1. 水分子的结构

一个水分子由一个氧原子通过共价键结合两个氢原子组成的,而两个氢原子之间的角度约为105°(图3-1)。共价键是相对牢固的化学键,因此破坏共价键需要很大的能量。水分子中的两个氢原子都在氧原子的同一侧,而不处于一条直线上。水具有的大部分特性,本质上正是由水分子在结合结构上的这种特殊的弯曲造成的。

极性分子:水分子几何结构上的弯曲,使得氧原子一侧带弱负电荷,而氢原子一侧带弱正电荷(图3-1)。这种电荷的分布使得水分子具有电极性,因此水分子是极性分子。实际上,为了形象地理解水分子的极性,可以将水分子视为含有微弱磁性的一个小条形磁铁。

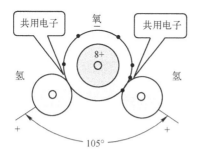

水分子的几何结构。氧原子一侧带负电,氢原子一侧带正电,氧原子和两个氢原子之间以共用电子的方式形成共价键

水分子的三维模型

用字母表示的水分子(H表示氢,O表示氧)

图 3-1 水分子模型

氢键：正如一个条形磁铁的正极会吸引另一个条形磁铁的负极一样，在水中，一个水分子带正电的氢原子一侧，会与另外一个水分子带负电的氧原子一侧相互结合形成氢键（图 3-2）。

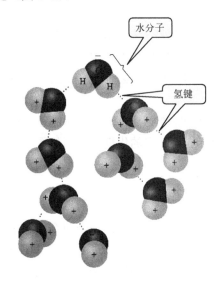

图 3-2 水中的氢键

氢键还使水具有表面张力，水的表面有一薄层，可以使水超过玻璃杯的边缘而不溢出，表面张力是由最外层的水分子和其下分子之间形成的氢键所产生的。由于水分子之间可以形成氢键，使得在除汞外的所有液体中，水的表面张力最大。

缔合：水分子因极性相互结合，形成比较复杂的水分子，水的化学性质没有改变，这种现象称为水分子的缔合。分子的缔合与温度有关，温度升高促使缔合分子离解，温度降低有利于分子缔合。

2. 水的溶解能力

水分子不仅能和水分子结合，而且能和其他极性化合物结合。作为溶剂，水分子可以将带相反电荷的电离子之间的吸引力降低 80%。

例如，普通的食盐（氯化钠），有交替排列的带正电的钠离子和带负电的氯离子构成（图 3-3）。带相反电荷的离子之间的静电吸引力产生离子键。把固体氯化钠放入水中时，钠离子和氯离子之间的静电吸引力减小了 80%，使得钠离子和氯离子很容易分离。当离子分开时，带正电的钠离子被水分子的带负电荷的一侧吸引，而带负电的氯离子则被水分子带正电荷的一侧吸引，于是食盐溶解在水中。

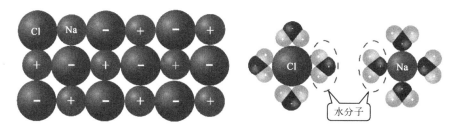

食盐的原子结构，食盐由氯化钠组成。　　氯化钠溶解时，水分子带正电的一侧
(Na表示钠离子，Cl表示氯离子)　　　　　吸引带负电的氯离子，而带负电的一侧吸引钠离子

图 3-3　水作为溶剂

水合作用：这个水分子完全包围离子的过程称为水合作用，水几乎可以溶解所有东西。在足够长的时间内，水能比其他溶剂溶解更多的物质，这就是水被称为"万能溶剂"的原因，同时也是海水中含有大量溶质（约 $5×10^{16}$ t）以及海水尝起来发咸的原因。

3. 水的密度变化

纯水温度在降低至 4℃的过程中，水的密度增大。然而在 4℃到 0℃时，水的密度却在降低。换句话说，水不是在收缩而是在膨胀，相对于地球上的其他物质来说，这是非常特殊的。由此产生的结果就是冰的密度比液体水的小，所以冰漂浮在水面上。对于其他物质来说，固态比液态密度大，因此固体会下沉。

为什么冰的密度不如液体水的密度大？图 3-4 显示了水在接近冰点时分子排列的变化情况。图中从 a 点到 b 点，温度从 20℃下降至 4℃，密度从 0.9982g/cm³ 增大至 1.0000g/cm³。密度增加是因为热运动剧烈程度降低使水分子占据的体积更小。因此，c 点的方框中比 a 点或 b 点的方框中包含了更多的水分子。当温度降低至 4℃以下时，水分子开始线性排列以形成冰晶，因此总体积进一步增大。冰晶是大体积的开放式六边体结构，水分子在其中相隔很远。冰晶的六边体形状（图 3-5）和由水分子间氢键构成的六边形分子结构类似。水完全结冰时（e 点），冰的密度比 4℃的水的密度小得多，而水在 4℃时的密度最大。

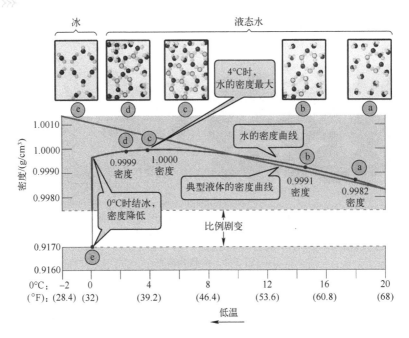

图 3-4 与温度和冰形成有关的水的密度

图 3-5 冰晶

4. 水的热学性质

与其他同类化学物质相比,水的沸点和熔点较高。如图3-6所示,如果水和其他分子量相近的化学物质一样的话,它应该在-90℃时融化,在-68℃是沸腾。如果是那样,地球上所有的水都会变成气态。实际情况是,水在相对较高的0℃时融化,在100℃时沸腾,这是因为水需要额外的能量来克服氢键和范德华力。因此,如果不是特殊的几何结构导致的水分子的极性,地球上所有的水都沸腾汽化,生命也就不存在了。

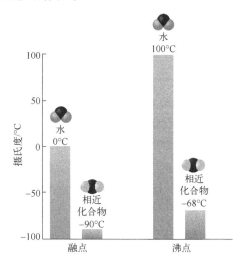

图3-6 水和相近化合物的熔沸点比较

3.1.2 海水的组成

纯水与海水的一个最明显区别就是海水中有溶质,使其尝起来很咸,其中的溶质并不仅仅是氯化钠(食盐),还包括其他多种盐类、金属以及溶解气体。实际上,海洋中包含的盐类足够以150m的厚度(大概相当于50层大厦的高度)覆盖整个地球。遗憾的是,海水含盐所以其不适合饮用和灌溉作物,并且对很多物质具有很高的腐蚀性。

海水可以看成是一种由淡水、无机盐、有机物、悬浮质等组成的混合溶液。其中有11种主要无机盐:钠、镁、钙、钾、锶等5种阳离子,氯、硫酸根、碳酸氢根(包括碳酸根)、溴、氟等五种阴离子和硼酸分子,占99.99%。其中,占无机盐中成分最多的是氯离子,其次是钠离子。所以,海水尝起来会有苦咸味。

海水中的部分溶解物质参见表 3-1。如表 3-1 和图 3-7 所示，元素氯、钠、硫（以硫酸根离子的形式）、镁、钙和钾，占海水中总溶解固体的 99%以上。还有超过 80 种其他化学元素存在于海水中（大部分含量非常小），海水中或许含有地球上所有的自然元素。

表 3-1 海水中的主要溶解物质

海水的主要成分			
成分	符号	绝对盐度 g/kg	含量/%
氯	Cl^-	19.35	55.07
钠	Na^+	10.76	30.62
硫酸根	SO_4^{2-}	2.71	7.72
镁	Mg^{2+}	1.29	3.68
钙	Ca^{2+}	0.41	1.17
钾	K^+	0.39	1.10
碳酸氢根	HCO_3^-	0.14	0.40
溴	Br^-	0.067	0.19
锶	Sr^{2+}	0.008	0.02
硼酸分子	B^{3+}	0.004	0.01
氟	F^-	0.001	0.01
总和			99.99

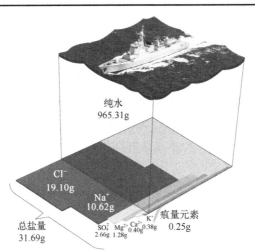

图 3-7 海水中的主要溶解物质比例

3.1.3 海水的盐度

为了描述海水含盐的浓度，1865年福希哈默尔（Forchhammer）引入了"盐度"一词。盐度是指溶解在水中的所有固体物质的总量，包括溶解的气体（气体在足够低的温度下也会变成固体），但不包括溶解的有机物，也不包括悬浮细颗粒或和水接触的固体物质，因为这些物质是不溶的。绝对盐度是溶解的物质的总质量与水样质量的比值，即1kg海水中溶解盐的克数。

后来发现，海洋中的许多现象和过程，都与盐度的分布和变化息息相关，从而对盐度的确切定义和精确测定提出了更高的要求。但要精确地测定海水中的绝对盐度是一件非常困难的事情，因此对盐度的定义经过了长时间的演变，才建立起现在使用的实用盐标。

为了尽可能而有效使用历史的氯度及盐度资料，简要介绍盐度定义的演化以及新旧资料的转换方法，是很有必要的。

1. 克纽森盐度（1902）

1902年，在克纽森（Knudsen）的领导下，提出了测量盐度一种方法，据此把海水的盐度定义为："1kg海水中的溴及碘化物等均代换为氯化物，一切碳化物（碳酸盐）、有机物完全氧化，所得固体物质的总克数"，单位是g/kg，符号‰。

盐度通常用千分比（‰）表示。盐度使用千分比的好处是，可以避免出现小数点，并且可以直接转化为每千克海水中所含盐的克数。例如，每1000g盐度为35‰的海水中含盐35g。

测量方法：取一定量的海水样品，加盐酸酸化后，再加氯水，蒸干后继续增温，在480℃的条件下干燥48h后，称量所剩余的固体物质的质量。

显然，按上述测量方法测定盐度，即繁杂费时又不便海上操作。

氯度—海水组成恒定性。1891年，马赛特（Marcet）在对"挑战者"号调查船环球航行取得的水样研究的基础上，发现"海水组成恒定性"原理：海水中的主要成分在水样中的含量虽然不同，但它们之间的比值是近似恒定的。

马赛特认为海洋是充分混合的，当盐度变化时，盐分并未离开或进入海洋，变化的是水分子。根据海水组成恒定性，因此某一组分的浓度可以用来测定特定海水样品的盐度。海水中含量最丰富也最容易准确测量的组分是氯离子，并由此提出了氯度的定义。

氯度的定义：1kg海水中的溴和碘以氯当量置换后，氯离子的总克数。

克纽森为了应用方便,遂根据采自北海、波罗的海、红海等海域的 9 个表层水样,测定海水的氯度和盐度,基于海水组成恒定性规律,归纳出用氯度方便地计算盐度的公式,克纽森盐度 $S‰$ 公式:

$$S‰ = 0.030 + 1.8050\, Cl‰ \tag{3.1}$$

式中:Cl‰为海水的氯度。

2. 电导盐度(1969)

20 世纪 60 年代,在克纽森盐度公式的使用过程中,人们发现了许多问题。例如:当氯度为 0 时,盐度值大于 0,显然不合理;此外,公式建立的基础——海水组成恒定性,本身就不够严格,所用水样以波罗的海表层水样居多,难以代表世界大洋的普遍规律。国际海洋学常用表和标准联合专家小组(JPOTS),进过多次讨论,为了保持历史资料的统一性,提出了伍斯特(Wooster)盐度公式:

$$S‰ = 1.80655\, Cl‰ \tag{3.2}$$

显然,当 $Cl‰ = 19.355‰$ 时,克纽森公式和伍斯特公式相等,盐度值均为 34.965‰;当 $Cl‰ > 19.355‰$ 时,后者计算的盐度稍大;在低盐时,两者相差不大。

20 世纪 50 年代以来,由于电导盐度计研究的不断发展,不仅使盐度测定方法简化,而且精度大为提高。国际海洋学常用表和标准联合专家小组于 1969 年推荐海水盐度的新定义。

1967 年,考克斯(Cox)等对于由大洋和不同海区不深于 100 水层内采集了 135 个水样,准确地测定其氯度值,按伍斯特盐度公式计算盐度值,并且测定了电导比 R_{15},得出盐度与电导比 R_{15} 的关系式:

$$S‰ = -0.08996 + 28.29720\, R_{15} + 12.80832\, R_{15}^2 - 10.67869\, R_{15}^3 \\ + 5.98624\, R_{15}^4 - 1.32311\, R_{15}^5 \tag{3.3}$$

电导比 R_{15}:在 15℃和"一个标准大气压"下水样的电导率与标准海水(盐度为 35.000‰)电导率之比,即

$$R_{15} = C(S, 15, 0)/C(35, 15, 0) \tag{3.4}$$

电导率:粗细均匀的导体,导体的电阻与它的长度 L 成正比,与它的横截面积 S 成反比,即 $R = \rho L/S$,比例系数 ρ 为电阻率,电阻率与材料性质有关,不同材料的电阻率不同。电阻率的倒数 $C = 1/\rho$ 为电导率。

以此种方法测量盐度精度达到 $\pm 0.003‰$,而测定速度快了 4~5 倍。

电导盐度存在的问题：它即依赖于氯度滴定，又以海水组成恒定性为前提；而氯度滴定只与海水中特定的离子相对应，但是电导率的测定却与海水中所有的离子都有关，这显然是电导盐度的不足之处。由它对应的国际海洋学常用表（UNESCO，1966），温度范围只包括 10～31℃，即低于 10℃时不能查算，所以仍有必要改进。

从化学方法测量盐度到由物理方法测量盐度，是一个方法上的提高。

3．实用盐标（1978）

为了使盐度的测定脱离对氯测定的依赖，国际海洋学常用表和标准联合专家小组于 1978 年提出了实用盐度标准，并建立了计算公式，编制了查算表，自 1982 年 1 月起在国际上推行。

实用盐标仍然是用电导率测定的。海水的电导率与海水中离子的种类及其浓度、海水的温度和压力等因素有关。海水的电导率基本上取决于溶解盐类。在压力和温度不变的情况下，海水的电导率与盐度有一定的函数关系，依此可以通过精确的测定海水电导率，计算出盐度值。这就是电导测盐度的根据。在不是标准温度和压力的情况时，要作压力和温度的修正。

电导率定义：截面积为 $1m^2$，长度为 $1m$ 的海水柱的电导。

海水的绝对电导率很难测定，于是选用一种精确浓度的氯化钾溶液作为可再制的电导标准（标准溶液）。最后，根据水样相对于氯化钾溶液的电导比来确定该水样的盐度值。显然，该定义的盐度 S 与绝对盐度 S_A 是有差别的，因而称为实用盐度标度。

标准海水：实用盐度精确为 35.000‰的海水。它由大洋水组成，其中氯离子的含量由英国海洋服务研究所精确测量至百万分之一。它被封存在称为安瓿的小玻璃瓶中，以送往世界各地的实验室作为校正仪器的参考标准。

实用盐标的固定参考点：为保持盐度历史资料与实用盐度资料的连续性，仍采用原来氯度为 19.374‰的国际标准海水为实用盐度 35.000‰的参考点。配制一种浓度为 32.4356‰高纯度的氯化钾溶液，它在"一个标准大气压力"下，温度为 15℃时，与氯度为 19.374‰（盐度为 35.000‰）的国际标准海水在同压同温条件下的电导率恰好相同，它们的电导比为

$$K_{15} = \frac{C(35,15,0)}{C(32.4356,15,0)} = 1 \qquad (3.5)$$

也就是说，当 $K_{15}=1$ 时，标准 KCl 溶液的电导率对应盐度为 35.000‰。把这一点作为实用盐度的固定参考点。

实用盐度的计算公式：

$$S = \sum_{i=0}^{5} a_i K_{15}^{i/2}(S,15,0) \quad (2 \leqslant S \leqslant 42) \quad (3.6)$$

$$K_{15}(S,15,0) = C(S,15,0) / C(32.4356,15,0) \quad (3.7)$$

式中：电导比 K_{15} 是在一个标准大气压力下，温度 15℃时，海水样品的电导率与标准 KCl 溶液的电导率之比。式中 $a_0 = 0.0080$，$a_1 = -0.1692$，$a_2 = 25.3851$，$a_3 = 14.0941$，$a_4 = -7.0261$，$a_5 = 2.7081$。

实用盐度不再使用符号"‰"，因而实用盐度是旧盐度的 1000 倍。

在任意温度 t 的条件下测定电导比 R_t，其盐度的计算公式为

$$S = \sum_{i=0}^{5} a_i R_t^{i/2} + \Delta S \quad (3.8)$$

$$\Delta S = \frac{t-15}{1+K(t-15)} \sum_{i=0}^{5} b_i R_t^{i/2} \quad (3.9)$$

式中：ΔS 是温度变化引起的盐度改正值；系数 a_i 的值与式（3.8）中相同；系数 b_i 分别为：$b_0 = 0.0005$，$b_1 = -0.0056$，$b_2 = -0.0066$，$b_3 = -0.0375$，$b_4 = 0.0636$，$b_5 = -0.0144$，且 $\sum_{i=0}^{5} b_i = 0.0000$，$K = 0.0162$。

利用 CTD 观测到的电导率是在其盐度为 S，温度为 t(℃)，压力为 p(kPa) 的情况下取得的，记为 $C(S, t, p)$。因此，不能直接利用上述公式计算其实用盐度，必须经过适当处理（原理从略）。通常 CTD 已配有转换程序，由探头所测的温度、压力、电导率，可直接计算并输出实用盐度值。实际工作中也可直接根据国际海洋学常用表查算。

3.2　海水的热学性质和力学性质

海水的盐度通常约为 3.5%，大概是淡水的 220 倍。盐度为 3.5% 的海水表示它含有 96.5% 的纯水。因为海水绝大部分是纯水，所以它的物理性质和纯水非常接近，只有微小的差别。

海水的热性质一般指海水的热容、绝热温度梯度、位温、热膨胀及压缩性，热导率与比蒸发潜热等。它们都是海水的固有性质，是温度、盐度、压力的函数。它们与纯水的热性质多有差异，这是造成海洋中诸多特异的原因之一。

3.2.1 海水的主要热学性质

1. 热容

海水温度升高 1K（或 1℃）时所吸收的热量，称为海水的热容。单位为 J/K 或 J/℃。热容大的物质可以在温度变化不大的情况下吸收或释放更多的热量。相反，热容小的物质吸收或释放热量时温度会急剧变化，如油和金属。

单位质量海水的热容称为比热容，单位为 J/kg/℃。比热容可用来直接比较不同物质的热容，例如，就像如图 3-8 所示的那样，纯水的比热容高，而其他物质的比热容通常较低。温度随热量的吸收和释放而剧烈变化的金属，如铁和铜，其比热容约为水的 1/10。

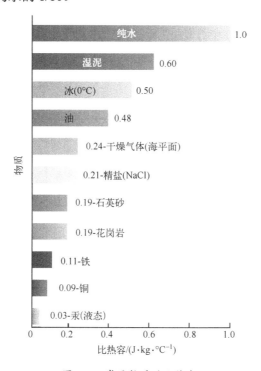

图 3-8 常见物质的比热容

显然，海水的热容与海水的质量成正比，而比热容则只与海水自身的性质有关，海水的比热容一般又分为比定压热容和比定容热容。

比定压热容 C_p：在一定压力下测定的比热容，比较常用。

比定容热容 C_v：在一定体积下测定的比热容。

C_p 和 C_v 都是海水温度、盐度与压力的函数。由于比热容在海洋学中具有重要意义，因此许多学者对 C_p 的计算进行了深入地研究。表 3-2 是气压为 101325 Pa 时海面的比热容 C_p。可以看出，C_p 值随温度的增高而降低，但随盐度的变化比较复杂。大致规律是在低温、低盐时 C_p 值随盐度的升高而减小，在高温、高盐时 C_p 值随盐度的升高而增大。例如，在盐度 $S>30$，温度 $t>10℃$ 时，C_p 值则全部随盐度的升高而增大。

比定容热容 C_v 的值略小于定压比热容 C_p。一般而言 C_p/C_v 为 1～1.02。

海水的比热容约为 $3.89×10^3 J/kg/℃$，在所有固体和液态物质中是名列前茅的，其密度为 1025 kg/m^3，而空气的比热容为 $1×10^3 J/kg/℃$，密度为 1.29 kg/m^3。也就是说，1m^3 海水降低 $1℃$ 放出的热量可使 3100m^3 的空气升高 $1℃$。由于地球表面积的近 71% 为海水所覆盖，可见海洋对气候的影响是不可忽视的。也正因为海水的比热容远大于大气的比热容，因此海水的温度变化缓慢，而大气的温度则变化剧烈。

表 3-2　气压为 1013.25 hPa 时海面的比热容 C_p　　单位：（$×10^3 J/kg/℃$）

盐度 /S	t/℃								
	0	5	10	15	20	25	30	35	40
0	4.2174	4.1812	4.1466	4.1130	4.0804	4.0484	4.0172	3.9865	3.9564
5	4.2019	4.1679	4.1354	4.1038	4.0730	4.0428	4.0132	3.9842	3.9556
10	4.1919	4.1599	4.1292	4.0994	4.0702	4.0417	4.0136	3.9861	3.9590
15	4.1855	4.1553	4.1263	4.0982	4.0706	4.0437	4.0172	3.9912	3.9655
20	4.1816	4.1526	4.1247	4.0975	4.0709	4.0448	4.0190	3.9937	3.9688
25	4.1793	4.1513	4.1242	4.0977	4.0717	4.0462	4.0210	3.9962	3.9718
30	4.1782	4.1510	4.1248	4.0992	4.0740	4.0494	4.0251	4.0011	3.9775
35	4.1779	4.1511	4.1252	4.0999	4.0751	4.0508	4.0268	4.0031	3.9797
40	4.1783	4.1515	4.1256	4.1003	4.0754	4.0509	4.0268	4.0030	3.9795

2. 体积热膨胀

在海水温度高于最大密度温度时，若再吸收热量，除增加其内能使温度升高外，还会发生体积膨胀，其相对变化率称为海水的热膨胀系数，即当温度升高 1K（1℃）时，单位体积海水的增量。以 η 表示，在恒压、定盐的情况下：

$$\eta = \frac{1}{V}\left(\frac{\partial V}{\partial t}\right)_{p,S} \quad \text{或} \quad \eta = \frac{1}{\alpha}\left(\frac{\partial \alpha}{\partial t}\right)_{p,S} \tag{3.10}$$

式中：η 的单位为 ℃$^{-1}$，它是海水温度、盐度和压力的函数。

式（3.10）中 α 为海水的比体积（单位体积的质量），在海洋学中习惯称为比容。由图 3-9 可以看出，海水的热膨胀系数比纯水的大，且随温度、盐度和压力的增大而增大；在大气压力下，低温、低盐海水的热膨胀系数为负值，说明当温度升高时海水收缩。热膨胀系数由正值转为负值时所对应的温度，就是海水最大密度的温度 $t_{\rho(\max)}$，它也是盐度的函数，随海水盐度的增大而降低。有经验公式为

$$t_{\rho(\max)} = 3.95 - 2.0 \times 10^{-1} S - 1.1 \times 10^{-3} S^2 + 0.2 \times 10^{-4} S^3 \quad (3.11)$$

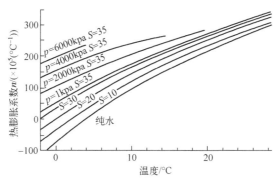

图 3-9 不同压力下纯水与海水的热膨胀系数随温度的变化

海水的热膨胀系数比空气小得多，因此由海水温度变化而引起海水密度的变化，进而导致海水的运动速度远小于空气。

值得注意的是，海水的热膨胀系数随压力的增大在低温时更为明显。例如，盐度为 35‰的海水，若温度为 0℃，在 1000m 深处（$p \approx 10.1$mPa）的热膨胀系数比在海面大 6×10^{-2}，而温度为 20℃时，则仅比在海面大 4×10^{-2}，所以上述影响在高纬海域更显著。

3．压缩性

1）压缩性

单位体积的海水，当压力增加 1Pa 时，其体积的负增量称为压缩系数。

若海水微团在被压缩时，因和周围海水有热量交换而得以维持其水温不变，则称为等温压缩。定盐条件下的等温压缩系数为

$$\beta_t = -\frac{1}{\alpha}\left(\frac{\partial \alpha}{\partial p}\right)_{S,t} \quad (3.12)$$

式中：β_t 的单位为 Pa^{-1}；α 为海水的比容。

若海水微团在被压缩过程中,与外界没有热量交换,则称为绝热压缩。定盐条件下的绝热压缩系数为

$$\beta_\eta = -\frac{1}{\alpha}\left(\frac{\partial \alpha}{\partial p}\right)_{\eta,S} \quad (3.13)$$

海水的压缩系数随温度、盐度和压力的增大而减小。与其他流体相比,其压缩系数是很小的。因此,在动力海洋学中,为简化求解,常把海水看作不可压缩的流体。但在海洋声学中,压缩系数却是重要参量。由于海洋的深度很大,受压缩的量实际上是相当可观的。若海水真正"不可压缩",那么,海面将会升高30m左右。

2)绝热变化

由于海水的压缩性,当一海水微团作铅直位移时,因其深度的变化导致所受压力的不同,将使其体积发生相应变化。在绝热下沉时,压力增大使其体积缩小,外力对海水微团作功,增加了其内能导致温度升高;反之,当绝热上升时,体积膨胀,消耗内能导致温度降低。上述海水微团内的温度变化称为绝热变化。

海水绝热温度变化随压力的变化率称为绝热温度梯度,以 Γ 表示。由于海洋中的现场压力与水深有关,所以 Γ 的单位可以用 K/m 或 ℃/m 表示,它也是温度、盐度和压力的函数,可通过海水状态方程和比热容计算或直接测量而得到。海洋的绝热温度梯度很小,平均约为 0.11℃/km。

3)位温

海洋中某深度(压力为 p)的海水微团,绝热上升到海面(压力为大气压 p_0)时的温度称为该深度海水的位温,记为 Θ。海水此时的密度为位密,记为 ρ_Θ。

若现场温度为 t,绝热上升到海面温度降低了 Δt,则该深度海水的位温 $\Theta = t - \Delta t$,海水的位温显然比现场温度低。

在分析大洋深、底层的海水运动时,由于各处水温差别甚小,绝热变化效应往往变得明显起来,因而用位温分析比用现场水温更合理有效。

图 3-10 为马里亚纳海沟温度断面与位温断面的比较。图(a)显示现场水温和密度的剖面及水温断面,图(b)为相应的位温和位密的情况。由图 3-10 可见,依现场水温绘制的断面图中,在 3470m 以下水温随深度增加,在与海槛深度相当的水层上,呈现出一个明显的"冷水舌",俨然有一层"冷水"在底层的"暖水"之上"水平地"流过。其实由位温分布可知,越过海槛的水是一直沿坡下沉到海沟底部的。

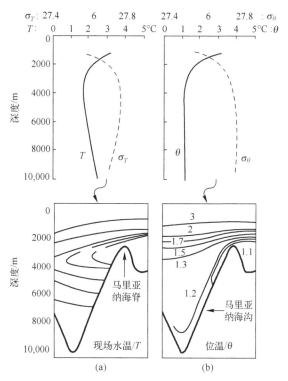

图 3-10 马里亚纳海沟的现场水温与位温对比

4. 蒸发潜热

海水表层的平均温度为 20℃ 或更低,但海洋表层的液态水是否会转化为气态呢?在沸点以下,由液态到气态的转换称为蒸发。要获取打破周围分子束缚的额外能量,单个水分子必须从周围分子吸取能量。换言之,为了使分子蒸发,留下的分子需要失去热量,这就是蒸发会产生冷却效应的原因。

使单位质量海水化为同温度的蒸汽所需的热量,称为海水的比蒸发潜热,用 L 表示,单位为 J/kg 或 J/g。其具体量值受盐度影响很小,与纯水非常接近,可只考虑温度的影响。

其计算方法有许多经验公式,迪特里希(Dietrich,1980)给出的公式为

$$L = (2502.9 - 2.720t) \times 10^3 [\text{J/kg}] \tag{3.14}$$

式(3.14)适用范围为 0~30℃。

在液体物质中,水的蒸发潜热最大,海水亦然。伴随海水的蒸发,海洋不但失去水份,同时将失去巨额热量,由水汽携带而输向大气内。这对海面的热平衡和海上大气状况的影响很大。例如发生在热带海洋上的热带气旋,其生成、维持和不断增强的机制之一,是"暖心"的生成和维持。"暖心"最重要的热源之一,

则是海水蒸发时，所携带巨额热量的水汽进入大气后凝结而释放出来的。

海洋每年由于蒸发平均失去126cm厚的海水，从而使气温发生剧烈的变化，但由于海水的热容很大，从海面至3m深的薄薄一层海水的热容就相当于地球上大气的总热容，因此水温变化比大气缓慢得多。

5．沸点和冰点

海水与纯水不同：随着海水盐度的增大，沸点将升高而冰点会降低。鉴于海水的现场温度最高不过36℃，且仅在波斯湾那样的内陆海出现；而南、北极附近广阔的高纬度海区却达到冰点左右，所以人们更关心海水冰点随盐度的变化。

盐使海水的冰点降低，这是除了地球的两极（即使是两极，也仅在表层）以外大部分海水从来不结冰的原因之一。这也是在寒冷的冬天往路上撒盐的原因，盐使水的冰点降低，可以使路面在低于冰点几度的情况下仍不结冰。

Dotherty 等（1974）给出了如下关系式：

$$t_f = -0.0137 - 0.051990S - 0.00007225S^2 - 0.000758Z \quad (3.15)$$

式中：Z为海水的深度（m）。

在上述基础上，Millero 等（1976）又提出了新的公式：

$$t_f = -0.0575S + 1.715023 \times 10^{-3} S^{3/2} - 2.154996 \times 10^{-4} S^2 - 7.53 \times 10^{-8} p \quad (3.16)$$

式中：S为实用盐度；压力p的单位为帕（Pa）。

虽然海水最大密度温度$t_{\rho max}$与冰点温度t_f都随盐度的增大而降低，前者降得更快（图3-11）。当$S = 24.695‰$时，两者的对应温度皆为-1.33℃，当盐度再增大时，$t_{\rho max}$就低于t_f了。

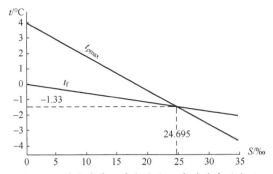

图3-11 最大密度温度与冰点温度随盐度的变化

3.2.2 海水的主要力学性质

1．黏滞性

当相邻两层海水作相对运动时，由于水分子的不规则运动或者海水块体的随机运动（湍流），在两层海水之间便有动量传递，从而产生切应力。

摩擦应力的大小与两层海水之间的速度梯度成比例。界面上单位面积的应力为

$$\tau = \mu \frac{\partial v}{\partial n} \tag{3.17}$$

式中：n 为两层海水界面的法线方向；v 为流速；μ 为动力学黏度，单位为 Pa/s；μ/ρ 为运动学黏度，单位为 m^2/s；μ 随盐度的增大略有增大，随温度的升高却迅速减小。

单纯由分子运动引起的 μ 的量级很小。在讨论大尺度湍流状态下的海水运动时，湍流黏度比分子黏性系数大很多（2~3 个量级），此时分子黏滞性可以忽略不计。但在描述海面、海底边界层的物理过程中以及研究很小尺度空间的动量转换时，分子黏滞应力却起着重要作用。

分子黏度只取决于海水的性质，而湍流黏度则与海水的运动状态有关。

2．海水渗透压

如果在海水与淡水之间放置一个半渗透膜，水分子可以透过，但盐分子不能透过。那么，淡水一侧的水会慢慢地渗向海水一侧，使海水一侧的压力增大，直至达到平衡状态。此时膜两边的压力差，称为渗透压。它随海水盐度的增高而增大。低盐时随温度的变化不大，而高盐时随温度的升高增幅较大。例如，盐度为 27‰的海水，由 0℃至 25℃，渗透压增加 $1.6×10^5$Pa，而盐度接近 38‰时，由 0℃至 25℃，渗透压增幅可达 $3.1×10^5$Pa。

海水渗透压对海洋生物有很大影响，因为海洋生物的细胞壁就是一种半渗透膜，不同海洋生物的细胞壁性质有别，所以对盐度的适应范围不同。这是海洋生物学家们所关注的问题。

根据渗透的原理，也可设想利用海水与淡水之间的渗透作用，形成水位差（理论值可达 250m）而发电。

3．海水表面张力

在液体的自由表面上，由于分子之间的吸引力所形成的合力，使自由表面趋向最小，这就是表面张力。海水的表面张力随温度的增高而减小，随盐度的增大而增大，然而两者变化的幅度都不大，但海水中杂质的增多也会使海水表面张力减小。表面张力对水面毛细波的形成起着重要作用。

3.3 海水的密度和状态方程

3.3.1 海水的密度

1．海水密度的定义及其表示法

单位体积海水的质量定义为海水的密度，用符号"ρ"表示，单位为 kg/m^3。

它的倒数成为海水的比容，用符号"α"表示，就是单位质量海水的体积，单位为 m^3/kg。海水密度是温度、盐度和压力的函数，因此海洋学中常用 $\rho(S,t,p)$ 的形式表示，它表示盐度为 S，温度为 t，压力为 p 条件下的海水密度。同样，比容的书写形式相应为 $\alpha(S,\ t,\ p)$。

海水密度一般有6~7位有效数字，且其前两位数字通常相同。

2．密度超量

为了保持海洋资料使用的连续性，故提出密度超量，密度超量与密度具有同样的单位：

$$\gamma = \rho - 1000\ [kg/m^3] \tag{3.18}$$

3.3.2　海水的状态方程

表层海水的密度可以直接测量，但海面以下深层的海水密度至今尚无法直接测量。然而海水密度在大尺度海洋空间的微小变化，其影响却是异乎寻常的。因此，长期以来，海洋工作者对其进行了大量的研究，以便通过海水的温度、盐度和压力间接而又力求精确地来计算海水的现场密度。

海水状态方程是海水状态参数温度、盐度、压力与密度或比容之间相互关系的数学表达式。因此，可根据现场实测的温度、盐度及压力来计算海水的现场密度。

1980年国际海水状态方程（EOS80），JPOTS推荐从1982年1月1日启用。

1．一个大气压国际海水状态方程

在"一个标准大气压"（海压为0）下，海水密度 $\rho(S,t,0)$ 与实用盐度 S 和温度 t 的关系式为：

$$\rho(S,\ t,\ 0) = \rho_w + AS + BS^{3/2} + CS^2 \tag{3.19}$$

式中：

$A = 8.24493 \times 10^{-1} - 4.0899 \times 10^{-3} t + 7.6438 \times 10^{-5} t^2 - 8.2467 \times 10^{-7} t^3 + 5.3875 \times 10^{-9} t^4$

$B = -5.72466 \times 10^{-3} + 1.0227 \times 10^{-4} t - 1.6546 \times 10^{-6} t^2,\ C = 4.8314 \times 10^{-4}$

而

$$\begin{aligned}\rho_w = &\ 999.842594 + 6.793952 \times 10^{-2} t - 9.095290 \times 10^{-3} t^2 \\ &+ 1.001685 \times 10^{-4} t^3 - 1.120083 \times 10^{-6} t^4 + 6.536332 \times 10^{-9} t^5\end{aligned} \tag{3.20}$$

适用范围是：温度-2~40℃，实用盐度0~42‰。

2．高压国际海水状态方程

高压下海水密度 $\rho(S,t,p)$ 与实用盐度 S 和温度 t 海压 p 的关系式为

$$\rho(S,t,p) = \rho(S,t,0) \cdot \left[1 - \frac{np}{K(S,t,p)}\right]^{-1} \quad (3.21)$$

式中：$\rho(S,t,0)$ 如式（3.19）所示；$K(S,t,p)$ 为割线体积模量，由下式给出：

$$K(S,t,p) = K(S,t,0) + A \cdot (np) + B \cdot (np)^2 \quad (3.22)$$

该方程的适应范围是：温度 -2℃～40℃，实用盐度 0～42‰，海压 0～10^8 Pa，压力匹配因数 $n=10^{-5}$。

高压状态方程的一个优点是，比原有的其他形式的状态方程更为精确，用于计算海水的体积热膨胀系数或压缩系数等，精度也很高。

另一个优点是，方程的结构简明，能清楚地划定海水体积模量的"纯水项"，"标准大气压项"和"高压项"，这给理论研究和实验、计算带来很大的方便。将来若调整上述任意一项时，不会对其他项产生影响。

3.4 海 冰

直接由海水冻结而成的冰被称为海冰。但在海洋中所见到的冰，除海冰之外，尚有大陆冰川、河流及湖泊流入海水中的淡水冰，广义上把它们统称为海冰。世界大洋约有 3%～4%的面积被海冰覆盖，尤其是南极洲边缘以及北冰洋和北大西洋的较高纬度地区，常年均有海冰存在。海冰对船舶航行、海底采矿及极地海洋考察等形成严重障碍，甚至造成灾害。它对海洋水文状况自身的影响，也成为海洋学的重要研究内容之一。

3.4.1 海冰的形成和类型

1．海冰的形成

海冰形成的必要条件是，海水温度降低至冰点并持续失热、相对冰点稍有过冷却现象并有凝结核存在。

海水结冰机理是海水最大密度温度随盐度的增大而降低的速率，比其冰点随盐度增大而降低的速率快（图 3-11），当盐度低于 24.695‰时，结冰情况与淡水相同；当盐度高于 24.695‰时（海水盐度通常如此），海水冰点高于最大密度温度。因此，即使海面降至冰点，但由于增密所引起的对流混合仍不停止，致使只有当对流混合层的温度同时到达冰点时，海水才会开始结冰，所以海水结冰可以从海面至对流可达深度内同时开始。海冰的密度比海水要轻很多，所以海冰一旦形成，便会浮上海面，形成很厚的冰层。同时，冰层阻碍了其下海水热量的散失，因而大大地减缓了冰下海水继续结冻的速度。

海冰的形成是一个自我持续的过程。海水的结冰，主要是纯水的冻结，会将盐分大部分排出冰外，而增大了冰下海水的盐度，导致海水的冰点降低。然而，盐度的增加会使密度增加而导致海水下沉，下沉到表层以下时，会被下面的低盐度水取代，而低盐度水要比高盐度水更容易结冰。因此，这就建立了加强海冰形成的循环形式。

2. 海冰的类型

最初，海冰是六角形（六面）的针状小晶体，最终变大形成软冰。软冰成为薄片状后，受到风应力和波浪作用破裂成圆盘状，成为饼状冰。随着进一步的冻结，饼状冰合并形成浮冰。

按结冰过程的发展阶段可将其分为初生冰、尼罗冰、饼状冰、初期冰、一年冰、老年冰。

按海水的运动状态可分成固定冰和流冰两类。

固定冰是与海岸、岛屿或海底冻结在一起的冰。当潮位变化时，能随之发生升降运动，其宽度可从海岸向外延伸数米甚至数百千米。海面以上高于 2m 的固定冰称为冰架；而附在海岸上狭窄的固定冰带，不能随潮汐升降，是固定冰流走的残余部分，称为冰脚。

流（浮）冰，自由漂浮在海面上，能随风、流漂移的冰称为流冰。它可由大小不一、厚度各异的冰块形成，但由大陆冰川或冰架断裂后滑入海洋且高出海面 5m 以上的巨大冰体—冰山，不在其列。

流冰面积小于海面 1/10～1/8 者，可以自由航行的海区称为开阔水面；当没有流冰，即使出现冰山也称为无冰区；密度 4/10～6/10 者称为稀疏流冰，流冰一般不连接；密度 7/10 以上称为密集（接）流冰。在某些条件下，例如流冰搁浅相互挤压可形成冰脊或冰丘，有时高达 20m。

3.4.2　海冰的盐度和密度

1. 海冰的盐度

海冰的盐度是指其融化后海水的盐度，一般为 3‰～7‰ 左右。

海水结冰时，是其中的水冻结，而将其中的盐分排挤出来，部分来不及流走的盐分以卤汁的形式被包围在冰晶之间的空隙里形成"盐泡"。此外，海水结冰时，还将来不及逸出的气体包围在冰晶之间，形成"气泡"。因此，海冰实际上是淡水冰晶、卤汁和气泡的混合物。

海冰盐度的高低取决于冻结前海水的盐度、冻结的速度和冰龄等因素。

冻结前海水的盐度越高,海冰的盐度可能也高。

在南极大陆附近海域测得的海冰盐度高达 22‰~23‰。结冰时气温越低,结冰速度越快,来不及流出而被包围进冰晶中的卤汁就越多,海冰的盐度自然要大。在冰层中,由于下层结冰的速度比上层要慢,故盐度随深度的加大而降低。

当海冰经过夏季时,冰面融化也会使冰中卤汁流出,导致盐度降低,在极地的多年老冰中,盐度几乎为零。

2. 海冰的密度

纯水冰 0℃时的密度一般为 917kg/m^3,海冰中因为含有气泡,密度一般低于此值,新冰的密度大致为 914~915kg/m^3。冰龄越长,由于冰中卤汁渗出,密度则越小。夏末时的海冰密度可降至 860kg/m^3 左右。由于海冰密度比海水小,所以它总是浮在海面上。

3.5 世界大洋的热量平衡和温度分布

3.5.1 海面的热量收入与支出

世界大洋中的热量,几乎全部来自通过海气界面的太阳辐射能。通过海底向大洋输送的热量,除在个别热活动比较强烈的区域外,影响不大;由于海洋内部放射性物质的裂变以及生物、化学过程与海水运动所释放出来的热能更是微不足道,因此,对整个世界大洋而言,在考虑其热平衡时都可忽略不计。当然,在研究极小尺度的海洋空间时,有时则另当别论。

海洋学研究表明,在几十年至几百年的时间尺度内,就整个世界大洋平均温度而言,并未发现大的变化,因此可以认为海洋中获得的热量应与支出的热量相同。而这种收入与支出又主要是通过海面进行的。

通过海面热收支的主要因素有,太阳辐射 Q_S、海面有效回辐射 Q_b、蒸发或凝结潜热 Q_e 以及海气之间的感热交换 Q_h,即

$$Q_w = Q_S - Q_b \pm Q_e \pm Q_h \tag{3.23}$$

Q_w 为通过海面的热收支余项。把整个世界大洋作为一个整体,长期而言,应有 $Q_w=0$,但对局部海区,在短时期内,如 1 天,1 个月或 1 个季度,则 $Q_w \neq 0$;$Q_w>0$ 时海水净得到热量,反之,$Q_w<0$ 时,海洋失去热量。对于特定海域,

尚需考虑降水、大陆径流及结冰与融冰等因素的影响。

1. 通过海面进入海洋的太阳辐射能

太阳表面温度高达6000K以上，它以电磁波的形式向太空辐射巨大的能量。太阳辐射也是地球的最主要的能量源泉。地球每年接受太阳辐射能量约为$5.5×10^{24}$J，相当于人类全年消耗各种能源的8.7万倍。

太阳辐射能量的99.9%集中在0.2～10.0μm波段内，其中可见光0.40～0.76μm部分的能量占44%，红外部分（大于0.76μm）占47%，紫外部分（<0.40μm）占9%。

当太阳辐射通过大气时，紫外部分的能量绝大部分被臭氧吸收；红外部分的能量也被大气中的水汽、CO_2等部分吸收。同时部分能量又被大气中的分子、微粒等散射，而其中的一部分也可到达海洋。因此，射达海面的太阳总辐射是太阳直达辐射和散射辐射两部分之和。根据斯特藩—玻耳兹曼定律，任何高于0K的物体都能以辐射的形式向外释放能量，它与热力学温度T_K的4次方成正比，即

$$E = F\sigma T_K^4 \tag{3.24}$$

式中：σ为斯特藩—玻耳兹曼常数，

$$\sigma = 5.67051×10^{-8}(W·m^{-2}·K^{-4}) \tag{3.25}$$

式中：F为辐射体的透明系数，对绝对黑体，$F=1$，绝对透明体，$F=0$。

辐射能量最大的波长与辐射体表面的绝对温度T_K成反比，由恩维定律给出：

$$\lambda = C/T_K \tag{3.26}$$

式中：$C = 2879(μm·K)$。

由式（3.26）可计算出太阳辐射能最强的波长为0.475μm，故称短波辐射，它对应于可见光中的青光波段。

到达海面的太阳辐射与大气透明度和天空中的云量、云状以及太阳高度H（太阳光线与地球观测点的切线之间的夹角）有关。平均而言，它只有太阳常数的一半。到达海面的太阳辐射又有部分被海面反射到大气中去。因此，真正进入海洋的部分可由经验公式计算：

$$Q_S = Q_{S0}(1-0.7C)(1-A_S) \tag{3.27}$$

式中：Q_{S0}为晴空无云时到达海面的总辐射；C为云量（0～1）；A_S为海面反射率，即从海面反射的入射辐射与到达海面总辐射之比，它与太阳高度与海面状况有关。平均而言，A_S只有7%，然而在高纬海区，由于冰雪覆盖以及太阳高

度低,所以 A_S 值大;而在低纬海区则相反。

若考虑到太阳高度 H 的变化对到达海面单位面积上的辐射强度的影响,有下式进行计算:

$$Q_H = Q_S \sin H \tag{3.28}$$

由此可见,一年中在低纬海区所接受的太阳辐射要大于高纬海区;同理,在一天内,中午前后所接受的太阳辐射要大于早、晚。

2. 海面有效回辐射

海洋在吸收太阳短波辐射的同时,也要向大气辐射能量,世界大洋表层的平均温度为 17.4℃,根据恩维定律,它向大气辐射最强的波长:

$$\lambda = 2897/(273+17.4) \approx 10 \; (\mu m) \tag{3.29}$$

因此称为长波辐射。而海洋辐射的能量 90%以上集中在 4~80μm 范围之内。

海面向大气的长波辐射,大部分为大气中的水汽和 CO_2 所吸收,连同大气直接从太阳辐射中吸收的能量,同时也以长波的形式向四周辐射,向上部分进入太空,向下的部分,称为大气回辐射,几乎全部被海洋吸收。所谓海面有效回辐射,即指海面的长波辐射与大气回辐射(长波)之差。

大气的平均温度为 13.7℃,比海面温度低。根据式(3.24),视海面近似为绝对黑体,即 $F \approx 1$,大气为半透明体,即 $F<1$,因此,海面的长波辐射要比大气回辐射的量值大,交换的结果恒为海洋失去热量。

海面有效回辐射主要取决于海面水温,海上的水汽含量和云的特征。图 3-12 为晴天时海面有效回辐射随温度和相对湿度的变化。

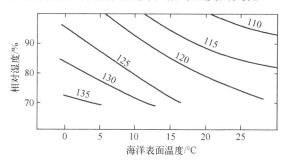

图 3-12 晴天时海面有效回辐射随温度和相对湿度的变化

(单位:kW/m^2)(据斯费尔德鲁普等,1958)

由图 3-12 可以看出,当相对湿度一定时,海面有效回辐射随温度的升高而减小。这是因为当海面温度升高时,虽然海面的长波辐射增大,但与此同时,海面上的水汽量也增加，而且随温度的升高呈指数性增加，结果大气回辐射比海面长波辐射增大得快，从而使海面有效回辐射减小。同理，当温度一定时，随相对湿度的增大，海面有效回辐射也减小。

当天空有云时，大气回辐射强，海面有效回辐射减小。这正是在冬季早晨阴天时比晴天时暖和的原因。

由于海面水温和海面上层的相对湿度的日变化和年度变化相对较小，因此海面有效回辐射的地理变化和季节变化比较小。平均而言，全球的太阳辐射 Q_S 比海面有效回辐射 Q_b 大，故 $Q_S - Q_b > 0$，这部分热盈余称为辐射平衡。归根结底，它又以其他方式返回大气。

海面有效回辐射的计算方法，常用经验公式计算。尽管形式各异，但其参数都离不开与湿度、温度及云有关的因子。

3. 蒸发耗热

蒸发和水汽凝结本来是可逆过程。海面蒸发，使海水变成水汽进入大气，海洋中的部分热量以潜热的形式被带入大气，海洋失去热量；当大气中水汽凝结时，又将热量释放出来，但这部分热量却几乎全部留在大气中，成为大气的热源之一。因此蒸发只能使海洋耗热。

平均而言，海洋每年蒸发掉约 126cm 的海水，由于海水的蒸发潜热很大，所以蒸发使海洋失去巨额热量。据计算，约占世界大洋辐射平衡热盈余的 90%。当然，大洋不同海域的蒸发耗热不同，这主要由其蒸发量不同所致。

蒸发的速率与近海面空气层中水汽的铅直梯度成比例。通常，紧贴海面的水汽含量可视为是饱和的，如果其上部气层中的水汽量越少，则越有利于水汽向上扩散，从而使蒸发得以继续进行。因此，海面上部气层中在铅直方向上的水汽压差，是维持海水蒸发的先决条件。

海面水温 t_w 与近海面气层的温度 t_a 差与蒸发的速率有着密切关系。

当 $t_w > t_a$ 时，由于海洋向大气传导热量，使近海面气温升高，从而发生热力对流，结果将水汽源源向上输送，而上部水汽含量较少、温度较低的空气下沉至海面；与此同时，海面降温、增密下沉，其下的相对高温水上升至海面。这一过程维持着海气温差的继续存在。因此，由于 $t_w > t_a$ 所引起的海气中的热力对流过程使蒸发不断地进行。

当 $t_w < t_a$ 时，由于大气向海洋传导热量，使近海面气温降低，导致气层的层结稳定，同样海面升温，也产生稳定层结。由于近海面的水汽不能迅速地向上输送，甚至发生凝结，以致蒸发停止。

在实际海洋的蒸发过程中，风对上述蒸发的物理过程起着巨大的促进作用。

海面上的风,实际上是以湍流形式存在的,它一方面极大地加强了海气之间的热传导,同时又将近海面水汽迅速地向外输送,它对蒸发的加速,远远超过单纯由上述物理过程的贡献。同时,风所引起的海浪,又增大了海洋的蒸发面,甚至当波浪破碎时,直接将海水输向大气。

大洋上的蒸发速率是不均匀的,且具有明显的季节变化。赤道海域蒸发量较小,因为那里空气中相对湿度大而风速又小;高纬海区由于气温低,大气容纳的水汽量小,因而蒸发量也小;副热带海区和信风带,空气干燥、气温高,风速大,所以蒸发量大;特别在大西洋湾流区和太平洋黑潮区出现极大值,其原因是暖流北上到中纬海域,水温远高于气温,尤其冬季又盛行偏北风,所以蒸发特别强烈。

就季节变化而言,一般冬季大于夏季,这主要由于冬季水温高于气温,空气层结不稳定,且冬季风速较大所致。

4. 海洋与大气的感热交换

由于海洋表层水温和气温一般是不相等的,所以两者之间通过热传导也有热量交换。这一交换过程主要受制于两个因素:海面风速和海-气温差。其交换的物理机制同上节中所述。

当然,不同海区和不同季节,海—气的感热交换有明显差别。冬季盛行寒冷气流,出现较大的向上的热通量,特别是在湾流、黑潮经过的中纬海域和高纬的海面上更是如此;夏季感热交换通常是相当小的;在寒流及上升流区可出现向下的热通量。

平均而言,世界大洋通过感热交换向大气输送热量,相当于辐射平衡热盈余的10%。在一些海洋学书刊中将感热交换 Q_h 与蒸发耗热 Q_e 之比称为鲍恩比,它是计算海洋热平衡的一个重要参数。

5. 海面热收支随纬度的变化

世界大洋海面年平均热收支随纬度的分布如图 3-13 所示。$Q_S - Q_b$ 为通过海面进入海水的净辐射量。在 25°N～20°S 之间最大,然后随纬度的增高而急剧减少。蒸发所耗热量 Q_e 的量级与 $Q_S - Q_b$ 相当,在中、高纬度的变化趋势也极为相似,但在低纬热带海区,则由于海面上湿度大,蒸发量显著低于副热带海区,因此导致蒸发耗热 Q_e 呈双峰分布形式。从图中还可看出,海—气感热交换 Q_h 随纬度变化不大,且量值较小。各热收支分量合成的结果如图中 Q_t 所示,其差别十分显著。从 23°N～18°S 的热带海域热平衡余项 Q_t 为正,即海水有净的热收入;由此向两极方向的中、高纬海域 Q_t 皆为负,即海水有净的热量支出。

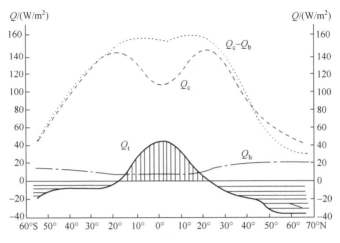

图 3-13 世界大洋海面年平均热收支随纬度的分布

全年平均有热量净收入的海域,由于热量的积累,水温应不断升高,反之在热量有净支出的海域水温应不断降低,但事实并非如此。虽然热带海区表层水温比中高纬温带与寒带海域的水温明显更高,但它们的年际变化却不大。这一事实说明在大洋内部必然存在着自低纬向中高纬的热量输送。这是由大洋径向环流来完成的。

3.5.2 海洋内部的热交换

对整个世界大洋而言,其热收支应该相等,但对局部海域而言,在不同时段内其热收支并不一定平衡,这就涉及到通过海—气界面所进行的热交换的余额在海洋内部如何重新分配的问题。

1. 在铅直方向上的热输运

主要是通过湍流进行的,它是通过海面上的风、浪和流等引起的涡动混合,把海面的热量向下输送的。

由于湍流混合在一年四季中,在任何海域都能发生,因此它是海洋内部铅直热交换的主要角色。一般说来,它的作用多是将海水表层所吸收的辐射能向海洋深层输送。在海面有净热量支出的海域,往往由于降温增密作用引起对流,对流的结果却使热量向上输送。

当然,海洋中铅直方向上的热交换还有其他因素引起的,如埃克曼抽吸和大风卷吸作用能导致下层冷水上涌;在有升、降流的海域,尽管其速度只有 $10^{-6} \sim 10^{-4}$ m/s,但由于其长年存在,其输运的热量也是相当可观的,从而导致升、降流区的水温出现异常分布。

2. 在水平方向上的热输送

主要是通过海流来完成的。在海洋内部水平方向的热输运是相当可观的。单位时间内通过与海流方向垂直的单位面积上所输送的热量：

$$q = c_p \rho V t \tag{3.30}$$

式中：V 为流速；c_p、ρ、t 分别为海水的比定压热容、密度和温度。

可见，海流所输送的热量除与流速有关外，还由水温高低决定。但是，影响海流流经海区热状况变化的关键却不是水温绝对值的高低，而是在海流方向上的水温梯度，即有

$$Q_A = -c_p \rho V \tag{3.31}$$

式中：负号说明热量输送方向与温度梯度方向相反。

整个世界大洋的海面热平衡呈纬向带状分布，而水温分布也相似。因此，海流在大洋中水平方向的热输送，沿经向最为明显。

3. 海洋中的全热量平衡

式（3.23）给出了通过海面的热平衡方程，在此基础上再同时考虑海洋内部的热交换，即

$$Q_t = Q_S - Q_b \pm Q_e \pm Q_h \pm Q_z \pm Q_A \tag{3.32}$$

式（3.22）称为海洋全热量平衡方程，它适用于任何时段和局部海区的热平衡计算。一般而言，式中右端各项的代数和，即

$$Q_t \neq 0 \tag{3.33}$$

当 $Q_t > 0$ 时，海水有净的热量收入，水温将升高，反之，当 $Q_t < 0$ 时，水温将降低，Q_t 的绝对值越大时，则相应地升温或降温的速率将越快。当 Q_t 由正值转为负值时，即 $Q_t=0$，对应于温度的极大值；反之当 $Q_t=0$ 由负值转为正值 $Q_t=0$ 时，则为水温极小值。

例如，在一天中，我们姑且把式（3.32）中右端的 Q_b、Q_e、Q_h、Q_z 和 Q_A 各量视为常量（事实上在一天中它们的变化也很小），那么 Q_t 值的变化就完全决定于 Q_S 的变化。一般情况下，Q_S 值在中午达到最大值（因为太阳高度大），此时 $Q_t > 0$，且达最大值，水温升高的速率此时也达最大；午后，由于太阳高度的减低，Q_S 值减小到与方程右端其他各项的代数和相等时，即有 $Q_t=0$，则水温达到极大值，停止上升。然后，随着太阳高度的进一步降低，Q_t 转为负值，水温便开始降低。因此，一天中水温最高值出现的时间不是中午太阳高度最大的时刻，而是出现在午后 1 时～3 时左右。同理，可讨水温极小值出现的时

刻是发生在 Q_t 值由负值转为正值的时刻，海洋中一般发生在凌晨。

在一年中水温极大值同样不是出现在太阳高度最大的月份（北半球为 6 月），而是 8 月左右，最低值出现在 1 月—2 月。

研究海洋热平衡的重要意义在于使我们分析海洋水温的时空变化时，能把握住主要矛盾。在对局部海域研究时，可以通过计算热平衡的各分量，弄清制约该海域热状况的主要因子。如果计算后发现 $Q_t \neq 0$，且又排除了计算的误差，那就提醒我们必须去研究和发现新的问题。

3.5.3 世界大洋的温度分布与变化

对整个世界大洋而言，约75%的水体温度在0~6℃之间，50%的水体温度在1.3~3.8℃之间，整体水温平均为3.8℃。其中，太平洋平均为3.7℃，大西洋4.0℃，印度洋为3.8℃。

世界大洋中的水温，通常多借助于平面图、剖面图，用绘制等值线的方法，以及绘制铅直分布曲线，时间变化曲线等，将其三维时空结构分解成二维或者一维的结构，通过分析加以综合，从而形成对整个温度场的认识。这种研究方法同样适应于对盐度、密度场和其他现象的研究。

1．海洋水温的平面（水平）分布

1）大洋表层的水温分布

进入海洋中的太阳辐射能，除很少部分返回大气外，余者全被海水吸收，转化为海水的热能。其中约60%的辐射能被1m的表层吸收，因此海洋表层水温较高。大洋表层水温的分布，主要决定于太阳辐射的分布和大洋环流两个因子。在极地海域结冰与融冰的影响也起重要作用。

大洋表层水温变化于-2~30℃之间，年平均值为17.4℃。太平洋最高，平均为19.1℃；印度洋次之，为17.0℃；大西洋为16.9℃。相比各大洋的总平均温度而言，大洋表层是相当温暖的。

各大洋表层水温的差异，是由其所处地理位置、大洋形状以及大洋环流的配置等因素所造成的。太平洋表层水温之所以高，主要因为它的热带和副热带的面积宽广，其表层温度高于25℃的面积约占66%；而大西洋的热带和副热带的面积小，表层水温高于25℃的面积仅占18%。当然，大西洋与北冰洋之间和太平洋与北冰洋之间相比，比较畅通，也是原因之一。

如图3-14和图3-15所示，世界大洋6—9月和1—3月表层水温的分布，具有如下共同特点。

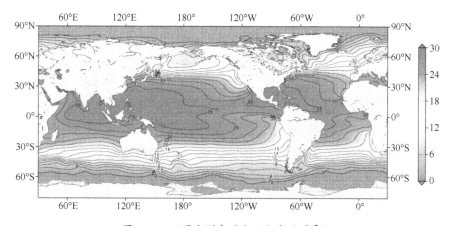

图 3-14 世界大洋表层水温分布（夏季）

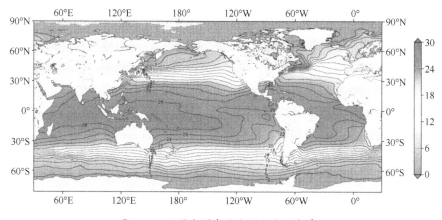

图 3-15 世界大洋表层水温分布（冬季）

（1）等温线的分布，沿纬向大致呈带状分布，特别在南半球 40°S 以南海域，等温线几乎与纬圈平行，且冬季比夏季更为明显，这与太阳辐射的经向变化密切相关。

（2）冬季和夏季最高温度都出现在赤道附近海域，在西太平洋和印度洋近赤道海域，可达 28～29℃，只是在西太平洋 28℃ 的包络面积夏季比冬季更大，且位置偏北一些。图中的点断线表示最高水温出现的位置，称为热赤道，平均在 7°N 左右。

（3）由热赤道向两极，水温逐渐降低，到极圈附近降至 0℃ 左右；在极地冰盖之下，温度接近于对应盐度下的冰点温度。例如，南极冰架之下曾有-2.1℃ 的记录。

（4）在两半球的副热带到温带海区，特别是北半球，等温线偏离带状分布，在大洋西部向极地弯曲，大洋东部则向赤道方向弯曲。这种格局造成大洋西部水温高于东部。在亚北极海区，水温分布与上述特点恰恰相反，即大洋东部较大洋西部温暖。大洋两侧水温的这种差异在北大西洋尤为明显，东西两岸的水温差，夏季有6℃左右，冬季可达12℃之多。这种分布特点是由大洋环流造成的：在副热带海区，大洋西部是暖流区，东部为寒流区；在亚北极海区正好相反。在南半球的中、高纬度海域，三大洋连成一片，有著名的南极绕极流环绕南极流动，所以东西两岸的温度差没有北半球明显。

（5）在寒、暖流交汇区等温线特别密集，温度水平梯度特别大，如北大西洋的湾流与拉布拉多寒流之间和北太平洋的黑潮与亲潮之间都是如此。另外在大洋暖水区和冷水区，两种水团的交界处，水温水平梯度也特别大，形成所谓极锋（the polar front）。

（6）冬季表层水温的分布特征与夏季相似，但水温的经向梯度比夏季大。

2）大洋表层以下水温的水平分布

大洋表层以下，太阳辐射的直接影响迅速减弱，环流情况也与表层不同，所以水温的分布与表层差异甚大。水深500m层水温的分布，沿经向方向梯度明显减小，在大洋西边界流相应海域，出现明显的高温中心。大西洋和太平洋的南部高温区高于10℃，太平洋北部高于13℃，北大西洋最高达17℃以上。

1000m的深层上，水温的经向变化更小，但在北大西洋东部，由于高温高盐的地中海水溢出直布罗陀海峡下沉，出现了大片高温区；红海和波斯湾的高温高盐水下沉，使印度洋北部出现相应的高温区。在4000m层，温度分布趋于均匀，整个大洋的水温差不过3℃左右。至于底层的水温主要受南极底层水的影响，其性质极为均匀，约0℃左右。

2. 海洋水温的铅直分布

图3-16是大西洋准经向断面水温分布，由图可以看出，水温大体上随深度的增加呈不均匀递减。低纬海域的暖水只限于薄薄的近表层之内，其下便是温度铅直梯度较大的水层，在不太厚的深度内，水温迅速递减，此层称为大洋主温跃层（themain thermocline），相对于大洋表层随季节生消的跃层（the seasonal thermocline）而言，又称永久性跃层（the permanent thermocline）。大洋主温跃层以下，水温随深度的增加逐渐降低，但梯度很小。大洋主温跃层的深度并不是随纬度的变化而单调的升降。它在赤道海域上升，其深度大约在300m左右；在副热带海域下降，在北大西洋海域（30°N左右），它扩展到800m附近，在南大西洋（20°N左右）有600m；由副热带海域开始向高纬度海域又逐渐上升，至亚极地可升达海面，大体呈"W"形分布。

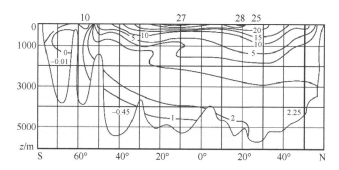

图 3-16 大西洋准经向断面水温分布（据 Некрасова 及 Степанов，1973）

以主温跃层为界，其上为水温较高的暖水区，其下是水温梯度很小的冷水区。冷、暖水区在亚极地海面的交汇处，水温梯度很大，形成极锋。极锋向极一侧的冷水区一直扩展至海面，暖水区消失。

暖水区的表面，由于受动力（风、浪、流等）及热力（如蒸发、降温、增密等）因素的作用，引起强烈地湍流混合，从而在其上部形成一个温度铅直梯度很小，几近均匀的水层，常称为上均匀层或上混合层（uppermixed layer）。上混合层的厚度在不同海域、不同季节是有差别的。在低纬海区一般不超过100m，赤道附近只有50～70m，赤道东部更浅些。冬季混合层加深，低纬海区可达150～200m，中纬地区甚至可伸展至大洋主温跃层。

在混合层的下界，特别是夏季，由于表层增温，可形成很强的跃层，称为季节性跃层。冬季，由于表层降温，对流过程发展，混合层向下扩展，导致季节性跃层的消失。

在极锋向极一侧，不存在永久性跃层。冬季甚至在上层会出现逆温现象，其深度可达 100m 左右（图 3-17），夏季表层增温后，由于混合作用，在逆温层的顶部形成一厚度不大的均匀层。因此，往往在其下界与逆温层的下界之间形成所谓"冷中间水"，它实际是冬季冷水继续存留的结果。当然，在个别海区它也可由平流造成。

大西洋水温分布的这些特点，在太平洋和印度洋也都存在。

关于季节性跃层的生、消规律如图 3-18 所示。这是西北太平洋（50°N，145°W）的实测情况。3月，跃层尚未生成，即仍然保持冬季水温的分布状态。随着表层的逐渐增温，跃层出现，且随时间的推移，其深度逐渐变浅，但强度逐渐加大，至8月达到全年最盛时期；从9月开始，跃层强度复又逐渐减弱，且随对流混合的发展，其深度也逐渐加大，至翌年1月已近消失，尔后完全消失，恢复到冬季状态。

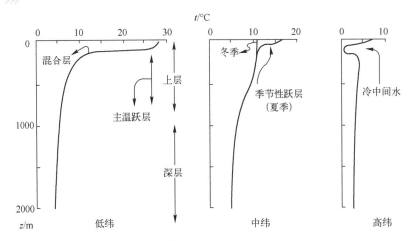

图 3-17　大洋平均温度典型铅直分布（据 Pickard et al., 1990）

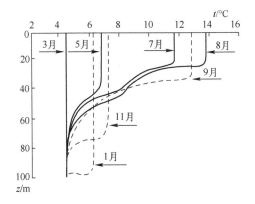

图 3-18　季节性跃层生消规律实例（据 Pickard et al., 1990）

值得一提的是在季节跃层的生消过程中，有时会出现"双跃层"现象，如图中 7 月和 8 月的水温分布就是这样。这是由于在各次大风混合中，混合深度不同所造成的。

3. 海洋水温的变化

1）日变化

大洋中水温的日变化很小，变幅一般不超过 0.3℃。影响水温日变化的主要因子为太阳辐射、内波等。在近岸海域潮流也是重要影响因子。

单纯由太阳辐射引起的水温日变化曲线，为一峰一谷形，其最高值出现在 14—15 时左右，最低值则出现在日出前后。一般而言，表层水直接吸收太阳辐射，其变幅应大于下层海水的变幅，但由于湍流混合作用，使表层热量不断向下传播以及蒸发的耗热，故其变幅仍然很小。相比之下，晴好天气比多云天气时水温的变幅大；平静海面比大风天气海况恶劣时的变幅大；低纬海域比高纬海域的变幅大；夏季比冬季的变幅大；浅海又比外海变幅大。

2）水温的年变化

大洋表层温度的年变化，主要受制于太阳辐射的年变化，在中高纬度，表现为年周期特征；在热带海域，由于太阳在一年中两次当顶直射，故有半年周期。水温极值出现的时间一般在太阳高度最大和最小之后的 2~3 个月内。年变幅也因海域不同以及海流性质、盛行风系的年变化和结冰融冰等因素的变化而不同。

赤道海域表层水温的年变幅小于 1℃，这与该海域太阳辐射年变化小有直接关系。极地海域表层水温的年变幅也小于 1℃，这与结冰融冰有关。因为当海水结冰时，释出大量结晶热，在结冰后，由于海冰的热传导性差，防止了海水热量的迅速散失，所以减缓了水温的降低；夏季，由于冰面对太阳辐射的反射以及融冰时消耗大量的融解热，因此减小了水温的增幅。

年变幅的最大值总是发生在副热带海域，如大西洋的百慕大群岛和亚速尔群岛附近，其变幅大于 8℃，太平洋 30°N~40°N 之间，大于 9℃；而在湾流和拉布拉多寒流与黑潮和亲潮之间的交汇处可高达 15℃和 14℃，这主要是由于太阳辐射和洋流的年变化引起的。

南、北半球大洋表面水温的年变化相比，北半球的变幅大，这与盛行风的年变化有关，冬季来自大陆的冷空气，大大地降低了海面温度；而南半球的对应海域，由于洋面广阔以及经向洋流不像北半球那样强，故年变幅较小。

在浅海、边缘海和内陆海，表层水温由于受大陆的影响，也比大洋年变幅大，且其变化曲线不像中、高纬度那样呈现正规的正弦曲线状。如日本海、黑海和东海的变幅可达 20℃以上，渤海和某些浅水区甚至可达 28~30℃，其升温期也往往短于降温期。

表层以下水温的年变化，主要靠混合和海流等因子在表层以下施加影响，一般是随深度的增加变幅减小，且极值的出现时间也推迟。

3.6　世界大洋的水量循环和盐度分布

海洋与外界还不断地进行水量交换。对整个世界大洋而言，海洋中水量是平衡的，由于水的来源及支出都是在地球系统自身之内进行循环的，所以又称为水循环。海洋中的水量收支分别影响着水温和盐度的分布与变化。

3.6.1 影响水平衡的因素

海洋中水的收入主要靠降水、陆地径流和融冰；支出则主要是蒸发和结冰。

1. 蒸发

蒸发不仅使海洋失去热量，同时又使海洋失去水量。据计算，每年海洋失去的水量为（440~454）×10^3km^3。蒸发将使海洋每年下降124~126cm。由图3-18可见，蒸发在海洋中的分布是很不均匀的。赤道附近小，南、北副热带海域出现两个极大值，蒸发量可达140cm，向高纬迅速减小，至两极海域不足10cm。

2. 降水

降水是海洋水收入的最重要因素，降水量P每年可达（411~416）×10^3km^3，但其分布也是不均匀的。由图3-19可见，在赤道附近的热带海域降水量最大，年平均降水量可达180cm以上，在副热带海域降至60cm左右，而南北两半球的极锋附近又显著增多，然后向极方向迅速减少。它与蒸发量E之间，除大于50°的高纬海域外，其变化曲线几乎是反位相的。因为它们是海洋水量支出与收入的主要影响因子，可想而知，必对海洋表层盐度的分布产生巨大的影响。

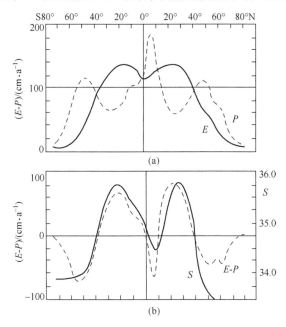

图3-19 世界大洋表面蒸发量E、降水量P、蒸发与降水差$E-P$和盐度S的经向分布（据Wüst，1954）

3．大陆径流

大陆径流，包括地下水入海是海洋水量收入的另一重要因子。其分布在世界各大洋中也是极不均匀的。进入各大洋的径流量最大的要算大西洋，其中仅亚马逊河就几乎占全世界径流量的20%，另外尚有刚果河，密西西比河及欧洲许多河流的流入，致使大西洋的入海淡水居世界之首。它们可使大西洋平均洋面上升23cm/a。印度洋次之。对太平洋来说，注入最大的河流是中国的长江，但其径流量只及亚马逊河的18.9%，由于太平洋面积的广阔，所有陆地径流量平均只能使其水面上升7cm/a。

4．结冰与融冰

结冰与融冰是海洋水平衡中的可逆过程。海冰被海水冲击到陆地上使海洋失去水量，相反，冻结在陆地上冰的融化会使海洋水量增加。如果被冻结在陆地上的冰全部融化流入海洋，将使海平面上升66m。就目前地质年代而言，结冰与融冰的量基本上是平衡的。但在个别海域，不同季节，不平衡的情况仍需考虑。例如，在南极大陆上的冰川，以每天1m的速度向海洋推进，断裂入海后形成巨大的冰山；北极海域的格陵兰岛也是冰山发源地，这些冰山终将融化，对局部海域水平衡的影响是不容忽视的。

3.6.2 水量平衡方程

对整个世界大洋而言，水量的收支应该是平衡的。但对局部海域而言，不一定时时都能平衡，从而导致水位的上升或下降，这又会引起海水的流动，以达到水量与水位的调整。考虑到海洋中水量收支的各种因素，其全水量平衡方程可写为

$$q = P + R + M + U_i - E - F - U_o \tag{3.34}$$

式中：P为降水；R为陆地径流；M为融冰；U_i为海流及混合使海域获得的水量，E为蒸发；F为结冰；U_o为海流及混合使海洋失去的水量；余项q为研究海域在某时段内水量交换的盈余（$q>0$）或亏损（$q<0$）。

对整个世界大洋而言，结冰F与融冰M是可逆过程，相互抵消，由海流混合带入的水量U_i和带走的水量U_o也应相等，则

$$q = P + R + M \tag{3.35}$$

式（3.35）对某些特定海域有时也可直接引用。因为在大多数海域可不考虑结冰与融冰的影响；在具有封闭环流的海域内，如某一海湾中，可视为$U_i = U_o$。

式（3.35）表明，大陆径流、蒸发和降水三个因子是决定世界大洋水量平衡的基本因子。布迪科（1974）计算，就世界大洋总平均而言，$R=12\text{cm/a}$，$P=114\text{cm/a}$，$E=126\text{cm/a}$，故 $q=0$。

当然对某个大洋，只考虑 P、R 和 E 三项，就不能保持 $q=0$。如太平洋因降水与径流之和大于蒸发，水量有盈余；大西洋则因蒸发大于降水与径流之和，导致水位损失 12cm/a；北冰洋因蒸发少，径流多而有水量盈余。因此，大西洋需要太平洋和北冰洋的水进行补充。

海洋中水量盈余将使盐度减小，反之使盐度增大。在大洋的东西两边，由于流向相反，它们对盐度的影响，平均后基本可以抵消，而大洋中部，由于径流的影响很小，因而表层盐度随纬度的变化，就基本上受制于蒸发与降水之差 $E-P$ 的变化了。乌斯特（1954）发现，在 60°S～40°N 大洋表面盐度分布与 $E-P$ 的经向分布十分相似，并给出如下公式：

$$S = 34.47 + 0.0150(E-P) \quad (10°\text{N}～40°\text{N}) \tag{3.36}$$

$$S = 34.92 + 0.0125(E-P) \quad (60°\text{S}～10°\text{N}) \tag{3.37}$$

说明盐度与 $E-P$ 之间存在线性关系。

3.6.3 世界大洋的盐度分布

世界大洋盐度平均值以大西洋最高，为 34.90‰；印度洋次之，为 34.76‰；太平洋最小，为 34.62‰。但是其空间分布极不均匀。

1. 海洋盐度的平面分布

1）海洋表层盐度的平面分布

如前所述可知，海洋表层盐度与其水量收支有着直接的关系。就大洋表层盐度的多年平均而言，其经向分布与蒸发、降水之差 $E-P$ 有极为相似的变化规律。若将世界大洋表层的盐度分布和年蒸发量与降水量之差 $E-P$ 的地理分布相对照，可以看出，$E-P$ 的高值区与低值区分别与高盐区和低盐区存在着极相似的对应关系。在大洋南、北副热海域 $E-P$ 呈明显的高值带状分布，其盐度也对应为高值带状区；赤道区的 $E-P$ 低值带，则对应盐度的低值区。

海洋表层的盐度分布比水温分布更为复杂，见图 3-20 和图 3-21，其总特征是：

（1）基本也具有纬向的带状分布特征，但从赤道向两极却呈马鞍形的双峰分布。即赤道海域，盐度较低；至副热带海域，盐度达最高值（南、北太平洋分别达 35‰ 和 36‰ 以上,大西洋达 37‰ 以上,印度洋也达 36‰);从副热带向两极,盐度逐渐降低,至两极海域降达 34‰ 以下,这与极地海区结冰、融冰的影响有密切关系。但在大西洋东北部和北冰洋的挪威海、巴伦支海,其盐度值却普遍升高,则是由于大西洋流和挪威流携带高盐水输送的结果。另外,在印度洋北部、太平洋西部和中、南美西岸这些大洋边缘海区,由于降水量远远超过蒸发量,故呈现出明显的低盐区,偏离了带状分布特征。

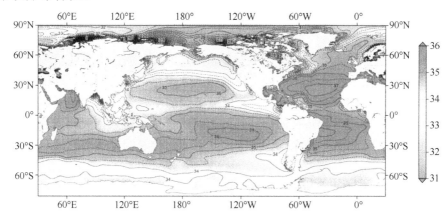

图 3-20　世界大洋表层盐度分布(夏季)

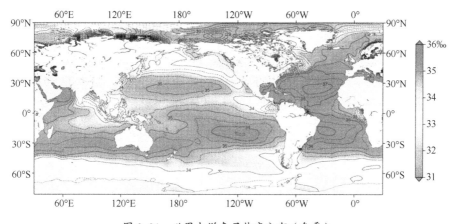

图 3-21　世界大洋表层盐度分布(冬季)

(2)在寒暖流交汇区域和径流冲淡海区,盐度梯度特别大,这显然是由它们盐度的显著差异造成的。其梯度在某些海域可达 0.2/km 以上。

(3)海洋中盐度的最高与最低值多出现在一些大洋边缘的海盆中,如红海北部高达 42.8‰；波斯湾和地中海在 39‰以上，这些海区由于蒸发很强而降水与径流却很小，同时与大洋水的交换又不畅通，故其盐度较高。而在一些降水量和径流量远远超过蒸发量的海区，其盐度又很小，如黑海为 15～23‰；波罗的海北部盐度最低时只有 3。

（4）冬季盐度的分布特征与夏季相似，只是在季风影响特别显著的海域，如孟加拉湾和南海北部地区，盐度有较大差异。夏季由于降水量很大，盐度甚低；冬季降水量减少，蒸发加强，盐度增大。

平均而言，北大西洋最高（35.5‰），南大西洋、南太平洋次之（35.2‰），北太平洋最低（34.2‰）。这是因为大西洋沿岸无高大山脉，北大西洋蒸发的水汽经东北信风带入北太平洋释放于巴拿马湾一带。而南太平洋东海岸的安第斯山脉，却是由南太平洋西风带所携带的大量水汽上升凝结，释放于太平洋东部的智利沿岸。越过安第斯山脉以后下沉的干燥气流又加强了南大西洋的蒸发作用。印度洋副热带的高盐水，由阿古拉斯流带入南大西洋东部，使其盐度增高，但南太平洋东部，则因大量降水，使其盐度下降，故两个海区形成了鲜明的对比。

2）海洋表层以下盐度平面分布

由于多种制约盐度因子的影响随深度的增大逐渐减弱，所以盐度的水平差异也随深度的增大而减小。在 500m 深层，整个大洋的盐度水平差异约为 2.3，高盐中心移往大洋西部。1000m 深层约 1.7，至 2000m 深层则只为 0.6。大洋深处的盐度分布几近均匀。

2. 海洋盐度的垂直向分布

大洋盐度的垂直向分布与温度的垂直向分布有很大不同。图 3-22 与图 3-23 分别为太平洋和大西洋准经向断面上的盐度分布。

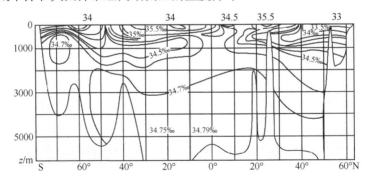

图 3-22　太平洋准经向断面上的盐度分布（据 Некрасова 及 Степанов，1963）

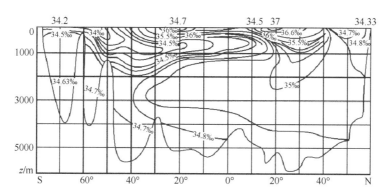

图 3-23 大西洋准经向断面上的盐度分布（Некрасова 及 Степанов，1963）

由图 3-23 可见，在赤道海区盐度较低的海水只涉及不大的深度。其下便是由南、北半球副热带海区下沉后向赤道方向扩展的高盐水，它分布在表层之下，故称为大洋次表层水，具有大洋铅直方向上最高的盐度。从南半球副热带海面向下伸展的高盐水舌，在大西洋和太平洋，可越过赤道达 5°N 左右，相比之下，北半球的高盐水势力较弱。高盐核心值，南大西洋高达 37.2‰ 以上，南太平洋达 36.0‰ 以上。

在高盐次表层水以下，是由南、北半球中高纬度表层下沉的低盐水层，称为大洋（低盐）中层水。在南半球，它的源地是南极辐聚带，即在南纬 45°～60° 围绕南极的南大洋海面。这里的低盐水下沉后，继而在 500～1500m 的深度层中向赤道方向扩展，进入三大洋的次表层水之下。在大西洋可越过赤道达 20°N，在太平洋亦可达赤道附近，在印度洋则只限于 10°S 以南。在北半球下沉的低盐水，势力较弱。在高盐次表层水与低盐中层水之间等盐线特别密集，形成铅直方向上的盐度跃层，跃层中心（相当于 35.0‰ 的等盐面）大致在 300～700m 的深度上。南大西洋最为明显，跃层上、下的盐度差高达 2.5，太平洋和印度洋则只差 1.0。在跃层中，盐度虽然随深度而降低，但温度也相应减低，由于温度增密作用对盐度降密作用的补偿，其密度仍比次表层水大，所以能在次表层水下分布，同时盐度跃层也是稳定的。

上述南半球形成的低盐水，在印度洋中只限于 10°S 以南，这是因为源于红海、波斯湾的高盐水，下沉之后也在 600～1600m 的水层中向南扩展，从而阻止了南极低盐中层水的北进。就其深度而言与低盐中层水相当，因此又称其为高盐中层水。同样，在北大西洋，由于地中海高盐水溢出后，在相当低盐中层水的深度上，分布范围相当广阔，东北方向可达爱尔兰，西南可到海地岛，称为大西洋高盐中层水。但在太平洋却未发现像印度洋和大西洋中那样的高盐中层水。

在低盐中层水之下，充满了在高纬海区下沉形成的深层水与底层水，盐度稍有升高。世界大洋的底层水主要源地是南极陆架上的威德尔海盆，其盐度在34.7‰上下，由于温度低，密度最大，故能稳定地盘居于大洋底部。大洋深层水形成于大西洋北部海区表层以下，由于受北大西洋流影响，盐度值稍高于底层水，它位于底层水之上，向南扩展，进入南大洋后，继而被带入其他大洋。

海水盐度随深度这种呈层状分布的根本原因是，大洋表层以下的海水都是从不同海区表层辐聚下沉而来的，由于其源地的盐度性质各异，因而必然将其带入各深层中去，并凭借它们密度的大小，在不同深度上水平散布。当然，同时也受到大洋环流的制约。

由于海水在不同纬度带的海面下沉，这就使盐度的铅直方向分布，在不同气候带海域内形成了迥然不同的特点。图3-24是大洋中平均盐度典型铅直方向分布。在赤道附近热带海域，表层为一个深度不大、盐度较低的均匀层，约在其下100～200m层，出现盐度的最大值，再向下盐度复又急剧降低，至800～1000m层出现盐度最小值；然后，又缓慢升高，至2000m深度，铅直方向变化已十分小了。在副热带中、低纬海域，由于表层高盐水在此下沉，形成了一层厚度约400～500m的高盐水层，再向下，盐度迅速减小，最小值出现在600～1000m水层中，继而又随深度的增加而增大，至2000m深度，变化则甚小，直至海底。在高纬寒带海域，表层盐度很低，但随深度的增大而递升，至2000m深度，其分布与中、低纬度相似，所以没有盐度最小值层出现。

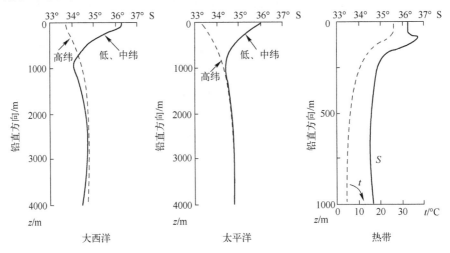

图3-24 大洋中平均盐度的典型铅直方向分布（据Pickard et al., 1990）

3. 海洋盐度的变化

1）盐度的日变化

大洋表面盐度的日变化很小，其变幅通常小于 0.05。但在下层，因受内波的影响，日变幅常有大于表层者。特别在浅海，由于季节性跃层的深度较小，内波引起的盐度变幅增大现象，可出现在更浅的水层，可达 1.0 甚至更大。盐度日变化没有水温日变化那样比较规律的周期性，但在近岸受潮流影响大的海区，也常常显示出潮流的变化周期。

2）盐度的年变化

大洋盐度的年变化主要是由降水、蒸发、径流、结冰、融冰及大洋环流等因素所制约。由于上述因子都具有年变化的周期性，故盐度也相应地出现年周期变化。然而，由于上述因子在不同海域所起的作用和相对重要性不同，致使各海区盐度变化的特征也不相同。

例如，在白令海峡和鄂霍茨克海等极地海域，由于春季融冰，表层盐度出现最低值（约在 4 月前后）；冬季季风引起强烈蒸发以及结冰排出盐分，使表层盐度达一年中的最高值（12 月前后），其变幅达 1.05。在一些降水和大陆径流集中的海域，夏季其盐度值常常为一年中最低的季节，而冬季相反，且由于蒸发的加强使盐度出现最高值。

总之，盐度的年变化，在整个世界大洋中无普遍规律可循，只能对具体海域进行具体分析。

3.7 世界大洋的密度的分布和变化

世界大洋的温度、盐度和密度的时空分布和变化，是海洋学研究最基本的内容之一，它几乎与海洋中所有现象都有密切的联系。

从宏观上看，世界大洋中温度、盐度、密度场的基本特征是，在表层大致沿纬向呈带状分布，即东—西方向上量值的差异相对很小，而在经向，即南—北方向上的变化却十分显著。在铅直方向上，基本呈层化状态，且随深度的增加其水平差异逐渐缩小，至深层其温度、盐度、密度的分布均匀。它们在铅直方向上的变化相对水平方向上要大得多，因为大洋的水平尺度比其深度要大几百倍至几千倍。图 3-25 为大洋表面温度、盐度、密度平均值随纬度的变化。

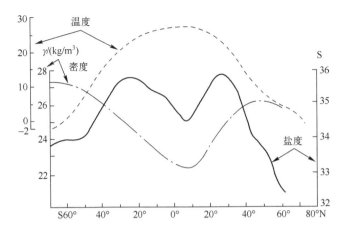

图 3-25　大洋表面温度、盐度、密度随纬度的变化（据 Pickard et al.，1990）

3.7.1　密度的水平分布

海水密度是温度、盐度和压力的函数，在大洋上层，特别是表层，主要取决于海水的温度和盐度分布情况。图 3-26 是大西洋表层密度与温度、盐度随纬度的变化。其他大洋也类似。

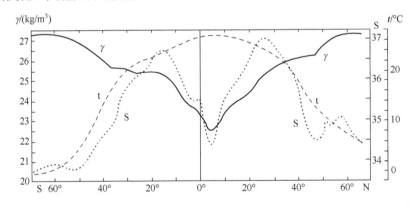

图 3-26　大西洋每 2°纬度带的年平均表层温度、盐度和密度分布（据 Dietrich，1980，改绘）

赤道区温度最高，盐度也较低，因而表层海水密度最小，密度超量 γ 约为 23kg/m³，由此向两极方向，密度逐渐增大。在副热带海域，虽然盐度最大，但因温度下降不大，仍然很高，所以密度虽有增大，但没有相应地出现极大值，密度超量 γ 约只为 26kg/m³。随着纬度的增高，盐度剧降，但因水温降低引起的增密效应比降盐减密效应更大，所以密度继续增大。最大密度出现在寒冷的极地海区，如格陵兰海的密度超量 γ 达 28kg/m³ 以上，南极威德尔海也达 27.9kg/m³ 以上。

随着深度的增加，密度的水平差异如同温度和盐度的水平分布相似，在不断减小。至大洋底层则已相当均匀。

3.7.2 密度的铅直方向分布

大洋中，平均而言，温度的变化对密度变化的贡献要比盐度大。因此，密度随深度的变化主要取决于温度。海水温度随着深度的分布是不均匀的递降，因而海水的密度即随深度的增加而不均匀的增大。图 3-27 是大洋中典型的密度铅直方向分布。

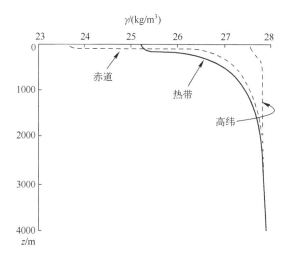

图 3-27 大洋中典型的密度铅直方向分布（据 Pickard et al., 1990）

在赤道至副热带的低中纬海域，与温度的上均匀层相应的一层内，密度基本上是均匀的。向下，与大洋主温跃层相对应，密度的铅直梯度也很大，因此称为密度跃层。由于主温跃层的深度在不同纬度带上的起伏，从而密跃层也有相应的分布。热带海域表层的密度小，跃层的强度大，副热带海域表面的密度增大，因而跃层的强度就相对减弱。至极锋向极一侧，由于表层密度超量已达 27kg/m³ 左右或更大些，因此铅直向上已不再存在中、低纬海域中那种随深度迅速增密的水层。中、低纬海域密跃层以下及高纬海域中的海水密度，其铅直方向变化已相当小了。

当然，在个别降水量较大的海域或在极地海域夏季融冰季节，使表面一薄层密度降低，也会形成浅而弱的密跃层。在浅海，随着季节温跃层的生消也常常存在着密跃层的生消过程。密跃层的存在阻碍着上、下水层的交换。

  海水下沉运动所能达到的深度，基本上取决于其自身密度和环流情况。由于大洋表层的密度是从赤道向两极递增的，因此，纬度越高的表层水，下沉的深度越大。南极威德尔海的高密（27.9kg/m³）冷水（0℃左右），可沿陆坡沉到海底，并向三大洋底部扩散；南极辐聚带的冷水则只能下沉到1000m左右的深度层中向北散布；副热带高盐水，因水温较高，其密度较小只能在盐度较低、温度很高的赤道海域的低密表层水之下散布。

  由此可见，在海面形成的不同密度的海水是按其密度大小沿等密面（严格说是等位密面）下沉至海洋各深层的，并且下沉后都向低纬海域扩展。因此，在低纬海域，温度、盐度和密度在铅直方向上的分布，在一定程度上反映了大洋表层经向上的分布特征。

3.7.3 海水密度的变化

  凡是能影响海洋温度、盐度变化的因子都会影响海水密度的变化。

  大洋密度的日变化，由于影响因子的变化小，因此微不足道。在深层有密跃层存在时，由于内波作用，可能引起一些波动，但无明显规律可循。

  其年变化规律，由于受温度、盐度年变化的影响，其综合作用也导致了密度年变化的复杂性。

习题和思考题

1. 海水的组成为什么有恒定性？
2. 海水中的常量元素主要有哪些？
3. 在盐度的演变过程中，主要出现了哪些盐度定义？
4. 如何确定深处海水的密度？
5. 简述海水结冰和淡水结冰的区别。
6. 简述海面热收支的四个影响因子及热收支余量随纬度的分布。
7. 简述世界大洋海表温度的分布特点。
8. 简述世界大洋海表盐度的分布特点。

第4章 海洋气象环境

海洋气象环境是海战场环境的一项重要内容，台风、寒潮大风等恶劣天气会造成不利影响。希望通过本章的学习，对影响舰艇海上航行安全和作战使用的海洋气象环境能够形成初步的认识和了解。

本章4.1节主要介绍大气的基本组成、垂直分层情况；4.2节主要介绍气温、气压、风、湿度等气象要素的基本概念；4.3节讲述大气的水平运动和大气环流的基本情况；4.4节学习气团、锋和锋面气旋；4.5节主要介绍反气旋和副热带高压；4.6节介绍热带气旋。

4.1 海洋大气概述

由于地心引力的作用，地球周围聚集着一个空气层，称为大气层，简称为大气。地球大气中存在着蒸发、凝结、辐射等各种物理过程以及风、云、降水等各种物理现象，它们的发生和变化与大气的组成成分、结构和物理性质密切相关，同时表现为气象要素的变化和天气过程的演变。

4.1.1 大气的组成

1. 干洁空气

大气中除了水汽和杂质以外的整个混合气体称为干洁空气，它是由氮、氧、氩为主的多种气体混合组成，其中氮占78.09%；氧占20.95%；氩占0.93%。上述气体占干洁空气总容积的99.97%。除此之外，大气中还有一定数量的二氧化碳，约占0.03%；氢、氖、氦、氪、氙和臭氧等稀有气体，其总体含量小于0.01%。探测表明：在90km以下，干洁空气各主要气体的相对含量基本上不随时间和空间变化，只有二氧化碳和臭氧的含量随时间和空间有明显的变化。二氧化碳对太阳短波辐射吸收很少，仅在波长4.3μm附近有一个较弱的吸收带，但它却能强烈地吸收和放射长波辐射，特别是在12.9~17.1μm范围内作用显著，可使地面和大气保持一定的温度，这种现象称为温室效应。因此，大气中二氧化碳含量的增减,对大气和地面温度有一定的影响。

2. 水汽

大气中的水汽是从江、河、湖、海及潮湿物体表面的水分蒸发而来,并借助空气的垂直交换向上输送。水汽是大气中唯一能发生相变(气态、液态、固态三者间可以互相转变)的成分。大气中的水汽没有固定的含量,但随着时间、地点和气象条件的不同而有较大的变化。一般情况下,大气中的水汽含量随高度的增高而减少,近地面层水汽含量最多;在离地面1.5km处,水汽含量只有近地面的1/2;在5km处,约为地面的1/10;再往上就更少了。由于水汽是形成云雨的重要成分之一,因此不管是云雾的产生,还是雨滴和雪花的飘落,都离不开水汽。大气中水汽含量虽然不多,但它是天气变化中的一个重要角色。在大气温度变化的范围内,它可以变为水滴和冰晶、成云致雨、落雪降雹。此外,由于水汽能强烈地吸收地面辐射,同时它又向周围空气和地面放射长波辐射,在水相变化中又能放出或吸收热量,这些都对气温有一定的影响。

3. 杂质

大气中悬浮着大量的固体和液体微粒,称为杂质。固体杂质包括来源于物质燃烧的烟粒,海水飞溅扬入大气后而被蒸发的盐粒,被风吹起的土壤微粒及火山喷发的烟尘,流星燃烧所产生的细小微粒和宇宙尘埃等,它们多集中在大气的底层。固体杂质的分布情况是随时间、地区和天气的条件而变化的。通常,在近地面大气中陆地多于海上,城市多于乡村,冬季多于夏季。大量杂质聚集在一起时就会出现浮尘、扬沙、沙尘暴等天气现象,使能见度变得异常恶劣。空气的水平运动对悬浮微粒的水平分布也有很大影响,可将某一地区的悬浮微粒输送到另一地区。液体微粒是指悬浮大气中的水滴、过冷水滴和冰晶等水汽凝结物。它们常聚集在一起,以云、雾等形式出现,使能见度变坏,还能减弱太阳辐射和地面辐射,影响气温。例如,在同一季节里阴天的最高温度比晴天的低,就是这种影响的例证。

4.1.2 大气的垂直分层

大气的总质量为 5.27×10^{18}kg,相当于地球质量(5.98×10^{24}kg)的百万分之一。假如它的上层、下层密度相等,那么它分布的高度仅8km。实际上,受地球引力的作用,大气随着高度的增加越来越稀薄。大体上说,5km以下空气占大气总质量的50%,10km以下占75%,20km以下占95%,其余5%的空气散布在20km以上的高空,再往高处,地球大气就和星际气体连接起来了。这就是说,地球大气的上界是模糊的,在地球大气和星际气体之间并不存在一个截然的界限。在气象上,人们把极光出现的最大高度1200km,定为大气上界。观测证明,大气在垂直方向上的物理性质有显著差异。根据温度、成分、电荷等物理性质,同时考虑到大气的垂直运动等情况,可将大气自下而上分为五层,即对流层、平流层、中间层、热层和散逸层,如图4-1所示。

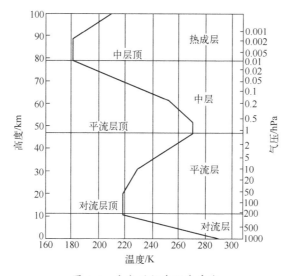

图 4-1 大气的铅直温度廓线

对流层是地球大气的最底层,其厚度自地面向上起算,低纬度约为17～18km,高纬度约为8～9km,平均为10～12km。

对流层在整个大气层中厚度虽薄,但却集中了75%的大气质量和90%以上的水汽,主要的天气现象如云、雾、雨、雪、雷电等都出现在此层。因此,它是天气变化最为复杂、对人类生活和军事行动影响最大的层次。对流层有三个最主要的特征。

1. 气温随高度增加而降低

由于对流层大气主要从地表直接得到热量,因此气温随高度的增加是降低的。对流层中气温随高度而降低的数值,在不同地区、不同季节、不同高度是不一样的,平均每上升100m,气温下降约0.65℃,称为气温直减率,通常以γ表示:

$$\gamma = 0.65℃/100m$$

2. 空气有明显的对流运动

这是由于地表的不均匀加热所产生的对流运动造成的。对流运动的强度因纬度和季节而不同。一般来说低纬度对流较强,高纬度较弱;夏季较强,冬季较弱。空气通过对流和湍流运动,使上、下层的空气进行交换,造成近地面的热量、水汽、杂质等向上输送，这对成云致雨有重要作用。

3. 气象要素（温度、湿度等）水平分布不均匀

由于对流层受地表的影响最大，而地表的性质差异也是很大的，因此在对流层中，温度、湿度的水平分布是不均匀的，特别是在冷、暖气团交汇的地区，即所谓锋区，往往会有严重的天气现象发生，如大风、降水、雷暴、冰雹等。在对流层和平流层之间，还有一个厚度为数百米至1km、2km的过渡层，称对流层顶。这一层的主要特征是：温度少变，由于水汽、尘埃多聚集于此，能见度变差。

4.2 主要气象要素

表示大气中物理现象与物理过程的物理量称为气象要素，它们表征大气的宏观物理状态，是大气科学研究的重要依据。气象要素中以气温、湿度、气压和风最为重要。

4.2.1 气温

气温是表示空气冷热程度的物理量。气象学上所说的气温是指在百叶箱中离地面约1.5m高处的温度。气温高低本质上反映的是空气分子平均动能的大小。测量气温，国际上主要采用三种温标计量，即摄氏温标 t（℃）、华氏温标 f（°F）和热力学温标 T（K），我国以摄氏温标和热力学温标作为法定计量单位。三种温标的基点及换算关系如表 4-1 所示。气温是决定大气状态的主要物理量之一。其变化主要取决于太阳短波辐射、地面长波辐射、洋流和天气过程。

表 4-1 各种温标的基点和换算关系

温标	冰点	沸点	基点间隔	换算关系
摄氏温标/℃	0	100	100	C=5/9(F-32)
华氏温标/°F	32	212	180	F=9/5C+32
热力学温标/K	273.15	373	100	K=C+273.15

4.2.2 湿度

表示空气中水汽含量或空气潮湿程度的物理量称为湿度，湿度通常可以用水汽压、绝对湿度、相对湿度和露点温度等物理量表示。湿度的大小对云、降水及雾的形成具有重要意义，同时湿度还会影响到一些武器装备、器材和弹药的保管和使用。空气中的水汽是从江河湖海及潮湿物体表面的水蒸发而来。蒸发到空中的水汽再通过凝结产生云、雾等,并且以降水的形式重新回到地球表面,以此循环往复。

1. 水汽压

由于蒸发是不断进行的,因而空气中总是含有一定量的水汽,由这部分水汽所产生的压强称为水汽压,用 e 表示。蒸发越强,空气中的水汽就越多,表现出来的水汽压就越大。当温度一定时,一定体积中能容纳的水汽分子数量是有一定限度的,如果水汽量没达到这个限度,即容积里的水汽可以继续增加,这时的空气称未饱和空气。当空气中的水汽含量达到最大时,这时的空气称为饱和空气,水汽压称为饱和水汽压,用 E 表示。根据实验和理论证明,饱和水汽压的大小与温度有直接的关系,且每一个温度都有一个饱和水汽压与之对应,见表4-2。由表可见,饱和水汽压随着温度的升高而增大。

表4-2 饱和水汽压 E 与温度的关系

气温/℃	饱和水汽压/hPa	气温/℃	饱和水汽压/hPa	气温/℃	饱和水汽压/hPa	气温/℃	饱和水汽压/hPa
-10	2.6	2	7.0	14	14.0	26	33.6
-9	2.9	3	7.6	15	17.1	27	35.7
-8	3.1	4	8.1	16	18.2	28	37.8
-7	3.4	5	8.7	17	19.4	29	40.1
-6	3.7	6	9.4	18	20.6	30	42.5
-5	4.0	7	10.0	19	22.0	31	45.0
-4	4.4	8	10.7	20	23.4	32	47.6
-3	4.8	9	11.5	21	24.9	33	50.4
-2	5.2	10	12.3	22	26.5	34	53.3
-1	5.6	11	13.1	23	28.1	35	56.3
0	6.1	12	14.0	24	29.9	36	59.5
1	6.6	13	15.0	25	31.7	37	62.8

2. 绝对湿度

单位体积空气中的水汽含量称为绝对湿度,用 a 表示,单位是 g/m^3。a 实际上就是水汽的密度。a 和 e 一样,只能表示空气中水汽的绝对含量。空气中水汽含量越大,热力学湿度就越大。由于 a 无法直接测得,但因它与水汽压成正比,故可通过水汽压间接求得热力学湿度。若 e 用 mm 为单位表示,由气体状态方程 $e=aR_aT$,得

$$\alpha = 289\frac{e}{T} \quad (4.1)$$

由式（4.1）知，当 t=16℃时，则 α=e。由此可见，α 和 e 的物理意义虽然不同，但在通常情况下，用 mm 为单位表示的水汽压的数值与 α 的数值很接近，所以实际工作中常以 e 代替 α，近似地说，绝对湿度就是空气中的水汽压 e。绝对湿度能够表示空气中水汽含量的多少，空气中水汽含量越多，绝对湿度就越大，即 e 越大。但是，绝对湿度的大小不能说明空气是饱和还是未饱和。

3. 相对湿度

在一般情况下，空气中因含有水汽总会有水汽压存在，但并不经常达到饱和，只有在水汽凝结成云、雾、霜、露等情况下，空气才接近或达到饱和。在某一温度时，空气中实际水汽压 e 与该温度下的饱和水汽压 E 的比值，用百分数表示相对湿度 f：

$$f = \frac{e}{E} \times 100\% \quad (4.2)$$

相对湿度的大小可以直接反映空气距离饱和的程度：当 $e<E$ 时，$f<100\%$，空气未饱和；当 $e=E$ 时，则 $f=100\%$，空气达到饱和。由式（4.2）可知，未饱和空气达到饱和的途径有两条：一是增加水汽；二是降低温度。实际上，上述两种途径也可能同时起作用。

4. 露点

当空气中水汽含量不变且气压一定时，降低气温，使空气刚好达饱和时的那个温度称为露点温度，简称露点，用 T_d 表示，单位为℃。很明显，在气压一定时，露点的高低只与空气中的水汽含量有关，水汽含量越高，露点就越高。因此露点也是反映空气中水汽含量的物理量。实际大气中空气常处于未饱和状态，露点常比气温低。因此，根据温度和露点的差值 $T-T_d$，可以大致判断空气距离饱和的程度。差值 $T-T_d$ 越大，空气距离饱和的程度就越远，差值 $T-T_d$ 越小，空气距离饱和的程度就越近。上述常用的 e、α、f、T_d 这几种湿度的表示方法，从不同的角度反映了大气中水汽含量的多少，它们除了与温度有关外，都与水汽压 e 直接相关，我们设法得知 e，便可得知其他量。

4.2.3 气压

气压的分布及随时间的变化，可以反映天气变化的趋势。水平气压的分布不均匀会产生风，风又能引起温度场和湿度场的改变，进而影响到云、雾等各种天气现象的出现。可以认为，天气变化的主要原因是由于气压场变化所引起的。因此，气压是最重要的气象要素之一。

1．气压的定义及单位

大气作用于地球表面单位面积上的力叫作大气压力，简称气压。在静力平衡的条件下，气压是指某地单位面积上所承受的垂直空气柱的重量。因此，对任何地点来说，气压总是随着高度的增加而降低的。气压的单位有百帕（hPa）、毫米汞柱高（mmHg）和毫巴（mb）。它们之间的换算关系如下

$$1 \text{ hPa} = 1\text{mb} \approx 3/4 \text{mmHg} \tag{4.3}$$

$$1\text{mmHg} = 1.33 \text{ hPa} = 1.33\text{mb} \tag{4.4}$$

在 $\varphi=45°$ 的海平面高度，$t=0℃$ 的海平面气压为 1013.25 hPa 或 760mmHg 柱高，称为一个标准大气压，满足此条件的空气称为标准大气。

2．气压场的水平分布

气压在海平面高度沿水平方向的分布状况称为海平面气压场，在高空某一水平面附近气压的分布状况称为高空气压场。在实际工作中，通常用海平面等压线图来表示地面气压场的基本形式和气压系统的分布，用等压面图来反映高空气压场的形式，海平面气压场和高空气压场是天气分析和预报的主要依据。

1）海平面气压场

（1）等高面和等压线。高度处处相等的水平面称为等高面，海平面就是海拔高度为零的等高面。将同一时刻观测到的海平面气压值填在一张特制的空白地图相应的测点上，然后用内插法按一定的数值间隔把气压相等的点连接起来，所得到的曲线便是等压线，由这些等压线便组成了海平面等压线图。因此，等压线是等压面和等高面的交线。

（2）海平面气压场形式。海平面等压线图上的等压线有各种不同的组合形式，这些组合形式称为气压系统，海平面气压场有如下几种主要形式（图4-2）。

① 高压。由闭合等压线构成的中心气压比四周高的区域，称为高气压（简称高压），其空间等压面向上凸起，形如山丘。

② 高压脊。从高压向外伸出的狭长区域称为高压脊（简称脊），高压脊中各条等压线曲率最大处的连线称为脊线。

③ 低压。由闭合等压线构成的中心气压比四周低的区域称为低气压（简称低压），其空间等压面向下凹陷，形如盆地。

④ 低压槽。从低压向外伸出的狭长区域称为低压槽（简称槽），槽中各条等压线曲率最大处的连线称为槽线。在天气图上，北半球的低压槽一般槽顶向南，槽顶向北的槽称为倒槽，槽顶向东或向西的槽，称为"横槽"。

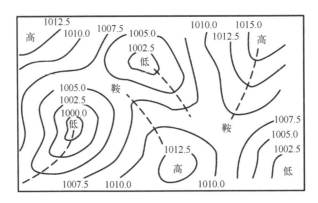

图 4-2 海平面气压场基本形式 气压/hPa

⑤ 鞍形区。两个高压和两个低压的中间区域称为鞍形区。

在一张范围较大的海平面等压线图或称为地面天气图上，上述几种气压场的形式常常同时出现，不同的气压系统会带来不同的天气。

2）气压梯度

水平方向上气压变化的特征，通常用气压梯度 G_n 表示。气象学中规定：在沿气压减小的方向上垂直于等压线，单位距离内的气压差称为气压梯度，用 $-\Delta p/\Delta n$ 表示。其中，Δn 代表沿气压梯度方向前后两点间的距离，Δp 表示这两点之间的气压差，负号表示沿气压梯度的方向气压是减小的。

在实际工作中，两条相邻等压线的间距是一定的，气压梯度的大小取决于 Δn。Δn 越小，即等压线越密，气压梯度就越大；反之，Δn 越大，即等压线越稀疏，气压梯度就越小。因此，从天气图上等压线分布的疏密情况，就可以大致判断水平气压梯度的大小，对于等高线也同样适用。

气压梯度的单位，在实际工作中常用"百帕/纬距"来表示。1 纬距就是沿着经线方向上一个纬度的长度距离，约等于 60n mile 或 111km。

图 4-3 是某海区某一时刻海平面气压分布示意图，图中实线为等压线，每隔 5hPa 画一根。东南面是高压区，西北面是低压区。在 A、C 两处垂直于等压线各做出气压梯度的矢量 AB 和 CD。假设 AB 和 CD 长度相等，由图可见，AB 间气压相差 5hPa，CD 间气压相差 10hPa。显然，CD 处的气压梯度要比 AB 处大。因此，等压线越密，气压梯度就越大。气压梯度的大小反映了单位距离内气压差值的大小。当海平面气压分布不均匀，即存在气压差时，空气就要运动，而空气总是沿着气压梯度的方向从气压高的地方流向气压低的地方。

第4章 海洋气象环境

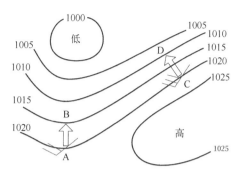

图4-3 风与气压梯度关系（hPa）

3）海平面气压分布不均的原因

海平面气压分布不均是受下述两个原因综合影响的结果：一是温度的影响即所谓热力原因；二是空气的垂直运动所引起的辐合、辐散的影响即所谓动力原因。在以热力原因为主的情况下，当气温降低时，空气收缩，密度增大，气压升高，易形成高压区；当气温升高时，空气膨胀，密度变小，气压降低，易形成低压区。在以动力原因为主的情况下，当某海面上空各层气流综合的影响是辐合时，空气趋于堆积，质量增大，高层空气下沉，海面易形成高压。反之，当某海面上空各层气流综合的影响是辐散时，空气趋于辐散，质量减少，低层空气上升补充，海面易形成低压。

4.2.4 风

风是空气的水平运动，既有大小又有方向。风向是指风的来向，风速指单位时间内空气在水平方向运动的距离，风是重要的气象要素之一。

1. 风的表示方法

风是空气相对于地球表面的水平运动。

风速的单位通常采用英国人蒲福于1805年拟定的风力等级表，并一直沿用至今，如表4-3所列。

表4-3 蒲氏风级表

风级	名称	风速范围（m/s）	陆上特征	海上特征
0	无风	0.0-0.2	静，烟直上	海面如镜
1	软风	0.3-1.5	烟能表示风向	鱼鳞状涟漪
2	轻风	1.6-3.3	树树有微响	小波，波顶未破碎
3	微风	3.4-5.4	旌旗展开	小波峰顶破碎

续表

风级	名称	风速范围（m/s）	陆上特征	海上特征
4	和风	5.5-7.9	吹起灰尘纸张	频繁出现白浪
5	清劲风	8.0-10.7	有叶小枝摇动	出现显著长峰中浪
6	强风	10.8-13.8	大树枝摇动，举伞困难	开始形成大浪，白色，波峰顶飞沫到处可见
7	疾风	13.9-17.1	全树摇动，迎风步行困难	风开始将白色飞沫沿风向吹成条纹
8	大风	17.2-20.7	折毁树枝	白飞沫吹成明显条纹
9	烈风	20.8-21.1	烟囱屋顶受损坏	风浪倒卷影响能见度
10	狂风	24.5-28.4	拔树毁屋，少见	波涛汹涌，咆哮轰鸣
11	暴风	28.5-32.6	陆上少见	波峰边缘全吹成泡沫
12	飓风	32.7-36.9	摧毁力极大	空中充满飞沫浪花
13		37.0-41.4		
14		41.5-45.1		
15		16.2-50.9		
16		51.0-56.0		
17		56.1-61.2		

除此之外，风速的单位还有 m/s、km/h、nmile/h 或 kn 等。三者之间有如下关系：

$$1km/h=0.28m/s \quad 1kn=1.852km/h=0.5m/s$$

风向是指风的来向。如东北风，指风从东北方向吹来。一般用 16 个方位或方位度数（0°～360°）来表示风向，如图 4-4 所示。

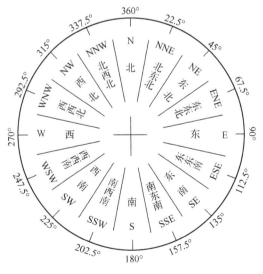

图 4-4 风向示意图

2．风的阵性

在自然界，人们会感受到风速时大时小、风向忽左忽右等现象，这就是风的阵性。它是由于气流中挟带着一些小涡旋而引起的，是空气乱流运动的一种表现。阵风是指某段时间内最大的瞬时风速，如气象台预报风力4~5级，阵风6级，就是说平均风力4~5级，瞬时风力可达6级。

4.3 大气的运动

大气运动形式既有水平运动，也有垂直运动；大气运动规模既有全球范围的运动，也有小范围的局地运动。大气运动使不同地区、不同高度间的热量和水汽得到传输和交换，不同性质的空气得以相互接触、相互作用，进而直接影响着天气的变化。大气环流是全球范围的大气水平循环运动的现象，本节由前提假设条件到接近真实条件，由浅入深地说明理想环流到实际大气环流形成的物理过程及其大气运动特征。

4.3.1 大气的水平运动

1．作用于空气质点的力

大气中的风向和风速是经常变化的，根据牛顿第二定律，风的形成和变化是空气在水平方向上受力作用的结果。通过分析，水平方向上作用于空气质点的力主要有四个：水平气压梯度力、水平地转偏向力、惯性离心力和摩擦力。由于都讨论水平方向的力，在以下内容中省略"水平"两字。

1）气压梯度力

气压梯度力是指在水平方向上，因气压分布不均而作用在单位质量空气上的力，用 F_n 表示。气压梯度力的表达式为

$$F_n = -\frac{1}{\rho}\frac{\Delta p}{\Delta n} \tag{4.5}$$

式中：ρ 为空气密度；$-\Delta p / \Delta n$ 为气压梯度，负号表示气压梯度力的方向垂直于等压线，由高压指向低压。

由式（4.5）可以看出。

（1）若 ρ 一定，气压梯度越大，即等压线越密集，气压梯度力就越大；反之则越小。

（2）若气压梯度一定，ρ 越大，则气压梯度力越小；反之，就越大。

通常在水平方向上,密度ρ随时间和地点的变化都不很明显,因而F_n的大小主要由等压线的疏密程度来决定;对两个高度相差较大的水平面来说,由于ρ随高度减小,当它们的气压梯度相同时,高层的气压梯度力要大于低层的气压梯度力。因此,只要在水平方向上气压分布不均匀,就会有气压梯度力产生,空气便在它的作用下由气压较高处流向气压较低处,而且气压梯度力越大,即等压线越密集,风速也就越大。由此可见,气压梯度力是使空气产生水平运动的直接动力。

2)地转偏向力

若空气只受气压梯度力的作用,空气质点将从高压流向低压,则相邻两地的气压差很快就会消失,风速也会很快从零迅速增大、又迅速减小为零,但实际情况并非如此。风几乎是平行于等压线吹的,风速的变化也多有连续性。这表明空气的运动必然还受到其他力的制约,地转偏向力就是其中一个重要的力。空气在自转的地球上作水平运动时,空气运动的方向会发生偏转。这种因地球自转而产生的使空气运动发生偏转的力,就是地转偏向力A。

在北半球,地转偏向力垂直指向空气运动的右方,在南半球指向左方。其大小与地球自转角速度ω、风速V和地理纬度φ有关,即:

$$A = 2\omega V \sin\varphi \tag{4.6}$$

对式(4.6)讨论可以得到以下结论

(1)地转偏向力只是在空气运动时才发生作用,当空气相对于地面静止时,地转偏向力为零;

(2)由于地转偏向力的方向与空气运动的方向始终保持垂直,所以它只改变空气运动的方向,不改变其速率。在北半球,它使空气运动的方向向右偏转,在南半球,则向左偏转;

(3)风速一定时,地转偏向力与所在纬度的正弦成正比。纬度越高,地转偏向力越大。赤道上地转偏向力为零。需要指出的是,任何相对于地球运动的物体,都会受到地转偏向力的作用。

3)惯性离心力

当空气作曲线运动时,除了要受气压梯度力和地转偏向力的作用外,空气质点还要受到惯性离心力的作用,其表达式为

$$C = \frac{V^2}{r} \tag{4.7}$$

式中:V为风速;r为空气作曲线运动时的曲率半径。

惯性离心力的方向垂直于空气运动的切线方向,且自中心指向外,如图4-5所示。惯性离心力的大小与风速的平方成正比,与曲率半径成反比。

图4-5 惯性离心力

一般情况下,这个力比较小,这是由于空气运动的曲率半径通常比较大的缘故。因此,惯性离心力往往小于气压梯度力和地转偏向力,尤其在空气作近似直线运动,即在等压线较平直的情况下($r \to \infty$),可不计惯性离心力的作用,但在曲率半径较大处,惯性离心力的作用是非常显著的。

4) 摩擦力

空气运动时,空气和空气之间,空气和地表之间会产生摩擦力,前者称为内摩擦,可以忽略不计;后者称为外摩擦,以近地面较为显著,越往上,其影响逐渐减弱。到了1～2km以上,气层称为自由大气层。

摩擦力的大小用R表示,其表达式为

$$R = -kV \tag{4.8}$$

式中:负号表示摩擦力R的方向与空气运动方向相反;V为风速;k为摩擦系数,它与下垫面的粗糙程度有关,地面越粗糙,摩擦力就越大。

当风速相同时,摩擦力的大小取决于下垫面的粗糙程度。一般陆地大于海面,山地大于平原,波涛汹涌的海面大于平静的海面。由于摩擦力的作用,会使风速减小,风向和等压线之间有交角出现,且摩擦力越大,交角就越大。

从以上讨论可知,在水平方向上作用于空气质点的四个力,对空气水平运动的影响各不相同。其中气压梯度力是形成风的直接动力,是最基本的力,它既可以改变空气运动的速度,又能使空气由静止状态变为运动状态;而地转偏向力、惯性离心力和摩擦力都是在风形成以后产生并起作用的。一般对于大范围的空气运动而言,除了气压梯度力外,必须考虑地转偏向力的作用;对于曲线运动还必须考虑惯性离心力的影响;在讨论摩擦层空气的运动时,又必须考虑地面摩擦力。

2. 自由大气中的空气运动

在自由大气中,如果等压线平直,且没有摩擦力的作用,当气压梯度力与地转偏向力达平衡时的风,称为地转风。

如图4-6所示为北半球地转风的形成过程。设某一个空气质点处在相互平行的等压线之间,在气压梯度力F_n的作用下,空气质点开始由气压较高的一方加速向气压较低的一方运动。

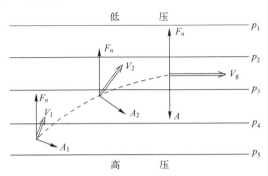

图 4-6　北半球地转风的形成过程

当大气具有初速度后,地转偏向力 A 随即产生,并迫使气流向右偏转(北半球)。在空气运动速度不断增大的同时,地转偏向力也不断增加,气流向右偏转的角度也越来越大,直到 A 增大到与 F_n 大小相等、方向相反,即两力达到平衡时,风向才停止偏转,风速也不再增大,这时空气质点便沿着等压线作等速直线运动,即形成了地转风。

可以看出,地转风与气压场之间存在着稳定的对应关系:即地转风风向与等压线平行,在北半球,观测者背风而立,低压在左,高压在右;在南半球,背风而立,低压在右,高压在左,这就是白贝罗风压定律。

由于地转风是 F_n 与 A 两力达平衡时的风,因此可得到地转风 V_g 的表达式:

$$V_g = -\frac{1}{2\omega\rho\sin\varphi}\frac{\Delta p}{\Delta n} \tag{4.9}$$

由式(4.9)可以看出。

(1)地转风速与气压梯度成正比。在等压线密集的地方,地转风大;等压线稀疏的地方,地转风小。

(2)地转风速与空气密度成反比。在气压梯度相同的情况下,越往高空风速越大。

(3)地转风速与纬度的正弦成反比。在气压梯度相同时,低纬地区比高纬地区大。实际上除热带气旋外,低纬地区的气压梯度是很小的。在赤道附近,因地转偏向力很小,无法与气压梯度力平衡。因此,在赤道附近的低纬地区,地转风是不存在的。

3. 摩擦层中的空气运动

摩擦层中的空气运动是指在离地面 2km 以下的大气层里,当气压梯度力、地转偏向力和摩擦力达平衡时的风。在摩擦层中,由于地面摩擦力的作用非常显著,因此空气的水平运动与自由大气中的空气水平运动有着明显的差别,其风向不同于地转风。

如果等压线是平行直线,空气水平运动是等速的,则作用于空气质点上的力有气压梯度力 F_n、地转偏向力 A 和地面摩擦力 R,而且 F_n 与 A 和 R 的合力平衡,即 $F_n = A + R$,如图 4-7 所示。

图中 V 是考虑了摩擦力以后的平衡风,这一平衡关系的建立过程如下。

若无 R,风向应与等压线平行,且有 $F_n = A$ 的两力平衡关系。考虑 R 的作用后情况就有所不同。由于 R 时时与风向相反,则其影响的结果会使风速减小,A 也相应减小,但 F_n 并不因此改变。这时空气的运动便开始偏向受力较大的 F_n 一侧,即偏向低压一侧。A 与 R 的方向即随风向而改变,最后,减小后的 A 与 R 的合力与 F_n 取得了平衡,风向也稳定地斜穿等压线,气流由气压较高一侧倾斜吹向气压较低一侧(图 4-8)。因此摩擦层中风压关系应概括为:风向斜穿等压线,在北(南)半球,背风而立,低压在左(右)前方,高压在右(左)后方。

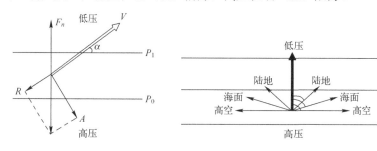

图 4-7 摩擦层中的风　　　图 4-8 风向与气压梯度力的关系

至于风向偏离气压梯度力 F_n 的角度以及实际风速比相应地转风减小的程度均取决于摩擦力的大小。如摩擦力越大,则风向与 F_n 的角度就越小;反之,则越大。这是因为摩擦力较大时,风速减小的幅度就大。

风向与气压梯度力 F_n 的夹角,陆地小于海上、海上小于高空。因此在北半球,地面实际风偏在 F_n 的右侧 45°~60°;海上偏在 F_n 的右侧约 70°;高空偏在 F_n 的右侧 90°(图 4-8)。通过讨论得出这一结论,可用于传真天气图上各地风向的判断。

至于考虑摩擦力后风速比相应地转风减小的程度,与摩擦力的大小成正比。

据统计，在中纬度陆地上的摩擦风风速约为相应地转风的35%～45%，在海洋上则为60%～70%。

等压线弯曲时，摩擦力对风向、风速的影响与平直等压线的情况完全一样，风速比相应的地转风要小。

由于空气是连续性的流体，因此低压范围内空气从四周流向中心，必然引起低层空气的上升；而高压范围内空气从中心流向四周，会使高压中心上空的空气下沉补充。所以，低压中的上升气流，会使水汽发生凝结而形成云雨天气；而高压中心的下沉气流则会使空气绝热增温，云消雨散，这就是地面高压中心附近天气较好的原因。

应该指出，在自由大气中，虽然风向与等压线近似平行、风向也表现不出辐合与辐散，但由于等高线的时疏时密，会使风速发生变化，从而引起空气质量发生水平散合，引起升降气流的产生。

4.3.2 大气环流

大气运动的形式多种多样，其空间尺度和时间尺度很不相同，它们构成了大气环流的总体。通常所说的大气环流，是指全球性、大范围（水平尺度几千千米以上）的大气运行现象。它既包括平均运动状态，也包括瞬时运动状态，本节只讨论大气环流的平均状态。

大气环流有经向环流和纬向环流之分，其主要表现形式为：三圈环流、全球规模的东西风带、西风带中定常分布的平均槽脊、地面气压带和平均气压活动中心以及与之相应的地面风（如信风、季风）等。实际上，表现在对流层内的大气环流既不是单纯的经向环流也不是单纯的纬向环流，而是两种环流的共同表现。例如，西风带中的槽脊，就是经纬环流的结合，槽脊很强时，环流表现出以经向为主，反之，以纬向环流为主。

大气环流是全球气候特征和大范围天气形势的主导因素，也是各种尺度天气系统活动的背景。当高空环流形势由明显的纬向环流向经向环流调整时，天气将发生较大的变化，反之亦然；当高空环流出现异常时，也会给气候或天气带来反常现象。

大气环流的过程是十分复杂的，因为它是太阳辐射、地球自转、下垫面性质不均匀等热力因子和动力因子共同作用的结果。为了便于说明问题，现将这些因子依次进行讨论。

1. 太阳辐射的作用——单圈环流型

太阳辐射是地球大气运动的主要能源和基本动力。若只考虑太阳辐射的影响，不考虑地球自转，同时地表又是均匀一致时，就会得到一个单圈环流模式，如图 4-9 所示。

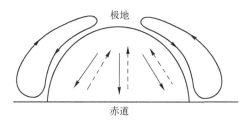

图 4-9 单圈环流模式示意图

在上述假定条件下，地表温度的分布就仅与太阳辐射随纬度的分布有关。赤道附近的低纬地区，太阳辐射量多，地面温度就高，极地则相反。这样赤道地区的地面空气便膨胀上升。上升的结果，使赤道上空某一高度处的气压高于极地同一高度处的气压，于是在高空产生了一个由赤道指向极地的气压梯度力，在它的作用下，赤道上升的空气便向南北两极分流。

由于空气的流出，赤道地面的气压会降低而形成低压区。极地附近的空气因冷却收缩，加之上空空气的流入，地面便形成了高压区。于是就产生了自极地指向赤道的空气运动，当空气运动到赤道地区后再受热上升，这样就构成了经向垂直环流。由于在半球范围内表现为单一的环流圈，所以称为单圈环流。

单圈环流是一种假想的热力环流，因为由单圈环流所造成的高空风为单一的南风，地面风则为一致的北风。很显然，单圈环流模式与实际情况相差甚远，因此它不能被用来解释实际大气的环流情况。

2．地球自转的作用——三圈环流型

由于地球的自转，只要空气产生运动，地转偏向力就随即作用。因此，在单圈环流的基础上，增加地球自转的因素．就会得到比较复杂的三圈环流模式。但它的前提条件仍然假定下垫面是均匀的，即不考虑海陆分布等地表差异的影响。

三圈环流的形成过程如下：

在北半球，空气由赤道上空向极地流动时，起初地转偏向力很小，空气基本上由南向北运行。随着纬度的增高，地转偏向力逐渐增大，空气运动方向逐渐右偏，约到 30°N 处，空气运行方向就接近于和纬圈平行，转成偏西风，这就是高空西风带。由于高空西风带的存在，它阻碍了空气的继续北上，因此从赤道上空源源而来的空气便在副热带地区积聚并辐射冷却，使空气下沉，在近地面形成高压带，称为副热带高压带。副热带高压完全是由于气流的汇集，造成空气的下沉堆积而形成的，这种由于动力原因形成的高压也称为动力高压（暖性高压）。

副热带高压出现以后，在副热带地区的近地面层，空气向赤道和极地两边流去。其中返回赤道的一支气流，在地转偏向力的作用下，表现为地面的东北风，称为东北信风带。这样便构成了低纬度地区的环流圈，称为信风环流圈，如图4-10所示Ⅰ环流圈。相应的在南半球地面层流向赤道的那一支称为东南信风带，两个信风带之间气流的汇合地带称为赤道辐合带或赤道低压带。

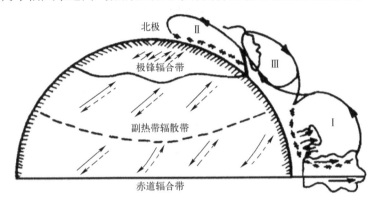

图4-10　北半球三圈环流示意图

（实线箭头为地面风，虚线箭头为高空风，粗实线为极锋）

由副热带地区流向极地的那一支气流，也因地转偏向力的影响，以西南风的形式流向高纬度地区，形成中纬度地区的偏西风，与高空的西风带相连接，称为盛行西风带。南半球广阔洋面上的盛行西风特别强劲，而极地下沉的气流在地面层向南运动的过程中，转变成偏东风，因此这两支气流在副极地地区汇合形成副极地低压带，这是整个半球冷暖空气交汇的主要地区。

在副极地低压带的上升气流，到了高空又分成南北两支。向北的一支流向极地补偿了极地冷却下沉南下的空气，这样在高纬地区也形成了一个环流圈，称为极地环流圈（图4-10中Ⅱ环流圈）；向南的一支与低纬北流的空气相遇汇合下沉，到地面附近又南北分流，这样在信风环流圈与极地环流之间又形成了一个环流圈，称为中纬度环流圈（图4-10中Ⅲ环流圈）。

南半球的大气环流与北半球的讨论类似。

由上述讨论可知，在南、北半球近地面层中出现了四个气压带和三个风带。四个气压带是：赤道低压带、副热带高压带、副极地低压带和极地高压带。三个风带是：东北信风带、盛行西风带和极地东风带。这些风带与上空气流结合起来，便构成了三个环流圈，即通常所说的大气环流三圈模式。

三圈环流考虑了地转偏向力的作用，如果加上季节变化的因素，它反映了全球性大气运动最基本的规律。这在陆地很少的南半球与实际大气环流情况比较接近。而在北半球，由于下垫面性质很不均匀，既有辽阔的海洋，又间有宽广的陆地和地形十分复杂的高原，使大气环流的实际状况比三圈环流要复杂得多。海陆之间的热力差异，使高空西风带出现波动，高空形成大型的槽和脊，副热带高压带则断裂成若干个具有闭合中心的高压单体。此外，北方冷空气的活动，使副极地低压带经常发生变动，引起天气的变化。

我国所处的地理位置大部分在高空西风带的下方。高空西风带跨越的地理纬度约为 30°N～55°N，厚度离地面 3～13km。西风带中还存在着急流区，风速在 30m/s 以上。因此，地面天气系统如气旋和冷高压等受高空西风带的引导，由偏西向偏东方向移动。

图 4-11 为全球表面理想气压带和理想风带的地理位置及风向分布情况（三圈环流的三风四带图）。

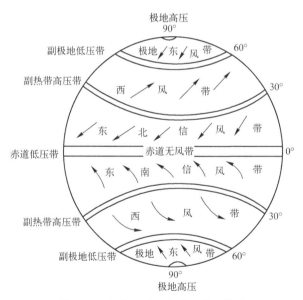

图 4-11　经典三圈环流的三风四带图

3．下垫面作用——实际大气环流型

1) 地表性质的作用

高空西风环流呈现波动形成槽和脊，是海陆分布引起的温度差异和地形差异共同影响的必然结果。

夏季时，陆地上气温较海洋上增温快、增温多，形成相对热源，而海洋上称为相对冷源；冬季时，陆地降温强度比海洋大，称为相对冷源，海洋却称为相对热源。这种冷热源的分布，直接影响到海陆间的气压分布，使完整的纬向气压带分裂成一个个闭合的气压活动中心。例如，在中高纬度，冬季时，大陆冷于同纬度海洋，利于冷高压的形成和加强，海洋上则利于暖低压的发展；夏季时相反，陆地上易形成大范围的暖低压，海洋上则利于高压的生成和加强。海、陆间热力差异所引起的气压梯度，驱动着海陆间的大气流动，这种随季节而明显转换的环流是季风形成的重要因素。

北半球海陆是相间分布的。冬季，当纬向西风流经大陆时，因大陆是冷源，气温会不断降低，直到大陆东岸降到最低。气流东流入海后，因海洋是热源，气流不断升温，直到海洋东缘，温度升到最高。这样便形成了如图4-12所示的温度场，即大陆东岸成为温度槽，大陆西岸形成温度脊。夏季时，温度场相反，大陆东岸为温度脊，大陆西岸为温度槽。根据温度场和高度场的关系，与此温度场相适应的高空气压场，则是冬季大陆东岸出现低压槽，西岸出现高压脊；夏季相反。由此可见，海陆东西相间分布，对高空环流形势的建立和变化有明显的影响。综上所述，由于海陆的影响，空中的西风气流将具有南北分量，而成为波状气流。

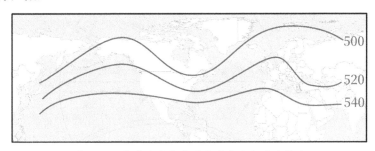

图4-12 冬季海陆热力差异对空中气流的影响

西风波动形成后，它将绕整个半球的中纬度，自西向东传播。若地面天气系统处在高空槽后，则在高空槽后的西北气流引导下，要向东南方向移动；若地面天气系统处在高空槽前，则在高空槽前的西南气流引导下，要向东北方向移动。

2）高空平均水平环流

前文所述均系海陆分布对近地面大气环流的影响。而地形起伏，尤其是大范围高原和山脉对大气环流特别是对高空大气环流的影响也非常显著。简单地说，这种影响主要表现在：气流在绕过高原（或高山）时发生分支，在向风面分开、背风汇合。在向风面高空往往有高压脊形成，背风面则常常形成低压槽。此外，高原（如青藏高原）对四周同高度的大气在不同季节分别起着冷、热源作用，使高空环流发生季节变化。

在北半球的中、高层，由于地形和海陆的共同作用，实际水平环流的大致情况是，西风带上存在着大尺度的平均槽脊。1月500hPa有三个平均槽，它们分别是位于亚洲东岸140°E附近的东亚大槽、北美东岸70°W～80°W附近的北美大槽以及乌拉尔山西部的欧洲浅槽，在三个槽之间并列着三个脊，脊的强度比槽弱得多；7月西风带中出现四个平均槽，并显著北移到较高纬度，槽脊位置较1月变动很大，东亚大槽东移入海，原欧洲浅槽已不复存在，变为高脊，同时在欧洲西岸和贝加尔湖地区各出现一个浅槽，北美大槽位置少变。人们将这种现象简单地称为"冬三夏四"。

3．季风

从图4-13和图4-14可以看出，在大陆和海洋的交界区域，风向在冬、夏季节明显不同。一般常把在广阔区域其盛行风向随冬、夏交替而有显著改变的环流系统叫季风环流，简称季风。在大陆与海洋间大范围随冬、夏改变的风为海陆季风，其特点为冬季风从大陆吹向海洋，在我国沿海盛行北风；夏季风由海洋吹向大陆，在我国沿海盛行南风。随着风向的改变，天气和气候特征也随着会发生变化。

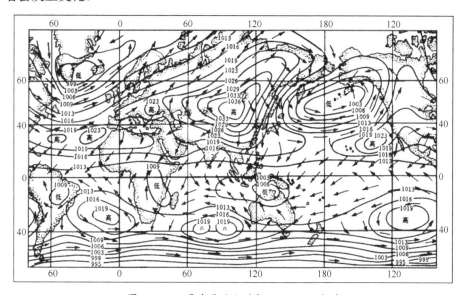

图4-13　1月海平面上的气压（hPa）和风

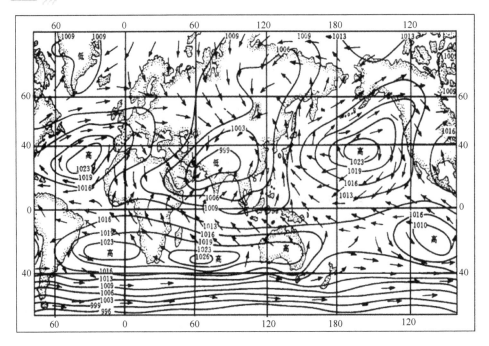

图 4-14　7月海平面上的气压（hPa）和风

在季风盛行的地区，常形成特殊的天气和气候，即季风气候。例如，夏季风控制时，空气来自暖湿的海洋，易产生多云、多雨的天气；冬季风影响时，空气来自高纬较冷的大陆，常出现晴朗干冷的天气。

东亚季风主要影响范围包括我国东部、朝鲜、日本等国家及其附近海域。它主要是因海陆热力差异而形成的。东亚季风的显著性及稳定性，在世界上仅次于南亚季风。这是因为这一地区位于世界上最大的欧亚大陆的东南部和世界上最大的太平洋之间，海陆的气温对比和季节变化都非常大，而且欧亚大陆具有南北窄东西宽的形状，有利于形成较大范围的气压活动中心。

冬季，势力强大的蒙古高压盘踞着亚洲大陆，高压前缘的偏北风就成为亚洲东部的冬季风。由于沿海所处高压部位的差异，因此冬季风由北向南依次为西北风、北风和东北风。冬季风持续时间大约从11月到翌年4月，这期间风力强盛、风向稳定，通常黄海、渤海及东海的风力均在 5 级～6 级左右，寒潮南下时，风力可达 8 级～9 级以上。

夏季，亚洲大陆为热低压，而海上的副热带高压又北上西伸，因此这两个高、低压之间的偏南风便成为东亚的夏季风。夏季风持续时间从 6～9 月，这期间，因气压梯度比冬季小，所以风力较弱，海上风力为 3 级～4 级左右，这是东亚季风的一个重要特点。

我国的大范围降水多集中在夏季风盛行期间。例如,华北地区在这期间的降水约占全年的60%~70%,长江流域占30%~40%。

4)海陆风

海陆风是局地近地面层风向昼夜间发生反向转变的风,是空气因下垫面热力差异而形成的小范围垂直环流的结果。海陆风的成因与季风、单圈环流的成因有着相同之处,故也将其归于大气环流一节中来讨论。

在海岸附近,由于海陆热力性质的不同,白天风由海面吹向陆地,称为海风,夜间风由陆地吹向海面,称为陆风,两者统称海陆风。

白天,陆面增温比海面剧烈,陆面空气上升,到某一高度,气压便高于同高度海洋上空的气压,空气在气压梯度力的作用下流向海洋。海面由于上空有空气流入而气压升高,在底层又产生了由海面指向陆地的气压梯度力,空气吹向陆地,于是形成了一个小范围的热力环流,如图4-15(a)所示,这时的底层风便是海风。夜间环流的情况正好相反,如图4-15(b)所示,底层风由陆地吹向海面,即表现为陆风。

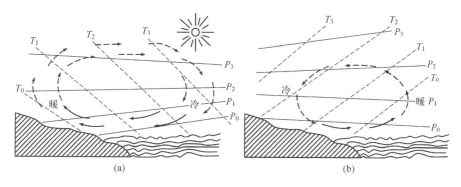

图4-15 海陆风示意图

海陆风的气温日变化大,海陆温差也较大,且气压场分布较均匀的情况下表现得比较明显。因此,海陆风在夏季比冬季明显,低纬比高纬明显。一般低纬地区一年四季海陆风都比较明显;而中纬度地区因常有冷暖空气交替活动,海陆风常被较强的气压系统所淹没。夏季,当受单一的暖气团控制时,常有海陆风出现;在高纬度,只有盛夏季节且晴朗无云时,才有微弱的海陆风。

海陆风的强度在海岸线附近最强,随着与海岸线距离的增大,强度逐渐减弱。一般说来,海风比陆风强,海风环流涉及的空间也比陆风大。这是因为白天海陆间的温差大,而且白天空气较为不稳定,有利于对流的发展。

海风风速最大能达 5~6m/s，热带地区可达 7m/s，陆地风速一般只有 1~2m/s。海风最远可深入陆地几十千米，热带地区可深入 50km 以上，而陆风往往不足 10km。

海风与陆风转换时间随地方条件和天气条件而不同。一般海风在上午 9~10 时开始，14~15 时最强，21~22 时转为陆风。若是阴天，则海风出现时间就会推迟。

4.4 气团、锋和锋面气旋

本节开始阐述对我国近海天气影响比较大的天气系统，如锋面、气旋、反气旋、热带气旋等的形成、发展和天气变化的特点和移动规律等。天气是指在一定地区、某一时刻或时段内气象要素的综合表现。通常用气温、气压、湿度、风向、风速以及发生在大气中的云、雾、降水、雷电等现象来描述。一个地区的天气发生变化，是由大气中天气系统的移动和强度变化所造成的。天气系统是指具有典型天气特征并伴随一定天气的大气运动形式，是锋面、气旋、反气旋和热带气旋等的统称。

4.4.1 气团和锋

1. 气团

1）气团的形成

气团是指在较大范围内，气象要素（尤其指温度、湿度和稳定度等）水平分布比较均匀的空气团。气团的水平范围可从几百千米到几千千米，垂直范围可达几千米到十几千米。

气团的形成，必须具备两个条件：一是大范围性质比较均匀的下垫面；二是有利于大范围空气停留的环流条件。如果大范围的空气能长时间停留在性质比较均匀一致的下垫面上，例如冰雪覆盖的大陆、辽阔的海洋、浩瀚的沙漠等，则温度、湿度和稳定度的水平分布会通过一系列的物理过程逐渐和下垫面性质趋于一致。例如，西伯利亚地区冬季为一团不大移动的干冷空气所盘踞，由于该地区纬度高、气温低、下垫面性质比较均匀，因而形成干冷的大陆气团。它是冬季侵袭我国的冷空气源地。相反，在我国东南方向的西太平洋上形成的则是暖而湿的海洋气团。

2）气团的分类

气团的分类有地理分类和热力分类两种。

气团的地理分类是根据气团在源地时的原有属性来分类的；而气团的热力分类是根据气团本身的温度和它所经过的下垫面温度的比较来分类的。

（1）气团的地理分类。按地理分类法可将气团分为冰洋气团、极地气团、热带气团和赤道气团。前三类又分别有海洋性气团和大陆性气团之分；赤道气团源地主要是海洋，故没有区分海洋性和大陆性的必要。

地理分类法的优点是能直接从气团的源地了解气团的天气特征，因而这种分类法不易区别相邻两个气团的属性，也无法表示气团离开源地后的性质变化，因而需要其他分类法加以补充。

（2）气团的热力分类。气团的热力分类是根据气团本身温度和它所经过的下垫面温度对比进行的分类。按照这种分类法，气团可分为暖气团和冷气团两种。

① 暖气团。如果气团离开源地后，向着比它冷的下垫面移动，或气团温度高于相邻气团温度的，统称为暖气团。当暖气团侵入某地后，会使它所经之地变暖，气团本身从低层开始逐渐变冷。因此，温度直减率变小，气团变得稳定，有时还可出现逆温层。暖气团中常出现层状云，降水常为小雨或毛毛雨。水汽、尘埃、杂质等常聚集在低层，所以暖气团中能见度差，条件合适时还会出现平流雾。

② 冷气团。如果气团离开源地后，向着比它暖的下垫面移动，或气团的温度低于相邻气团温度的，统称为冷气团。在冷气团的影响下，一般都引起地面降温，但气团本身却从下层开始逐渐增温，使气温直减率增大，气团呈不稳定状态，有利于对流的发展。夏季，冷气团内若有足够的水汽，常形成积云和积雨云，甚至出现阵性降水或雷暴天气。冬季冷气团内水汽含量通常较少，可出现碧空或少云天气。在冷气团内，能见度一般都较好。

3）影响我国近海的气团

冬季影响我国近海的气团主要有极地大陆气团和热带海洋气团。图 4-16（b）基本显示出了两种气团的来向及活动范围。在极地大陆气团南移侵入我国的过程中，受到下垫面的影响，往往先在西伯利亚地区得到加强，我们称它为西伯利亚气团。当它与热带海洋气团相遇时，在交界处则能构成多雨（雪）天气，当该气团进一步南下侵袭我国时，则可带来强冷空气天气。

夏季除了西伯利亚气团仍可影响北部海域外，我国东南沿海主要受热带太平洋气团和赤道气团的影响（图 4-16（a））。夏季西伯利亚气团的活动要比冬季偏北得多，它主要在我国长江以北和西北地区活动，当它与强盛的热带太平洋气团相遇时，就可形成我国盛夏区域性的降水。来自印度洋的赤道气团，可造成长江以南地区大范围的降水。

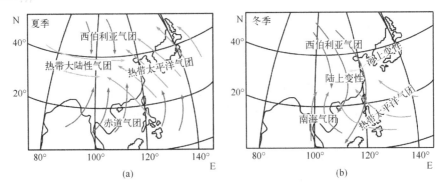

图 4-16 影响我国近海的气团活动示意图

春秋季在中国海域活动的气团主要是变性的极地大陆气团和热带海洋气团。在单一极地大陆气团或热带海洋气团控制的地区，天气状况主要受该气团性质的影响，而在两个气团的交汇处，可形成降水。

在春季，这两个气团势均力敌，交汇于东海至长江中下游一带，互为进退，是锋面及气旋活动最盛的时期。在秋季，两气团交汇区由北向南撤退，给东海水域带来秋雨，但当热带海洋气团退居东南海面上时，变性极地大陆气团已控制我国大部分地区，气层稳定，天气晴朗，进入所谓"秋高气爽"的天气。

2. 锋

通常天气变化最剧烈的区域，不是在单一气团控制的地区，而是在两个性质不同的气团交界的地区。因此，当冷、暖气团相遇时，存在于它们之间的狭窄过渡带就称为锋。在这个过渡带内常形成广阔的云系和降水，有时还会出现大风、强雷暴、冰雹等强对流天气。锋是极其重要的天气系统之一。

1）锋的概念

锋具有一定的宽度并在空间呈倾斜状态，其下方为冷气团，上方为暖气团，如图 4-17 所示。冷、暖气团在空中的交界面称为锋面，锋面与下垫面的交线称为锋线，锋面和锋线统称为锋。

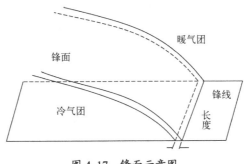

图 4-17 锋面示意图

锋线长度可达几百千米到几千千米,锋的水平宽度在近地面层约数十千米,高空稍宽,锋面坡度一般为 1/50～1/300。

2) 锋的分类

根据冷暖气团相遇时锋面的移动情况,可将锋分为冷锋、暖锋、准静止锋和锢囚锋(分为冷式、暖式锢囚锋)四种,如图 4-18 所示。

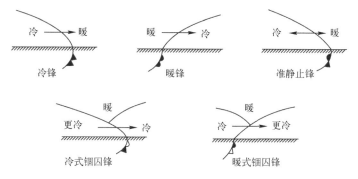

图 4-18　锋的分类

(1) 冷锋:当冷暖气团相遇时,冷气团起主导作用,推动锋面向暖气团一侧移动,这种锋称为冷锋。

(2) 暖锋:当冷暖气团相遇时,暖气团起主导作用,推动锋面向冷气团一侧移动,这种锋称为暖锋。

(3) 准静止锋:当冷暖气团势均力敌时,锋面很少移动,这种锋称为准静止锋。

(4) 锢囚锋:当冷锋移速快于暖锋,最后追上暖锋与之合并的锋称为锢囚锋,或因地形作用,使两条冷锋相对而行趋于合并的锋。

4.4.2　锋面气旋

锋面气旋是影响我国近海的重要天气系统之一。在它的影响下往往会带来大风、降水、雷暴等天气现象。因此,研究锋面气旋的发生发展、天气特征和移动规律,是天气分析及预报的一项重要工作。

1. 气旋概述

气旋是一个占有三维空间的大型空气涡旋。在北半球,气旋范围内的水平气流呈逆时针旋转,在南半球呈顺时针旋转。气旋和低压是同一天气系统的两种不同名称,前者针对空气流场而言,后者针对气压场而言,通常可以混用。

根据气旋形成和活动的地理区域不同,可将气旋分为温带气旋和热带气旋;

根据成因和热力结构的不同，又可将其分为锋面气旋和非锋面气旋。锋面气旋就是指带有冷、暖锋面的温带气旋。这种气旋在我国经常出现，本节主要对它进行阐述。为阐述方便，有时将锋面气旋简称为气旋。

气旋的水平范围通常以其在地面天气图上最外围闭合等压线的直径来衡量。统计结果表明，气旋的范围一般为1000km，大的可达2000~3000km，小的只有200km。

气旋的强度通常用其中的最大风速或中心最低气压值来表示。在强的锋面气旋中，地面最大风速可达30m/s以上。地面风速越大、中心气压值越低，气旋就越强。气旋中心的气压值一般在970~1010hPa之间，发展强大的气旋气压值可低于935hPa。当气旋中心气压降低时，称气旋加深或发展；当中心气压值升高时，称气旋填塞或减弱。

2．锋面气旋的形成

锋面气旋多活动于中纬度地区，所以又叫做温带气旋。其形成的原因比较复杂，大多是由锋面上产生波动，在适宜的条件配合下，波动加深，逐步发展成锋面气旋的。从生成到消亡大体可分为初生阶段、发展阶段、锢囚阶段和消亡阶段（图4-19）。

1）初生阶段

当冷锋在南移过程中静止在某一地区，这时锋面两侧势力相等（图4-19（a）），高纬为东风，低纬为西风；高纬冷，低纬暖，中间有一条锋面（图中用虚线表示，图4-19（b））表示当冷空气或暖空气加强时，锋面上出现波动，冷空气向南侵袭，暖空气向北扩展，由准静止锋变成冷暖锋，并开始出现降水，地面天气图上出现低压中心，气压比四周低2~3hPa，当能画出一根以上闭合等压线时，锋面气旋便形成。在锋面气旋的初生阶段，一般强度较弱，上升运动不强，云和降水区域不大。

2）发展阶段

图4-19（c）、（d）为气旋的发展阶段，波动振幅增加，冷暖锋进一步发展，锋面降水继续加强，雨区扩大。地面图上等压线增多，中心气压值比初生时降低10~15hPa左右。气旋区域内的风速普遍增大。在发展强的气旋中，暖区可出现偏南大风，冷锋后的冷区则可能出现西北大风，在干燥季节，伴随大风会出现风沙，使能见度变坏。

3）锢囚阶段

由于气旋中的冷锋移速快于暖锋，当冷锋追上暖锋时，气旋就进入锢囚阶段，如图4-19（e）、（f）所示。锢囚时，锋面被抬升，降水强度及降水均增大，但暖空气范围缩小，气旋中心气压比四周低 20hPa 以上，移速大大减慢。地面风速很大，辐合上升气流加强。

4）消亡阶段

当气旋停止加强并开始减弱时，气旋逐渐与锋面脱离，因地面摩擦作用而慢慢填塞消亡。如图 4-19（g）、（h）所示。完成上述四个阶段一般要 5 天左右，但不同地区有很大差异。短的 1~2 天便达锢囚阶段，长的生命史可超过 5 天。

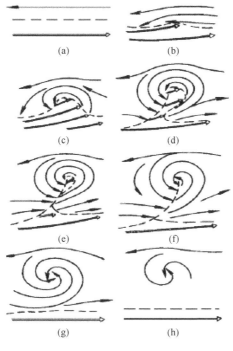

图 4-19 锋面气旋生命史

上述锋面气旋的发展过程是比较典型的情况，并非所有的锋面气旋都经历这四个阶段。如有的气旋尚未锢囚就趋于消亡，气旋生成的形式也不限于准静止锋上的波动。

4.5 反气旋和副热带高压

冷高压亦称冷性反气旋。它是指中心气压值比四周高的空气水平涡旋。在北半球，反气旋范围内的水平气流呈顺时针旋转；在南半球，呈逆时针旋转。按热力结构，反气旋可分为暖性反气旋（如副热带高压）和冷性反气旋（如西伯利亚高压)。

4.5.1 冷高压

1. 冷高压概述

冷高压主要活动于中、高纬度地区,它对我国近海的天气,尤其对中、北部海区的天气有显著的影响。由于欧亚大陆面积广,北部地区气温又低,因此它是北半球冷高压活动最频繁的地区。同时我国东部沿海及其以东洋面,又是冷高压的必经之路,因此这些地区受冷高压影响最大。

我国一年四季均有冷高压的活动,特别是冬半年,冷高压经常在西伯利亚地区停留加强,所以也把它称为西伯利亚高压。当冷高压移到蒙古中、西部时,多处于准静止状态,它的前方常以扩散形式分裂出一股股冷空气影响我国,在气压场上则表现为一个个高压或高压脊向偏南方向移动,使其经过的地区产生大风、降温和降水。图 4-20 是冷高压地面天气形势。冷高压的源地一般在中、高纬度的寒冷地带,如格陵兰岛、新地岛及西伯利亚等地,但反气旋的水平范围差异很大,如冬季亚洲大陆的冷高压可以控制亚洲大陆面积的 3/4;也有范围小的反气旋,直径仅数百千米。就垂直厚度而言,一般比较浅薄,通常不超过对流层中层的高度。当移入中国近海后,一般在 700 hPa 图上已反映不清楚。

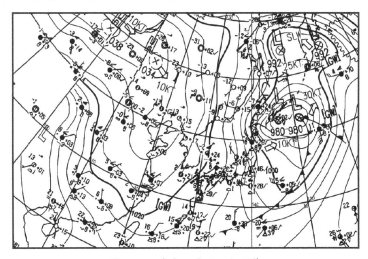

图 4-20 冷高压地面天气形势

冷高压中心强度随季节和地区有所不同,中心气压强度一般为 1040～1050hPa,冬季强时可达 1060～1070hPa,最强时曾达 1083.3hPa(1968 年 12 月 31 日出现在中西伯利亚北部),不过到达江南时一般不超过 1030hPa,一般冷高压南下后强度都会减弱。冷高压的强度除了可用中心气压值表示外，也可用外围最大风速和气压梯度来反映。冷高压的中心气压值随时间升高，称冷高压加强或发展；中心气压值随时间降低，称冷高压减弱。

冷高压的活动过程需要具备两个基本条件：第一要有冷空气的酝酿和聚集过程；第二要有合适的高空引导气流，引导冷空气南下。冷高压的移动方向和高空气流方向基本一致，移动速度和高空气流速度成正比关系，同时和其自身的强度及地形也有关系。当冷高压刚从源地移出时速度较快，以后逐渐变慢。在山区或丘陵地带移速较慢，在平原和海上移动较快。例如，冬季冷空气到达南岭地区受山脉阻挡，移速明显减慢甚至停留。

冷高压进入我国后，多数向东南方向移动，经过西北、华北和华东，然后移到海上。冷高压入海后，受海洋影响逐渐变性减弱或并入副热带高压。

2. 冷空气源地和路径

冷空气是导致天气变化的重要角色。我国大部分地区的天气过程多表现为一次又一次的冷空气南下过程。冬半年我国常处在东亚大槽后部，冷空气活动对我国天气的影响十分显著。即使在夏季，冷空气活动也是引起大风、降水、冰雹等恶劣天气的重要原因。因此，要作好天气预报必须密切注意上游地区冷空气的活动情况。

冷空气与冷高压之间关系十分密切。在冷空气南下之前冷高压提供了形成冷气团的理想环流条件，冷高压的强度也能反映冷空气势力的强弱。当环流条件改变，冷高压南下以后，冷高压前部的偏北气流对引导冷空气南下也起作用。

1）冷空气源地

冷空气源地是指冷空气开始形成和聚集的地区。据统计，影响我国的大范围强冷空气源地主要有三个：①新地岛以西的北方寒冷洋面。来自这个地区的冷空气最多，达到寒潮强度的次数也最多；②新地岛以东的北方寒冷洋面。来自这个地区的冷空气次数也较多；③冰岛以南洋面。来自这个地区的冷空气次数较多，但强度一般较弱，达到寒潮强度的较少。此外，冬季西伯利亚和蒙古也是冷空气孕育形成的有利地区。

2）冷空气路径

冷空气路径，主要是指冷空气主体的移动路线。据统计，上述三个源地的冷空气在侵入我国以前，95%都要经过关键区（70°E～90°E，43°N～65°N），如图 4-21 所示。冷空气从关键区入侵华北、东北地区、华东地区，一般只需 3 天左右。侵入长江以南地区，需 4 天左右。冷空气从关键区南下，通常沿三条路径侵入我国：①西北路（又称中路），冷空气从关键区经蒙古和我国河套地区南下，穿过华北平原直达江南，有时直抵南海；②西路，冷空气从关键区经我国新疆、青海、青藏高原东侧南下；③北路，冷空气从关键区经蒙古到达我国内蒙及东北地区，以后主力继续东移，但低层冷空气折向西南方向移动，从渤海经华北可到达两湖盆地。

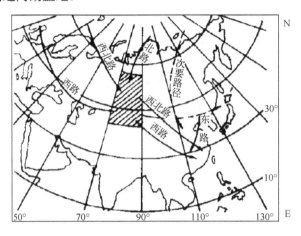

图 4-21 冷空气路径示意图

3. 寒潮

自极地或寒带向较低纬度侵袭的强烈冷空气活动称为寒潮。寒潮天气过程是指一种与强大冷高压相伴随的大规模的强冷空气的活动过程。根据国家气象局的规定：气温在 24h 内剧降 10℃ 以上，最低气温降至 5℃ 以下时，作为发布寒潮警报的标准。以后又补充为：一次冷空气活动使长江流域以及以北地区 48h 内降温 10℃ 以上，长江中下游地区最低气温达 4℃ 或 4℃ 以下，陆上有三个大区出现 5~7 级大风，沿海有三个海区伴有 6~8 级大风，称为寒潮或强寒潮。未达到以上标准者，则称为较强冷空气或一般冷空气活动。

据统计，冬半年侵袭我国的全国性寒潮平均每年有 3~4 次，最多一年可出现 5 次，最少一次都没有。3 月—4 月寒潮活动频数最高，11 月次之。这是因为冬、春两季是过渡季节，正是西风带急剧变化和大型环流调整期间，冷暖空气势均力敌，相互更替频繁，天气形势多变，故寒潮较多。冬季，我国大部分地区为冷空气所盘踞，冷空气居绝对优势地位，天气形势稳定，虽有冷空气南下，但不易达到降温 10℃ 以上的程度，故寒潮过程反而减少。夏季，我国大陆为暖气团所占据，强冷空气很少能侵入我国中部和南部，只有在西北、东北等地，冷空气活动仍较频繁。全国性寒潮一般于 9 月下旬开始，次年 5 月才结束，3 月—4 月寒潮活动频数最高，一次过程约 3~4 天，但也有达 8~9 天的。

4.5.2 副热带高压

在南北半球的副热带地区，经常维持着沿纬圈分布的不连续的高压带，称为副热带高压，简称副高。副高是影响我国东部地区及其海上天气的主要大型环流系统之一（图4-22）。

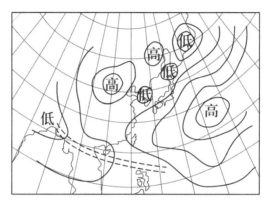

图4-22 西北太平洋副热带高压

很多研究表明，无论是我国下半年大范围的水涝和干旱，还是区域性的以至局地天气，都与这个大气活动中心有密切的关系，尤其是西太平洋副高的盛衰与位置的异常等，都会对我国夏季天气产生重大影响。因此，对副高环流系统，特别是西太平洋副高活动的分析和研究，有着极其重要的意义。

1. 副热带高压概述

太平洋副高是北半球副热带高压中主要高压单体之一，它是由于对流层上层空气辐合、聚集而形成，它是常年存在，稳定少动的深厚系统，它所占的范围很大，盛夏时，其面积几乎占整个北半球面积的1/5。其中心常在太平洋中部夏威夷群岛附近，所以有夏威夷高压之称。有时中心不止一个，如夏季多为两个，分别位于东、西太平洋。其中对我国天气有直接影响的是西太平洋副高，下面着重讨论这个系统。

西太平洋副高内的天气，由于盛行下沉气流，以晴朗、少云、微风、炎热为主。但在高压的西北部和北部边缘，大约距副高脊线5~8个纬距的地方，因与西风带交界，受西风带内的锋面、气旋活动的影响，上升运动强烈，水汽也比较丰富，多阴雨天气，是我国大陆地区的重要降水带。高压南侧是偏东气流，晴朗少云，低层湿度大、闷热。当有热带气旋、东风波等热带天气系统活动时，可产生雷阵雨等不稳定天气。高压东部受北来冷空气的影响，形成逆温层，是少云干燥天气。因此在西太平洋副高的不同部位，所带来的天气是不相同的。

2. 西太平洋副高与我国天气

西太平洋副高的强度、范围、位置有明显的季节变化和短期变化，这些变化将对我国沿海天气产生很大的影响。

1) 季节变化

西太平洋副高的季节性活动具有明显的规律性，脊线的季节性移动与我国雨带的南北移动是密切相关的。雨带通常位于脊线北部 5~8 个纬距内，这里是冷暖气团交绥的地区。

从冬季到夏季，西太平洋副高脊线通常是逐月北上的；由夏季到冬季，脊线逐月南退，如图 4-23 所示。即从 11 月到翌年 4 月，西太平洋副高脊线在 13°N~18°N 之间摆动。2 月—4 月，副高脊线稳定在 18°N~20°N 之间时，我国华南地区出现连续低温、阴雨天气；6 月中下旬脊线北跳，稳定在 20°N~25°N 之间，雨带位于我国长江中下游和日本一带，江南进入梅雨季节；正常的入梅时间一般在 6 月中旬前后，7 月上旬出梅，梅雨期平均为 20 天左右。到了 7 月上中旬，脊线再次北跳，摆动在 25°N~30°N 之间，雨带移到黄淮流域，长江流域梅雨期结束，进入盛夏；7 月底到 8 月初，副高脊线越过 30°N，雨带也随之移到华北和东北南部，这一带进入汛期，长江流域进入伏旱期，天气炎热少云，华南热带气旋频繁。从 9 月上旬起副高脊线开始自北向南退缩，回跳至 25°N 附近；10 月上旬再次回跳至 20°N 以南地区，从此结束了副高以一年为周期的季节性的南北移动。

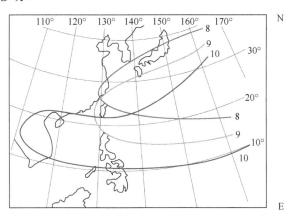

图 4-23　副热带高压 588 线变动图

副高的这种季节性移动，在北进时持续时间比较长，速度比较缓慢，南退时经历的时间短，速度比较快。这是西太平洋副高季节变化的一般规律，在个别年份，副高的活动可能有明显的出入。

2）短期变化

西太平洋副高的活动除了季节性变化外，还具有比较复杂的非季节性短期变化，即在副高北上的季节里，也可以出现短暂的南退，南退中也有短暂的北进，而且北进常常同西伸相结合，南退与东撤相结合，这种短期变化持续时间长短不一。西太平洋副高的短期变化，大多是副高周围的天气系统活动所引起的。例如，青藏高压、华北高压东移并入西太平洋副高时，副高产生明显西伸，甚至北跳；当有台风移至西太平洋副高的西南边缘时，副高开始东退，台风沿副高西部边缘北移时，高压继续东退。当台风越过副高进入西风带时，副高又开始西伸。另外，西风带中的短波槽脊移动，对西太平洋副高的短期变化的影响也很显著。当副高强大时，一般小槽、小脊只能改变副高的外形，而脊线位置变化不大，但有大槽东移时，能迫使副高不断东撤。由此可见，西太平洋副高和周围其他天气系统是相互影响的，使之所产生的天气现象也比较复杂。

上述情况仅仅是西太平洋副高活动对我国天气影响的一般规律。实际上，副高脊线的南北季节性移动经常出现异常，常造成一些地区干旱、另一些地区洪涝的反常现象。

4.6 热带气旋

热带气旋是发生在热带洋面上的一种具有暖中心结构的气旋性涡旋。它是一种伴随着狂风暴雨、惊涛骇浪而出现的破坏性极大的灾害性天气系统。所经之处，严重地威胁着航行的安全，能给人类造成巨大灾难。例如，1944 年 12 月 17—18 日，美国海军第三舰队在吕宋岛以东洋面上突然遭遇台风。受台风袭击，3 艘驱逐舰沉没，9 艘舰船（包括航空母舰）严重损坏，19 艘舰船受损，毁坏飞机 146 架，775 人丧生。就其所遭受的损失，在美国海军历史上仅次于珍珠港事件。

我国濒临着热带气旋发生最多、平均强度最大的西北太平洋，所有沿海地区均可遭受到台风的直接袭击。以避免和减少热带气旋造成的损失，是海军各级指挥员的重要职责。此外，我海军走向中远海，热带气旋同样是不可回避的灾害性天气系统，所以非常有必要对热带气旋有系统全面地了解和掌握，积极主动地采取有效措施做好防台避台工作。

4.6.1 热带气旋概述

1. 分级与命名

从 1989 年 1 月 1 日起,中国国家气象局按照世界气象组织规定,根据热带气旋中心附近最大风力进行分级。

（1）热带低压 TD：风力 6 级～7 级（22～33n mile/h）；
（2）热带风暴 TS：风力 8 级～9 级（34～47n mile/h）；
（3）强热带风暴 STS：风力 10 级～11 级（48～63n mile/h）；
（4）台风 TY：风力不小于 12 级（不小于 64n mile/h）。

国家气象中心规定：在东经 180°以西,赤道以北的西北太平洋（包括南海）出现的达到热带风暴强度的热带气旋,按其生成的先后顺序进行编号,并同时命名。近海的热带气旋,当其云系结构和环流清楚时,只要中心附近的最大平均风力为 7 级时即应编号,同时还给每一个热带气旋取名。自 2000 年开始,西北太平洋沿岸国家采用一套新的名称给这一区域的热带气旋命名。例如,0012 号台风（"派比安"）就是指 2000 年出现的第 12 个称为—"派比安" II 的台风；由于个别台风强度异常强,造成灾害十分严重,为纪念该台风,其原有命名取消,代以其他名称,如 0413 号"云娜"台风。

2006 年,中国国家气象局重新制定了热带气旋等级国家标准,依据热带气旋中心附近地面最大风速,将其划分为 6 个等级。

（1）热带低压 TD：风力 6 级～7 级（10.8～17.1m/s）；
（2）热带风暴 TS：风力 8 级～9 级（17.2～24.4m/s）；
（3）强热带风暴 STS：风力 10 级～11 级（24.5～32.6m/s）；
（4）台风 TY：风力 12 级～13 级（32.7～41.4m/s）；
（5）强台风 STY：风力 14 级～15 级（41.5～50.9m/s）；
（6）超强台风 Super TY：风力不小于 16 级（不小于 51.0m/s）。

2. 活动区域与发生频率

全球热带气旋主要发生在 8 个海区,即北太平洋西部和东部、北大西洋西部、孟加拉湾、阿拉伯海、南太平洋西部、南印度洋东部和西部（图 4-24）。

根据资料统计,西北太平洋是全球热带风暴发生最多的地区。根据 1949—2006 年的 58 年资料统计表明,西北太平洋共出现 1976 个热带气旋,平均每年有 34 个,其中热带风暴以上强度的热带气旋平均每年有 28.0 个（表 4-4）。由表可见,西北太平洋终年都有热带气旋活动,其中 6 月—11 月是多发季节,7 月—10 月是热带气旋活动的盛行季节。在我国登陆的风力不小于 8 级的热带气旋,平均每年约 9~10 个。在地区分布上,以广东、福建和我国台湾为最多(表 4-5),其中在广东沿海登陆的热带气旋约占总数的 1/2。

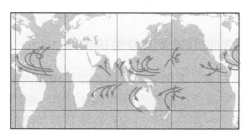

图 4-24 世界各大洋发生热带气旋的主要海区

表 4-4 西北太平洋各月热带气旋发生频数统计表(1949—2006 年)

项目	1	2	3	4	5	6	7	8	9	10	11	12	合计
D(热带低压)	10	8	7	6	16	34	57	98	65	40	21	18	380
平均值	0.17	0.14	0.12	0.10	0.28	0.59	0.98	1.67	1.12	0.69	0.36	0.31	6.53
T(热带风暴)	8	5	2	7	9	25	36	53	34	25	25	13	242
平均值	0.14	0.09	0.03	0.12	0.16	0.43	0.62	0.91	0.59	0.43	0.43	0.22	4.17
T1(强热带风暴)	0	2	11	11	10	18	63	90	62	36	32	19	354
平均值	0.00	0.03	0.19	0.19	0.17	0.31	1.09	1.55	1.07	0.62	0.55	0.33	6.1
T2(台风)	5	1	5	6	17	34	61	77	82	46	16	15	365
平均值	0.09	0.02	0.09	0.10	0.29	0.59	1.05	1.33	1.41	0.79	0.28	0.26	6.3
T3(强台风)	7	1	2	9	18	20	30	61	43	53	25	10	279
平均值	0.12	0.02	0.03	0.16	0.31	0.34	0.52	1.05	0.74	0.91	0.43	0.17	4.8
T4(超强台风)	2	1	3	11	8	17	50	61	70	67	48	18	356
平均值	0.03	0.02	0.05	0.19	0.14	0.29	0.86	1.05	1.21	1.16	0.83	0.31	6.14
T+T1+T2+T3+T4	22	10	23	44	62	114	240	342	291	227	146	75	1596
平均值	0.38	0.17	0.40	0.76	1.07	1.97	4.14	5.90	5.02	3.91	2.52	1.29	27.52
D+T+T1+T2+T3+T4	32	18	30	50	78	148	297	440	356	267	167	93	1976
平均值	0.8	0.31	0.52	0.86	1.34	2.55	5.12	7.59	6.14	4.60	2.88	1.60	34.07

表 4-5 风力不小于 8 级的热带气旋登陆次数的分布(1949—2012 年)

登陆省市	广西	广东	福建	台湾	浙江	上海	江苏	山东	河北	辽宁	合计
总次数	26	283	106	124	41	4	5	14	1	11	615
年均次数	0.41	4.42	1.66	1.94	0.64	0.06	0.08	0.22	0.02	0.17	9.62
频率/%	4.2	46.0	17.2	20.2	6.6	0.7	0.8	2.3	0.2	1.8	100

3. 生成源地

影响我国的热带气旋源地相对集中在三个海区：菲律宾以东洋面、关岛附近洋面和南海中、北部。

4.6.2 热带气旋的形成及其发展的条件

自从有气象卫星以来，人们已经发现了在热带洋面上每年都有几百个热带扰动发生，然而能发展成热带气旋的却不到1/10。这就涉及热带气旋发生、发展的必要条件。随着探测技术的进步和高空资料的增加，人们已初步认识到热带气旋的形成过程，实际上是由一个具有冷中心的热带扰动，逐步发展成具有暖中心的热带气旋的过程，这种暖心结构是靠凝结潜热的释放而产生和维持的。

目前，关于热带气旋的形成条件，比较一致的看法如下。

1. 广阔的暖洋面

暖洋面意味着提供热带气旋发生发展的大量不稳定能量。这种不稳定能量来源于大量高温高湿的空气对流上升、水汽凝结而释放出来的潜热。在广阔的暖洋面上，暖湿空气一旦被抬升，能使上升空气到达十几千米的高空仍比四周空气暖，即有足够能量以维持热带气旋的暖心结构和垂直环流。据实测资料表明，热带气旋发生区域的表面海水温度都高于26.6℃，在北太平洋西部，大约有85%的热带气旋发生在平均水温为29℃以上的海面。

2. 整个对流层的风速垂直切变小

风速垂直切变小决定了初始扰动的对流凝结释放的潜热，能否集中在一个有限的空间范围之内而形成暖心结构，促使初始扰动气压不断下降，最后形成热带气旋。如果风速垂直切变变化大，由对流释放的凝结潜热会迅速向外流散，热带气旋就不易形成。

3. 地转参数大于一定值

地转参数是使辐合上升气流逐渐形成气旋式（逆时针）旋转的重要条件。由于赤道上的地转参数为零，即使存在辐合上升气流，也不能形成空气旋转。所以，要使热带扰动发展成热带气旋，扰动必须距赤道一定距离（实测资料表明距赤道5°以外）才能获得发展。

4. 低层扰动的存在

低层扰动是决定热带气旋发生所必须的基本条件。根据实测资料分析，在热带气旋发生之前，必须有一个初始扰动存在，才能把低层质量、动量和水汽持续地输入，促使积云对流的增热积累，形成暖心。在这种情况下，地面的热带扰动才能发展成热带气旋。这种热带扰动多数是热带辐合带或东风波。

4.6.3 热带气旋的范围和强度

1．热带气旋的覆盖范围

风力在 8 级以上的热带气旋，其范围一般以最外围近似圆形的闭合等压线为界。通常直径为 300~500n mile，最大可达 1000n mile，最小的南海台风仅 50n mile 左右。热带气旋发生时范围较小，以后在移动过程中，范围逐渐扩大，强度不断增强。

2．热带气旋的强度

热带气旋的强度以中心气压值为依据，有时也以中心附近最大平均风速为依据。发展成熟的热带气旋，中心气压值一般都在 950hPa 以下，最低气压曾达 877hPa，如 5827 号台风。中心气压值越低或中心附近平均风速越大，热带气旋就越强。热带气旋由源地移出后，强度逐渐增强，登陆前或转向时达最强。登陆或经过岛屿后，强度减弱；如重新移到海上又会增强。热带气旋向高纬度地区移动时，强度减弱，常常转变为温带气旋。热带气旋在两种情况下逐渐消亡：一是热带气旋登陆后，因水汽来源减少，能量供应枯竭和地面摩擦增强，使热带气旋迅速减弱，最后消亡；二是热带气旋移到温带后，有冷空气侵入，热带气旋转变为温带气旋。

3．热带气旋的生命史

热带气旋的生命史通常分为四个阶段。

1）形成期

由最初的热带低压环流出现时开始，发展到风力达 8 级。

2）发展期

热带气旋继续发展，直到中心气压不再下降、风速达到最大值。

3）成熟期

中心气压值停止下降、风速不再增大，但热带气旋范围逐渐扩大，直到大风范围达到最大。

4）衰亡期

热带气旋减弱填塞，或有冷空气侵入而转变为温带气旋，这时气压回升，风力明显减弱。热带气旋从形成到消亡或变为温带气旋，生命期一般为 3~8 天，最长的可超过 20 天，最短的仅 1~2 天。夏秋两季热带气旋生命期较长，冬春两季较短。

4.6.4 热带气旋的移动路径

热带气旋在源地生成以后，受副热带高压、高空槽和赤道辐合带等大型流场的影响，有多种不同的移动路径。在西北太平洋上生成的热带气旋会对我国近海造成直接的影响，主要有三条路径：西行路径、西北移路径和转向路径，如图 4-25 所示。

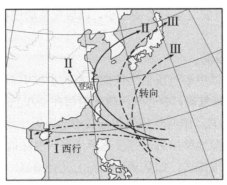

图 4-25　西北太平洋热带气旋移动路径

1．西行路径

热带气旋在菲律宾以东洋面上形成以后一直向偏西方向移动，穿过菲律宾进入南海中、北部，在华南沿海、海南岛或越南一带登陆。9 月—12 月以及 1 月和 2 月发生的热带气旋多数沿这条路径移动。

2．西北移路径

热带气旋从菲律宾以东向西北偏西方向移动，在我国台湾、福建沿海一带登陆；或从菲律宾以东向西北方向移动，穿过琉球群岛，在浙江沿海登陆。因此西北移路径也称登陆路径。热带气旋登陆后多数在我国大陆上消亡；有的热带气旋登陆后又转到海上，这类热带气旋对我国东部海区影响最大。7 月—9 月是热带气旋登陆的盛行期。

3．转向路径

热带气旋从菲律宾或台湾以东洋面向西北方向移动，到达我国东部海区，然后向东北方向移去，路径呈抛物线状。该路径的转向点有时在海上，有时在陆地。这类热带气旋对我国东部海区及日本影响最大。7 月—11 月是转向路径的盛行期。

4．特殊路径

除上述三种主要移动路径外，对于某一个具体的热带气旋而言，有的在前进时会出现摆动、打转和停滞等现象；有的则呈不规则的移动；当同时出现两个比较靠近的热带气旋时，在它们之间常常互相吸引或绕两者的共有重心旋转，通常把这类热带气旋的移动路径称为特殊路径。南海热带气旋是西北太平洋热带气旋的组成部分。南海每年平均出现达到热带风暴的热带气旋9个，占西太平洋总数的1/3，相当于北大西洋出现的总数。这些热带气旋中，在西太平洋形成之后，从菲律宾以东移入南海的占50%，其余50%在南海地区由热带低压发展而成，每年产生4个左右，包括热带低压则为7个左右。

4.6.5 台风的结构和天气模式

发展成熟的台风多呈圆形分布，直径一般在300～500n mile，其垂直高度可伸展到对流层顶部。因此，台风的垂直尺度和水平尺度的比值约为1:50，其外形是一个呈扁圆形的涡旋。

1．台风的结构

1）气压场

台风的中心气压值很低，通常在950～870hPa之间变化。图4-26是一次台风经过浙江石浦站时，气压自计曲线的变化情况。由图可见，气压变化曲线呈漏斗状。当台风靠近时，气压开始缓慢下降；当台风中心移近时，气压陡然下降（1h内下降了29.5hPa）；当台风中心到达时，气压降到最低值914.5hPa。台风中心过后，气压便迅速回升。在台风范围内，水平气压梯度很大，一般可达0.5～1hPa/km。因此地面天气图上，台风区域内的等压线非常密集。

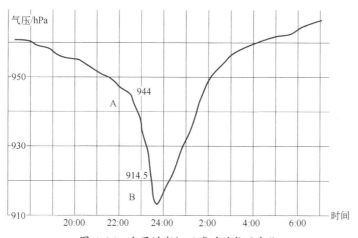

图4-26 台风过浙江石浦时的气压变化

2）风场

台风的地面风场，按风速大小分为三个区域。

外圈又称外围区，自台风边缘到涡旋区外缘，半径约100～150n mile，其主要特点是风速向中心急增，风力达6级～8级。

中圈又称涡旋区，从涡旋区外缘到台风眼壁，半径约50n mile，是台风中对流和风、雨最强烈的区域，破坏力最大。

内圈又称台风眼区，半径约5～20n mile，多呈圆形，风速迅速减小或静风。

在北半球，台风前进方向的右侧是副热带高压，因此其右半圆的风力比左半圆要大；另外右半圆前部的风向有把舰船吹向台风路径上的趋势；再者北半球台风多数向右转向，有可能把右半圆的舰船卷入台风中心。因此，航海上把台风路径的右半圆称为危险半圆，右前部称为危险象限，左半圆危险性相对小些，称为可航半圆。

3）温度场

台风热力性质的主要特征是暖中心结构。这是由于流入台风中心区的辐合上升气流具有充沛的水汽，当其发生凝结时就能释放出大量的凝结潜热，同时台风眼区下沉气流引起的绝热增温，使台风中心附近强烈增温，形成暖中心结构，这种暖心结构在对流层上中层最为明显。成熟台风在对流层上中层的中心温度比周围环境温度高10℃以上。台风的暖心结构在其发展阶段开始出现，成熟阶段达到最强。一旦暖心开始减弱消失，表明台风将减弱填塞。

2. 台风影响下的海面状况

1）浪的特征

在台风范围内可以造成海面巨大的浪高。浪高的大小与风速及大风持续时间成正比。一般风力达8级时，可以产生5m以上的巨浪；12级以上的风力可以产生高达十几米的狂涛。这些大浪从台风中心向四周传播，如图4-27所示。台风中最大风速和最大浪高都出现在台风的右后象限大约距中心20～50n mile的区域。这是因为此处浪的传播方向与台风的移向及风向一致，使这部分区域的浪受风作用的时间较其他海区长的缘故。

当浪离开台风区域传向远处时便形成涌浪。涌浪以台风移速的2～3倍向外传播。涌浪的来向表示台风中心位置所在的方向，如果发现涌浪方向保持不变且涌高逐渐变大，说明台风正在靠近。

2）增水现象

台风来临时，由于气压降低会引起水位上升。平均每下降1 hPa，引起水位上升约1cm。一个发展成熟的台风，中心气压平均比周围气压低50～100hPa，引起水位上升 0.5～1m。另外由于暴雨和向岸风的影响，使潮汐也发生异常变化，常出现较大的风暴潮，水位猛增，比正常情况下高出 1～2m 甚至更高，造成沿岸海水壅积、淹没码头和陆地，加上潮流的异常，对港内舰船的影响很大。

3) 眼区的三角浪

在台风眼区内，不同方向的前进波互相叠加，在眼区内形成巨大的驻波，俗称三角浪。这些三角浪在原地附近上下跳动，使舰船操纵异常困难，对舰船的安全造成极大威胁。所以航行中的舰船要尽量避免进入眼区。需要指出的是这种三角浪只有在大洋中才会出现，在近岸由于岛屿和陆地的作用，使它变得不明显。

3. 台风的天气模式

台风的天气特征是：灾害性的大风、暴雨、巨浪和风暴潮。一个发展成熟的台风，按其结构和天气现象大致可以分为三个区域，即外围区、涡旋区和眼区（图4-28）。

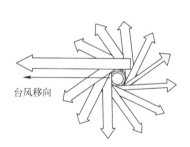

图 4-27 台风中涌浪的传播方向

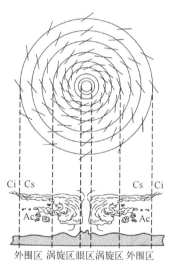

图 4-28 台风各部位区域

1) 外围区

台风接近时，气压逐渐下降，云量增多，由夏季的偏南风转变为台风前部的偏北风，海面有涌出现。当风力增大到 6 级时，即进入台风外围区。这时气压继续下降，一般 3 小时可以下降 3 hPa，气压的日变化已被破坏。以后风力逐渐增大到 8 级以上，涌浪也随之增大。天空出现辐射状卷云和积状云，云层渐密渐厚，同时有一些低云随风迅速移动。出现高层云时开始下雨，并逐渐变大。早晚可以看到红色或紫铜色鲜艳夺目的霞。

2）涡旋区

在涡旋区内气压急剧下降,每小时可下降 10~30hPa。风力很快增大到 10~12 级,并带有阵性。浓厚乌黑的雨层云和积雨云象山一样移来。这时天空昏暗、狂风怒吼、暴雨倾盆、碎云急驰、波涛汹涌、海水暴涨,出现台风中最恶劣的天气。浓黑的云层、密集的雨点、飞溅的浪花使能见度非常恶劣。在这种情况下,目测舰位和视觉通信都很困难甚至不可能,舰艇不易操纵,航行十分困难,锚泊舰艇也可能被挣断锚链,发生触礁、搁浅事故。这是防台最紧张的时刻,必须特别注意。

3）眼区

气压降到最低,不再明显下降。狂风暴雨骤停,转为风清云淡的天气,气温回升,海面出现巨大的三角浪。眼区宽约 10~20n mile,不到 1h 就可过去。当台风眼移过以后,狂风暴雨再次出现,出现台风中另一半圆的天气特征。只有当风力逐渐减弱、气压不断回升,才算摆脱了台风的影响。据统计,一个正常移动的台风正面过境时,从 8 级风开始,逐渐增强到 12 级,再降到 8 级,大约要经历 8~9h。其中最紧张阶段,即 11 级以上风力所经历的时间约 4h。

习题和思考题

1. 平均而言,为什么大气的运动基本上是水平的?(即铅直速度小于水平速度)
2. 什么是气压场?气压场和风场的基本关系是什么?
3. 什么是东风带?西风带?其形成的主要原因是什么?
4. 大气径向环流的基本特征是什么?
5. 什么是温带气旋?它的基本结构如何?
6. 什么是台风?它的基本结构如何?
7. 台风的移动路径有哪几种,为什么转向路径发生频率很高?

第 5 章 海　　流

不管在海面还是海底，海水时刻不停地处于运动之中。海水的运动需要服从海水运动基本方程，5.1 节介绍了海水运动基本方程的研究思路、方程建立和边界条件。该节重点是海水的运动方程和连续方程。

海流是指海水大规模具有相对稳定速度的非周期性流动，是海水重要的普遍运动形式之一。所谓"大规模"是指它的空间尺度大，具有数百、数千千米甚至全球范围的流域；"相对稳定"的含义是在较长的时间内，如一个月、一季、一年或者多年，其流动方向、速率和流动路径大致相似，通常海流的特征速度为 1m/s。关于海流的形成原因、如何分类以及表示方法的相关内容在 5.2 节中介绍。

在大气中存在着地转风，与此类似在海洋中存在着大尺度的地转流，关于地转流的形成机制、方程及求解以及特点分析的相关内容在 5.3 节中介绍。在海洋表面，由于风的作用形成的风海流以及其体积输运和副效应在 5.4 节中进行介绍。

海洋环流一般是指海域中的海流形成首尾相接的相对独立的环流系统或流旋。就整个世界大洋而言，海洋环流的时空变化是连续的，它把世界大洋联系在一起，使世界大洋的各种水文、化学要素及热盐状况得以保持长期相对稳定。世界大洋主要的环流系统有 10 个，它们的特点在 5.5 节中介绍。海流和海军的军事活动有着密切的关联，这部分内容在 5.6 节中介绍。

5.1　海水运动方程

海水的各种运动同其他物体的运动规律一样，遵循牛顿运动定律和质量守恒定律。为了更好地理解海水的运动规律，以下介绍海水运动的研究思路、建立海水的运动方程、连续方程以及求解方程的边界条件等。

5.1.1 海水运动的研究思路

1. 研究对象

海水运动的研究对象通常选取一个海水质点，又称为海水微团。它其实就是物理学里质点的概念，在海洋学中称为海水微团。

海水微团应该具有下列特点：在宏观上来看，这个微小空间体积应该足够小，可以近似看成为一个点；在微观上来看，这个微小空间又要足够大，包含足够多的水分子，使我们关心的宏观物理量（温度、盐度、密度等）不受微观的分子热运动的随机性的影响，能体现出整体的趋势。

2. 描述方法

通常描述海水的运动有两种方法：拉格朗日法和欧拉法。

拉格朗日法又称为质点法，该方法的研究思想是通过跟踪一个海水微团，把它的运动随时间的变化搞明白；再由此推广到其他所有的海水微团，把它们的运动都搞明白，就研究清楚了这个海域的海水运动。

欧拉法又称为空间点法，该方法的研究思想是把研究海域进行网格化，建立坐标系。只要把每个网格节点处的海水微团的运动情况随时间的变化，搞清楚了，那么整个海域的海水运动就研究清楚了。需要注意的是，同一个网格节点处，在不同时刻的海水微团是不同的。

这两种方法各有其优点。拉格朗日法研究的目标清楚，不容易混淆，但是在坐标系下建立公式方面比较困难；欧拉法适用于在坐标系下，建立海水运动的方程，开展分析计算。在海洋学之中，多用欧拉法，我们后面的公式建立都是基于欧拉法。

3. 基本物理量

研究海水的运动，就是要研究海水微团的运动。一般来说，人们可用海水微团的速度场，三个方向的速度分量 u、v、w，以及描述海水微团的物理性质的量即密度场 ρ、温度场 T、盐度场 s、压力场 p 来描述运动和变化着的海洋。其中，温度、盐度、压力是海水微团最重要的三个物理性质，密度可以通过海水状态方程，由温度、盐度、压力来确定。这样，研究海水的运动，需要用到海水微团的 7 个物理量。

4. 海水运动基本方程

在数学里，有 7 个未知数要求解，就要对应有 7 个方程。那么，接下来就是找到 7 个海水运动的基本方程，其中用到了四个守恒定律。

（1）求解运动必须要用到牛顿第二定律，也就是动量守恒方程。三个方向的动量方程，得到三个海水运动基本方程。

（2）由质量守恒定律得到连续方程，以上四个方程比较常用。

（3）由盐量守恒定律得到盐量扩散方程和由热量守恒定律得到热传导方程。

（4）海水密度和温度、盐度、压力之间的关系，称为状态方程，一般可以表示为

$$\rho = \rho(S,T,P) \tag{5.1}$$

这样，我们可以得到7个海水运动基本方程，对应7个基本物理量，满足方程求解条件。

5. 定解条件

定解条件包含初始条件和边界条件。初始条件就是海水运动的初值情况是怎么样的，给出7个物理量的初值。边界条件就是研究海域的边界处的7个物理量的值或者关系式，一般包括海面边界，海底边界和四周的边界。

有7个物理量和7个方程，海水的运动方程理论上就可以求解了，但是针对具体问题，还要考虑定解条件，主要是边界条件。

至此，海水运动的研究思路就是要找到7个海水运动基本方程的表达形式，以及确定边界条件。

看起来很美好，海水的运动这样就可以求解了。实际上，没有我们想的这么简单，因为海水的运动方程中有非线性项，方程组通常得不到理论解，当然，可以有数值解。其实，在真实的海洋中，根据实际情况，方程中的很多项可以简化，简化后有些运动形式可以得到理论解，如地转流、无限深海漂流，大部分还是只能得到数值解。接下来的问题，就是海水运动基本方程的建立，本节将重点建立运动方程和连续方程，并给出表达形式。

5.1.2 海水的运动方程建立

1. 惯性坐标系和旋转坐标系

运动方程的建立是从牛顿第二定律开始的。牛顿第二定律不是什么情况下都适用的，如接近光速的高速运动，或者分子热运动，都不适用。

牛顿第二定律有其适用条件：惯性坐标系和绝对时空观。绝对时空观是与爱因斯坦的相对论中相对时空观相应的，对于宏观低速运动都是成立的。回到惯性坐标系这个条件上，关键问题是研究全球海洋，建立在地球上，与地球一起旋转的坐标系是惯性坐标系，还是非惯性坐标系？

惯性坐标系是指参照物是静止或做匀速直线运动的坐标系。非惯性坐标系

是指参照物是具有加速度的坐标系。很明显，地球在不停的自转，因此建立在地球上，与地球一起旋转的旋转坐标系，是非惯性坐标系。

对于非惯性坐标系，牛顿第二运动定律不能直接用，怎么办？先来考虑一个简单的例子，一个小球上连着一根绳子，拿着绳子的另一端，使小球旋转起来。当取大地坐标系时，应用牛顿第二定律，容易得到绳子提供的向心力等于球的质量乘以旋转角速度的平方再乘以半径。若是把坐标系建立在小球上，这时就是一个非惯性坐标系，此时小球应该是静止的。应用牛顿第二定律，得到向心力和惯性离心力取得平衡，其中惯性离心力就是一种常见的惯性力。

因此，要在旋转坐标系下应用牛顿第二定律，需要增加惯性力。通过两个坐标系下速度和加速度的关系，可以得到需要增加的惯性力。直接给出惯性坐标系和旋转坐标系之间的加速度关系：

$$\frac{d_a v_a}{dt} = \frac{d\bar{v}}{dt} + 2\Omega \times \bar{v} - \Omega^2 R \tag{5.2}$$

式中：$\frac{d_a v_a}{dt}$ 为惯性坐标系下的加速度；$\frac{d\bar{v}}{dt}$ 为旋转坐标系下的加速度；Ω 为地球自转角速度；$-2\Omega \times \bar{v}$ 为科里奥利力（简称科氏力）项；$\Omega^2 R$ 为惯性离心力项。

可以看出，由惯性坐标系到旋转坐标系，本质上就是增加了两个惯性力，一个是科氏力，另一个是惯性离心力。

2. 海水微团的受力分析

根据式（5.2），应用牛顿第二定律，可得

$$\frac{d_a v_a}{dt} = \frac{d\bar{v}}{dt} + 2\Omega \times \bar{v} - \Omega^2 R = \sum_i F_i \tag{5.3}$$

式中：$\sum_i F_i$ 为海水微团受到的外力。

通过变形，得到海水运动方程：

$$\frac{d\bar{v}}{dt} = \sum_i F_i - 2\Omega \times \bar{v} + \Omega^2 R \tag{5.4}$$

海水微团的受力通常包含：重力（地球引力+惯性离心力），压强梯度力，黏性摩擦力，科氏力和天体引潮力。进行分类的话，可以分为表面力和质量力。

质量力（体积力）指作用在组成海水微团的所有质量上，与海水微团的质量或体积成比例，而与海水微团以外的海水介质的存在无关。表面力（应力）指周围海水介质作用于海水微团表面上的力，与作用面的面积大小成比例。由此，体积力包括重力、天体引潮力、科氏力；而表面力包括压强梯度力和黏性

摩擦力。

3．海水微团受力的形式和性质

依据海水微团受到的 5 个外力，来分析每个外力的表达形式和具有的特性。

1）重力

在海洋学里，重力定义为：地心引力与地球自转产生的惯性离心力的合力。其中，惯性离心力就是由于惯性坐标系转换到旋转坐标系时引入的 $\Omega^2 R$。

因此，从重力的方向上来说，严格来说不是指向地心的。但是，由于惯性离心力的大小和地球引力相比是小量，所以在一般情况下还是认为重力指向地心。同时，由于惯性离心力的大小和纬度有关，所以重力的计算式也和纬度有关。

重力加速度计算公式：

$$g(\varphi, z) = g_c + \Delta g(\varphi, z)$$
$$= 9.80616 - 0.025928\cos 2\varphi + 0.00069\cos^2 2\varphi \quad (5.5)$$
$$- 0.000003086z \quad (\text{m/s}^2)$$

式中：φ 为海水微团所处的地理纬度；z 为海水微团距离海平面的垂向距离。

根据式（5.5）计算，赤道和极地的海面重力加速度大小差约为 0.052m/s^2，而在 $\varphi = 45°$ 处，海面与 10000m 深处的重力加速度大小差约为 0.031m/s^2。

因此，在海洋研究中，不同纬度或不同深度处重力加速度可视为常量，一般取 9.80m/s^2。

2）压强梯度力

海洋中不同位置海水的压力（压强）是不同的，海洋学中把海面视为海压为零的等压面（以往称为一个大气压（1atm），平均为 1013.25 hPa），等压面是指海洋中压力处处相等的面称为等压面。

水下每相差 10m 就大约相差了 1atm。同样，在水平方向上的海水也存在压力差异，但差值会比较小。因此，海水微团会受到周围的其他海水微团对它表面的压力，这个压力的合力就是压强梯度力，一般不为零。如果在水平方向上，不存在压力梯度，海水微团垂直方向上的压强梯度力就表现为物体的浮力。

压强梯度力定义：单位质量水体积所受的静压力的合力。下面推导压强梯度力的公式，如图 5-1 所示。

（1）设海水微团中心压强为 p，海水微团的长、宽、高分别为 Δx、Δy、Δz，

如图 5-1 所示。以水平指向右为 x 轴正方向，则在 x 方向上压力的合力为

$$\left[p+\frac{\partial p}{\partial x}\left(-\frac{1}{2}\Delta x\right)\right]\cdot\Delta y\Delta z-\left[p+\frac{\partial p}{\partial x}\left(\frac{1}{2}\Delta x\right)\right]\cdot\Delta y\Delta z=-\frac{\partial p}{\partial x}\Delta x\Delta y\Delta z \quad (5.6)$$

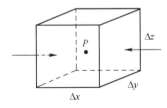

图 5-1 海水微团受到的压强梯度力示意图

（2）同理可得

在 x 方向上压力的合力：$-\dfrac{\partial p}{\partial x}\Delta x\Delta y\Delta z$；

在 y 方向上压力的合力：$-\dfrac{\partial p}{\partial y}\Delta x\Delta y\Delta z$；

在 z 方向上压力的合力：$-\dfrac{\partial p}{\partial z}\Delta x\Delta y\Delta z$。

（3）作用在整个海水微团上的压力合力表示为

$$-\left(\frac{\partial p}{\partial x}\vec{i}+\frac{\partial p}{\partial y}\vec{j}+\frac{\partial p}{\partial z}\vec{k}\right)\Delta x\Delta y\Delta z=-\nabla p\cdot\Delta x\Delta y\Delta z \quad (5.7)$$

注意，∇ 为哈密顿算子：

$$\nabla=\frac{\partial}{\partial x}\vec{i}+\frac{\partial}{\partial y}\vec{j}+\frac{\partial}{\partial z}\vec{k} \quad (5.8)$$

得到作用在单位体积上的压强梯度力 $-\nabla p\cdot\Delta x\Delta y\Delta z/\Delta x\Delta y\Delta z=-\nabla p$；

进而得到，作用在单位质量上的压强梯度力 $-\dfrac{1}{\rho}\nabla p$。

这里不做推导，直接给出压强梯度力的性质：

① 作用在单位质量上的压强梯度力 $-\dfrac{1}{\rho}\nabla p$；

② 压强梯度力与等压面垂直，指向压力减小的方向，负号表示压强梯度力的方向与压强梯度方向相反；

③ 压力是周围海水作用在海水微团表面上的力，属于表面力，但压强梯度力却已具有质量力的性质。

3）黏性摩擦力

切应力是当两层流体作相对运动时，由于分子黏性，在其界面上产生的一

种切向作用力。它与垂直两层流体界面方向上的速度梯度成正比。根据牛顿内摩擦定律，单位面积上所产生的切应力为

$$\vec{\tau} = \mu \frac{d\vec{V}}{d\vec{n}} \tag{5.9}$$

式中：n 为界面法线方向；μ 为分子动力黏滞系数，它的量值与流体的性质有关。

为说明方便起见，在右手坐标系中，取边长 δx、δy、δz 的一块小立方体的海水，如图 5-2 所示，设海水只沿 x 方向运动，且只在 z 方向上存在速度梯度 du/dz。在上述的假定条件下，小立方体的侧向四个面上的切应力为零。其上方的面上所受切应力的方向为 x 轴正方向，设其量值为 τ_2；下方面上所受切应力的方向为 x 轴负方向，其量值为 τ_1。则上、下两面所受的总应力为 $(\tau_2 - \tau_1)\delta x \delta y$。

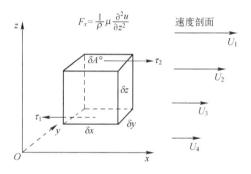

图 5-2 作用于立方体上的切应力

单位体积海水在 x 方向所受到的切应力之合力为

$$\frac{(\tau_2 - \tau_1)\delta x \delta y}{\delta x \delta y \delta z} = \frac{\tau_2 - \tau_1}{\delta z} = \frac{\partial}{\partial z}\left(\mu \frac{\partial u}{\partial z}\right) \tag{5.10}$$

取分子黏滞性系数为常量，则单位质量海水的剪切力为

$$F_x = \frac{1}{\rho}\mu \frac{\partial^2 u}{\partial z^2} \tag{5.11}$$

对海水的流场进行扩展：第一个扩展就是沿 x 方向运动的海水速度，不仅在 z 方向上有梯度，在 x 和 y 方向上都有梯度；第二个扩展就是不仅沿 x 方向有海水运动，在 y 和 z 方向上都有海水速度，且在三个方向都有梯度。在扩展后的流场中，单位质量海水微团受的应力合力的三个分量为

$$\begin{cases} F_x = \dfrac{1}{\rho}\mu\left(\dfrac{\partial^2 u}{\partial x^2} + \dfrac{\partial^2 u}{\partial y^2} + \dfrac{\partial^2 u}{\partial z^2}\right) = \dfrac{\mu}{\rho}\Delta u \\ F_y = \dfrac{1}{\rho}\mu\left(\dfrac{\partial^2 v}{\partial x^2} + \dfrac{\partial^2 v}{\partial y^2} + \dfrac{\partial^2 v}{\partial z^2}\right) = \dfrac{\mu}{\rho}\Delta v \\ F_z = \dfrac{1}{\rho}\mu\left(\dfrac{\partial^2 w}{\partial x^2} + \dfrac{\partial^2 w}{\partial y^2} + \dfrac{\partial^2 w}{\partial z^2}\right) = \dfrac{\mu}{\rho}\Delta w \end{cases} \quad (5.12)$$

注意，Δ 为拉普拉斯算子：

$$\Delta = \frac{\partial^2}{\partial x^2} + \frac{\partial^2}{\partial y^2} + \frac{\partial^2}{\partial z^2} \quad (5.13)$$

同前面压强梯度力一样，把三个方向的黏性摩擦力相加，可以得到一个简便的矢量形式：

$$\frac{\mu}{\rho}\Delta u\vec{i} + \frac{\mu}{\rho}\Delta v\vec{j} + \frac{\mu}{\rho}\Delta w\vec{k} = \frac{\mu}{\rho}\Delta\vec{V} = \gamma\Delta\vec{V} \quad (5.14)$$

式中：$\gamma = \mu/\rho$ 为分子运动黏度，单位为 m^2/s。

实际海洋中的海水运动总是处于湍流状态，由湍流运动所导致的运动学湍流应力比分子黏性引起的分子黏性应力大很多量级。以湍流黏度 K 代替分子黏度，则可得到湍流剪切力表达式：

$$\begin{cases} F_x = \dfrac{1}{\rho}\left(K_{xx}\dfrac{\partial^2 u}{\partial x^2} + K_{xy}\dfrac{\partial^2 u}{\partial y^2} + K_{xz}\dfrac{\partial^2 u}{\partial z^2}\right) \\ F_y = \dfrac{1}{\rho}\left(K_{yx}\dfrac{\partial^2 v}{\partial x^2} + K_{yy}\dfrac{\partial^2 v}{\partial y^2} + K_{yz}\dfrac{\partial^2 v}{\partial z^2}\right) \\ F_z = \dfrac{1}{\rho}\left(K_{zx}\dfrac{\partial^2 w}{\partial x^2} + K_{zy}\dfrac{\partial^2 w}{\partial y^2} + K_{zz}\dfrac{\partial^2 w}{\partial z^2}\right) \end{cases} \quad (5.15)$$

分子黏性力和湍流黏性力：分子黏度 μ 与湍流黏度 K 的物理意义不同，μ 只取决于海水的性质，K 则与海水的湍流运动状态有关，其量级大于 μ，且自身在各个方向的量值也有很大差异。

在海洋中，由于海水在水平方向的运动尺度比铅直方向上的大得多，所以水平方向上的湍流黏度比铅直方向上也大得多。但鉴于海洋要素的水平梯度远小于铅直梯度，因此铅直方向上的湍流对海洋中的热量、动量及质量的交换起着更重要的作用。

4）科氏力

研究地球上海水或大气的大规模运动时，必须考虑地球自转效应，即地球自转所产生的惯性力,这个力称为地球偏向力或科氏力。科氏力又称为自转偏向力或地转偏向力,是由旋转坐标系加速度变化到惯性坐标系加速度所带来的一个惯性力,与地球自转有关。

(1)科氏力的定义。当质点以一定速度相对于旋转坐标系(非惯性坐标系)运动时,才产生科氏力。单位质量物体所受到的科氏力 $-2\Omega \times V$。

建立笛卡儿坐标系为 $Oxyz$,Ox 轴指向东为正,Oy 轴指向北为正,Oz 铅直向上为正。科氏力大小为

$$F = -2\Omega \times V \tag{5.16}$$

式中:$|\Omega| = 7.292 \times 10^{-5}$ rad/s 是地球自转角速度;V 为物体的运动速度。

为进一步理解地转效应,现加以定性说明。由于地球绕轴自转,在赤道处的地面便具有约 464m/s 自西向东的线速度,向两极方向随纬度的增高逐渐减小,在纬度 30°处约为 402m/s,60°度处约为 232m/s,两极为零。假定有一物体从赤道沿经圈向高纬(向南或者向北)运动,由于保持其在赤道所具有的较大的自西向东的线速度。因此,地面上的观察者会看到,它的运动轨道相对原来的经圈不断向东偏移。在从高纬向赤道沿经圈方向运动的过程中,由于保持其在高纬处所具有的较小的自西向东的线速度,因此其运动轨道不断地偏向西。在讨论海水运动时,把上述现象的原因视为是由科氏力引起的。

以上讨论不过是几种特例。实际上由于地球自转所产生的惯性力是三维的。在笛卡儿坐标系下,科氏力的展开,推导如下:

$$-2\Omega \times \vec{V} = -2 \begin{vmatrix} \vec{i} & \vec{j} & \vec{k} \\ 0 & \Omega\cos\varphi & \Omega\sin\varphi \\ u & v & w \end{vmatrix} \tag{5.17}$$
$$= (fv - \tilde{f}w)\vec{i} - fu\vec{j} + \tilde{f}u\vec{k}$$

其中

$$\begin{cases} f = 2\Omega\sin\varphi \\ \tilde{f} = 2\Omega\cos\varphi \end{cases} \tag{5.18}$$

式中:f 为科氏参数,比较常用,它是行星涡度的一种度量。

在海洋中,由于海水的铅直运动分量 w 很小,故通常忽略与 w 有关的项。并且,在 z 方向上,科氏力垂直分量与重力相比是小量,一般也忽略。因此含 $\tilde{f}$ 的项,如 $-\tilde{f}w\vec{i}$ 和 $\tilde{f}u\vec{k}$ 通常忽略。即简化为

$$\begin{cases} F_x = f \cdot v \\ F_y = -f \cdot u \end{cases} \tag{5.19}$$

（2）科氏力的性质。

① 大小：$2|\Omega|\cdot|\bar{V}|\cdot\sin\varphi$；

方向：始终垂直于 Ω 和 $\bar{V}$ 组成的平面。

② 由于科氏力始终和运动速度方向垂直，类似于向心力，因此科氏力不做功，只改变运动方向，不改变运动速率。

③ 在北半球，科氏力的水平分量总是指向运动右方；

在南半球，科氏力的水平分量总是指向运动左方。

④ 水平科氏力的量值与物体运动的速率及地理纬度的正弦 $\sin\varphi$ 成比例，在赤道上为零。

对海洋环流而言，科氏力与引起海水运动的一些力，如压强梯度力相比量级相当，因此它是研究海洋环流时应考虑的基本力。

如研究的海区纬度跨度不大，此时科氏参量 f 可视为常量。f 为常数的平面称为"f—平面"；当研究大范围的海水运动时，必须考虑科氏力随纬度的变化，引进参量 $\beta = \mathrm{d}f/\mathrm{d}y$ 项，f 随纬度线性变化的平面称为"β—平面"。

（3）科氏力的应用。

实例1：由于科氏力常年的作用，北半球河流右岸的冲刷甚于左岸，双轨火车也如是。而南半球的情况正好相反，河流左岸的冲刷甚于右岸。

实例2：贸易风

由于科氏力作用，南北向的气流，却发生了东西向的偏转。北半球有冷空气的东北贸易风和热空气的西南贸易风，南半球有冷空气的东南贸易风和热空气的西北贸易风。

5）天体引潮力

引潮力是日、月等天体对地球的引力以及它们之间作相对运动时所产生的其他的力共同合成的一种力，它能引起海面的升降与海水在水平方向的周期性流动。关于引潮力的确切定义、产生的机理及其解析表达式等，将在第7章详细介绍。

这里只简单的把引潮力用其引潮力势表达为

$$F_T = -\nabla\varphi_T \tag{5.20}$$

式中：φ_T 为引潮力势。

另外，引起海水运动的力还有来自火山爆发和地震等。在讨论海水的不同运动形式时，经常从实际情况出发对方程加以简化，以便求解。

4. 海水运动方程的矢量形式

通过以上分析，回到牛顿第二运动定律，可以得到海水运动方程。

（1）单位质量海水微团的运动方程矢量形式：

$$\frac{\mathrm{d}\vec{V}}{\mathrm{d}t} = \sum_i \vec{F}_i - 2\vec{\Omega} \times \vec{V} + \Omega^2 \vec{R}$$

$$= \vec{G} + \Omega^2 \vec{R} - 2\vec{\Omega} \times \vec{V} - \frac{1}{\rho}\nabla p + \gamma \Delta \vec{V} - \nabla \varphi_T \quad (5.21)$$

（2）重力：

$$\vec{g} = \vec{G} + \Omega^2 \vec{R} \quad (5.22)$$

海水运动方程的向量形式为

$$\frac{\mathrm{d}\vec{V}}{\mathrm{d}t} = \vec{g} - 2\vec{\Omega} \times \vec{V} - \frac{1}{\rho}\nabla P + \gamma \Delta \vec{V} - \nabla \varphi_T \quad (5.23)$$

海水微团受到的外力还可以按照引起海水运动的力和海水运动后派生的力进行分类。主要看方程中是否有含有速度，如果没有就是引起海水运动的力，如果有就是海水运动后派生的力。这样可知：引起海水运动：重力、天体引潮力和压强梯度力；海水运动后派生的黏性摩擦力，科氏力。

5. 海水运动方程的标量形式

建立在地球上的坐标系，当然用球坐标系比较方便，但是球坐标系中公式复杂，不利于分析计算。当我们研究的区域不太大时，还是愿意用熟悉的笛卡儿坐标系。这个笛卡儿坐标系称为局地笛卡儿坐标系，原点取在指定地点的海平面，x 轴指向正东，y 轴指向正北，z 轴指向天顶（垂直地面）。把海水运动方程的向量形式在局地直角坐标系下展开成标量形式，得到

$$\begin{cases} \dfrac{\mathrm{d}u}{\mathrm{d}t} = -\dfrac{1}{\rho}\dfrac{\partial p}{\partial x} + fv - \tilde{f}w + \gamma \Delta u - \dfrac{\partial \varphi_T}{\partial x} \\ \dfrac{\mathrm{d}v}{\mathrm{d}t} = -\dfrac{1}{\rho}\dfrac{\partial p}{\partial y} - fu + \gamma \Delta v - \dfrac{\partial \varphi_T}{\partial y} \\ \dfrac{\mathrm{d}w}{\mathrm{d}t} = -\dfrac{1}{\rho}\dfrac{\partial p}{\partial z} + \tilde{f}u - g + \gamma \Delta w - \dfrac{\partial \varphi_T}{\partial z} \end{cases} \quad (5.24)$$

式（5.24）左侧，对速度分量 $u(x,y,z,t)$ 求全微分，在笛卡儿坐标系下，有

$$\frac{\mathrm{d}}{\mathrm{d}t} = \frac{\partial}{\partial t} + (\vec{V} \cdot \nabla) = \frac{\partial}{\partial t} + u\frac{\partial}{\partial x} + v\frac{\partial}{\partial y} + w\frac{\partial}{\partial z} \quad (5.25)$$

和

$$\frac{\mathrm{d}u}{\mathrm{d}t} = \frac{\partial u}{\partial t} + (\vec{V} \cdot \nabla u) = \frac{\partial u}{\partial t} + u\frac{\partial u}{\partial x} + v\frac{\partial u}{\partial y} + w\frac{\partial u}{\partial z} \quad (5.26)$$

5.1.3 连续方程

所谓连续方程实质上是物理学中的质量守恒定律在流体中的应用，即流体在

运动过程中，它的总质量既不会自行产生，也不会自行消失。由此导出连续方程。

在海洋动力学研究中，常把海水作为不可压缩流体处理，即在流动过程中海水微团的形状可以变化，但体积不会发生改变，从而海水的密度（质量）不会发生变化，即满足 $d\rho/dt = 0$，因而对于均匀不可压缩海水，连续方程简化为

$$\nabla \cdot \vec{V} = \frac{\partial u}{\partial x} + \frac{\partial v}{\partial y} + \frac{\partial w}{\partial z} = 0 \tag{5.27}$$

式（5.27）已与流体的密度（质量）无关，因此也称为体积连续方程。

海水的真实运动规律是十分复杂的，实际工作中，人们往往采取各种近似或假定，对各种条件加以简化，从不同角度分别对海水运动情况进行讨论，从而阐明海水运动的基本规律。

5.2 海流概述

海洋中处处发生着流动。海流是海水大规模的、具有相对稳定速度的、非周期性的定向流动，是海水重要的普遍运动形式之一。海流的流量很大，如我国东部海域海流黑潮的流量是长江流量的 250 倍，随便一支小的海流流量都要比大江大河流量大。

海流一般是三维的，即不但水平方向流动，而且在铅直方向上也存在流动，当然，由于海洋的水平尺度（数百至数千千米甚至上万千米）远远大于其铅直尺度，因此水平方向的流动远比铅直方向上的流动强得多。尽管后者相当微弱，但它在海洋学中却有其特殊的重要性。习惯上常把海流的水平运动分量狭义地称为海流，而其铅直分量单独命名为上升流和下降流。

表层以下的海洋同样存在着流动，具体表现为全球海洋输送带的形式。深层海流以下沉水为主要动力，流动方向主要受海底地形的影响，流量与风生环流相当；流速慢，1000 年为周期。虽然流速慢但是表层以下深度大，表层流动一般 200~300m，最深不过 500~600m，和大洋深度相比太小了。

5.2.1 成因

海流形成的原因很多，但归纳起来不外乎两种。

第一种原因是海面上的风力驱动，称为形成风生海流。由于海水运动中黏性对动量的消耗，这种流动随深度的增大而减弱，直至小到可以忽略，其所涉及的深度通常只为几百米，相对于几千米深的大洋而言是一薄层。风海流能够影响的深度，一般称为摩擦深度或埃克曼深度。

第二种原因是海水的温盐变化。因为海水密度的分布与变化直接受温、盐的支配，而密度的分布又决定了海洋压力场的结构。实际海洋中的等压面往往是倾斜的，即等压面与等势面并不一致，这就产生水平方向上的压强梯度力，从而导致了海流的形成。海洋深层水的运动，主要是密度流，同样密度流也构成垂向的环流，称为热盐环流。

另外海面上的增密效应又可直接地引起海水在铅直方向上的运动。海流形成之后，由于海水的连续性，在海水产生辐散或辐聚的地方，将导致升、降流的形成。

5.2.2 分类

常见的基本流动，有漂流、地转流、上升流、惯性流等。漂流发生在海洋表面和海底；地转流发生在海洋中间，海洋处于平衡时的运动；上升流沟通海洋不同水层；惯性流在海洋中随处可见，流动方向随时间改变，周期随纬度变化。地转流和风生漂流的具体情况后面将详细介绍。

为了讨论方便起见，也可根据海水受力情况及其成因等，从不同角度对海流分类和命名。例如，由风引起的海流称为风海流或漂流，由温盐变化引起的称为热盐环流；从受力情况分又有地转流、惯性流等称谓；考虑发生的区域不同又有洋流、陆架流、赤道流、东西边界流等。

按受力分：地转流、惯性流；

按成因分：风海流或漂流、热盐环流；

按发生区域：海流、赤道流、陆架流、东西边界流等；

按运动方向：水平补偿流、垂直补偿流，垂直补偿流又分为上升流和下降流。

按海流温度与周围海水温度差异分：水温低于流经海域水温的称为寒流，高于流经海域水温的称为暖流。

潮流：海洋潮汐涨落形成的周期性水平流动。

5.2.3 表示方法

描述海水运动的方法有两种：拉格朗日方法和欧拉方法。前者是跟踪水质点以描述它的时空变化，这种方法实现起来比较困难，但近代用漂流瓶以及中性浮子等追踪流迹，可近似地了解流的变化规律。

通常多用欧拉方法来测量和描述海流，即在海洋中某些站点同时对海流进行观测，依测量结果，用矢量表示海流的速度大小和方向，绘制流线图来描述流场中速度的分布。如果流场不随时间而变化，那么流线也就代表了水质点的运动轨迹。

海流是矢量，包括流速和流向。海流流速的单位，按 SI 单位制为 m/s，此外常用单位还有 Kn，1Kn=0.5144m/s；海流流向以地理方位角表示，指海水流去的方向。向北为 0°，向东为 90°，向南为 180°，向西为 270°。绘制海流图时常用箭矢符号，矢长度表示流速大小，箭头方向表示流向。

5.3 地 转 流

地转流是主要发生在大洋中部的一种准水平的定常流动，是水平压强梯度力和水平科氏力平衡的产物。地转流中，在垂直方向上的运动远小于水平方向的运动，基本可以忽略。在垂直方向上，垂向压强梯度力和重力的保持平衡，即准静力近似。在大气中，同样具有这样的地转平衡，称为地转风。

5.3.1 概念及形成机制

地转流是全球大洋尺度的运动，这种大尺度运动需要考虑科氏力的作用。当海水在水平方向上存在压强差异时，在水平压强梯度力的作用下，海水将沿受力的方向产生运动。海水运动后，具有了速度，科氏力便相应产生，并开始起作用。科氏力与运动方向垂直，不改变运动速度大小，但不断改变海水流动的方向，直至水平压强梯度力与科氏力大小相等、方向相反取得平衡，这时海水的流动便达到稳定状态。

如图 5-3 所示，中心为高压，由中心向四周存在水平压强梯度力 F_g，达到稳定状态后，在北半球，形成顺时针旋转地转流，此时科氏力 F_c 与水平压强梯度力 F_g 取得平衡。

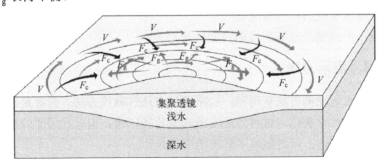

图 5-3 北半球顺时针旋转地转流

若不考虑海水的湍流应力和其他能够影响海水流动的因素，则这种水平压强梯度力与科氏力取得平衡的定常流动，称为地转流。

形成地转流的初始动力是水平方向上的压力差异。通常，海水中某一点的压力可由下式确定：

$$p = p_0 + \rho g h \tag{5.28}$$

式中：p 是海水中某一点的压强；p_0 是大气压强；ρ 是海水密度；h 是海水水柱高度。若是由于 ρ 的水平分布不均匀，引起水平压强差异，而产生的地转流，称为梯度流或密度流；若是由于 p_0 或 h 的水平分布不均匀，引起的地转流称为倾斜流；两者同为地转流，但是在特点上有所不同。

5.3.2 假设及方程简化

1. 假设条件

研究地转流时，一般有下列假设条件。
（1）海洋深且宽广，远离海岸和海底，也就是研究区域主要在大洋的中部；
（2）不考虑海面风的作用；
（3）大尺度运动，地转流需要考虑地转偏向力；
（4）定常运动。

以上假设条件，可以进一步解释如下：

条件（1）是说明地转流通常发生的区域是远离海岸和海底的大洋中部。

条件（2）指海面动力边界条件中，不考虑风应力的作用。通常，海面是有风作用的，并且会在海洋上层几百米的深度内产生风海流，其下再是地转流。

条件（3）指出地转流的运动尺度大，通常在几百到数千千米，这种尺度的运动，地转偏向力必须要考虑。

条件（4）是说明研究的是地转流进入稳定状态后的特征，此时运动速度不随时间变化，称为定常运动。

2. 方程简化

1）水平面海水湍流运动方程

完整的水平面海水湍流运动方程：

$$\begin{cases} \dfrac{\partial \bar{u}}{\partial t} + \bar{u}\dfrac{\partial \bar{u}}{\partial x} + \bar{v}\dfrac{\partial \bar{u}}{\partial y} + \bar{w}\dfrac{\partial \bar{u}}{\partial z} - f\cdot\bar{v} + \tilde{f}\cdot\bar{w} \\ = -\dfrac{1}{\rho}\dfrac{\partial \bar{p}}{\partial x} - \dfrac{\partial \bar{\Omega}}{\partial x} + \nu\Delta\bar{u} + \dfrac{\partial}{\partial x}\left(A_{xx}\dfrac{\partial \bar{u}}{\partial x}\right) + \dfrac{\partial}{\partial y}\left(A_{xy}\dfrac{\partial \bar{u}}{\partial y}\right) + \dfrac{\partial}{\partial z}\left(A_{xz}\dfrac{\partial \bar{u}}{\partial z}\right) \\ \dfrac{\partial \bar{v}}{\partial t} + \bar{u}\dfrac{\partial \bar{v}}{\partial x} + \bar{v}\dfrac{\partial \bar{v}}{\partial y} + \bar{w}\dfrac{\partial \bar{v}}{\partial z} + f\cdot\bar{u} \\ = -\dfrac{1}{\rho}\dfrac{\partial \bar{p}}{\partial y} - \dfrac{\partial \bar{\Omega}}{\partial y} + \nu\Delta\bar{v} + \dfrac{\partial}{\partial x}\left(A_{yx}\dfrac{\partial \bar{v}}{\partial x}\right) + \dfrac{\partial}{\partial y}\left(A_{yy}\dfrac{\partial \bar{v}}{\partial y}\right) + \dfrac{\partial}{\partial z}\left(A_{yz}\dfrac{\partial \bar{v}}{\partial z}\right) \end{cases} \tag{5.29}$$

相比与 5.1 节中的层流运动方程，湍流运动方程主要有两个变化。

（1）湍流运动方程中的物理量，如三个方向的速度，不再是某一瞬时状态的物理量，而是指时间平均后的物理量。

（2）湍流运动方程中增加了湍流摩擦力项，该项的形式与分子摩擦力相同，但是用湍流黏度取代了分子黏度。

2）方程简化

根据假设条件，对方程进行化简。

（1）由于垂向运动与水平运动相比太小，因此忽略了垂直面的运动，同时 $-\tilde{f}w$ 也可以忽略。

（2）由于不考虑潮汐问题，天体引潮力可以忽略。

（3）由于运动是定常稳定的运动，则式（5.29）左边惯性项为 0，罗斯贝数远小于 1。

（4）由于是大尺度运动，水平和垂直埃克曼数远小于 1，因此可以忽略分子黏性摩擦力和湍流摩擦力。

经过以上的化简后，得到了地转方程：

$$\begin{cases} 0 = -\dfrac{1}{\rho}\dfrac{\partial p}{\partial x} + fv & (1) \\ 0 = -\dfrac{1}{\rho}\dfrac{\partial p}{\partial y} - fu & (2) \end{cases} \quad (5.30)$$

注意，为了方便，不再在物理量上添加平均符号，但是这里的物理量都是时间平均的。

5.3.3 运动方程求解及特点

由内压场导致的地转流，一般随深度的增加流速逐步减小，直到等压面与等势面平行的深度上流速为零；其流向也不尽相同，称为梯度流或密度流。

由外压场导致的地转流，自表层至海底（除海底摩擦层外），流速流向相同，称其为倾斜流。

内压场引起的等压面倾斜主要体现在海洋的上层，随深度增加而减小。外压场引起的等压面倾斜则直达海底。

1. 梯度流方程求解

1）梯度流的速度

经过简单变形，由式（5.30）容易得到梯度流的速度：

$$\begin{cases} v = \dfrac{1}{f\rho}\dfrac{\partial p}{\partial x} & (3) \\ u = -\dfrac{1}{f\rho}\dfrac{\partial p}{\partial y} & (4) \end{cases} \quad (5.31)$$

由此可以看出，梯度流的速度特征如下：
（1）速度大小与压强梯度成正比；
（2）速度大小与科氏力成反比；
（3）地转关系在赤道处不成立（$f=0$），在赤道不存在地转流。

2）梯度流的流场

把地转流方程进行如下变形$(3)\times u-(4)\times v$，可得

$$u\dfrac{\partial p}{\partial x}+v\dfrac{\partial p}{\partial y}=0 \quad (5.32)$$

进一步可以改写成矢量形式：

$$\vec{V_H}\cdot\nabla_H p=0 \quad (5.33)$$

这就是说，水平速度矢量与水平压强梯度矢量的点乘为 0，那么两矢量互相垂直。

由此看出，梯度流流场具有以下特征。
（1）梯度流平行于等压线；
（2）在北半球，顺流的右端为高压；
（3）流速从表至底越来越小。

其实，进行相应的变形，还可以知道梯度流的流速也平行于等密度线、等温度线、等盐度线，在流动的右手边密度低、温度高、盐度低。在这里就不加推导，只给出结论。

2．倾斜流方程求解

对于倾斜流来说，海水密度为常数，大气压力为常数，主要因为海表面水位高度不同而产生。比如在江河的入海口，发生海水堆积，水位变高，或是其他原因导致水位的不均匀。

将坐标原点取在海表面，z 轴设为垂直向下为正方向。

海水的压强为 $p=p_0+\rho g(z-\xi)$，带入地转流方程式（5.30），得到

$$\begin{cases} 0 = g\dfrac{\partial \xi}{\partial x}+fv & (5) \\ 0 = g\dfrac{\partial \xi}{\partial y}-fu & (6) \end{cases} \quad (5.34)$$

式中：ξ 表示海面相对于海平面的起伏，随位置和时间变化。

把倾斜流方程进行如下变形 $(5)\times u+(6)\times v$，可得

$$u\frac{\partial \xi}{\partial x}+v\frac{\partial \xi}{\partial y}=0 \qquad (5.35)$$

进一步可以将式（5.35）改写成

$$\overline{V_H}\cdot \nabla_H \xi = 0 \qquad (5.36)$$

也就是说，水平速度矢量与水平水位梯度矢量的点乘为 0，那么两矢量互相垂直。

由此看出，梯度流流场具有以下特征。

（1）倾斜流平行于水位线；

（2）在北半球，顺流的右端为高水位；

（3）流速从表至底流速流向相同，等压面倾斜方向相同。

5.4 风 海 流

风是海洋表面流动的主要驱动力，接下来要讨论的风海流就是由风驱动的海洋表面产生的流动。风海流的理论推导主要是由埃克曼完成的，但却是南森（F. Nansen）首先发现这个现象。1902 年，南森在北极探险时，发现北冰洋中浮冰移动的方向和风吹的方向不同，之间有一个夹角，他认为这是由于地转效应引起的。后来，埃克曼于 1905 年给出了风海流的理论推导，同时，也解释了为什么风向和冰山移动的方向不一致的问题。人们在之后也把风生漂流称为埃克曼漂流。

埃克曼漂流根据海水的深度，又分为无限深海风海流和浅海风海流。本节重点介绍无限深海漂流及其特点。

5.4.1 无限深海风海流

1．假设条件

研究无限深海风海流时，一般有下列假设条件。

（1）海洋无限广阔，无限深，无侧边界效应；

（2）风仅沿 y 方向吹，且定常恒速、均匀；

（3）海水密度均匀；

（4）海面无升降；

（5）水平面大尺度运动，只考虑垂直涡动黏滞引起的水平方向的摩擦力；

（6）f 平面近似。

以上假设条件，可以进一步解释如下。

第5章 海 流

条件（1）是说明无限深海风海流通常发生的区域是远离海岸和海底的大洋中部上层。

条件（2）是说明海面风应力的作用仅沿 y 方向存在，并且设为常数。通常，海面是有风作用的，并且会在海洋上层几百米的深度内产生风海流，其下再是地转流。

条件（3）指海水的密度均匀，不考虑有密度分布不均匀引起的压强梯度力。

条件（4）说明也不用考虑由于水位分布不均匀引起的压强梯度力。

条件（5）指出在无限深海风海流的水平方向是大尺度运动，但是在垂直方向上只涉及海面几百米深度。因此垂直涡动引起的水平湍流摩擦力。

条件（6）是说在研究的海域范围内科氏力 f 为常数，不考虑其随纬度的变化。

2. 方程简化

对照湍流海水运动方程，根据假设条件，进行化简可得

$$\begin{cases} \dfrac{\partial \bar{u}}{\partial t}+\bar{u}\dfrac{\partial \bar{u}}{\partial x}+\bar{v}\dfrac{\partial \bar{u}}{\partial y}+\bar{w}\dfrac{\partial \bar{u}}{\partial z}-f\cdot\bar{v}+\tilde{f}\cdot\bar{w} \\ =-\dfrac{1}{\rho}\dfrac{\partial \bar{p}}{\partial x}-\dfrac{\partial \bar{\Omega}}{\partial x}+\nu\Delta\bar{u}+\dfrac{\partial}{\partial x}\left(A_{xx}\dfrac{\partial \bar{u}}{\partial x}\right)+\dfrac{\partial}{\partial y}\left(A_{xy}\dfrac{\partial \bar{u}}{\partial y}\right)+\dfrac{\partial}{\partial z}\left(A_{xz}\dfrac{\partial \bar{u}}{\partial z}\right) \\ \dfrac{\partial \bar{v}}{\partial t}+\bar{u}\dfrac{\partial \bar{v}}{\partial x}+\bar{v}\dfrac{\partial \bar{v}}{\partial y}+\bar{w}\dfrac{\partial \bar{v}}{\partial z}+f\cdot\bar{u} \\ =-\dfrac{1}{\rho}\dfrac{\partial \bar{p}}{\partial y}-\dfrac{\partial \bar{\Omega}}{\partial y}+\nu\Delta\bar{v}+\dfrac{\partial}{\partial x}\left(A_{yx}\dfrac{\partial \bar{v}}{\partial x}\right)+\dfrac{\partial}{\partial y}\left(A_{yy}\dfrac{\partial \bar{v}}{\partial y}\right)+\dfrac{\partial}{\partial z}\left(A_{yz}\dfrac{\partial \bar{v}}{\partial z}\right) \end{cases} \quad (5.37)$$

根据假设条件，对方程进行化简。

（1）由于垂向运动与水平运动相比太小，因此忽略了垂直面的运动，同时 $-\tilde{f}w$ 也可以忽略。

（2）由于流动稳定状态是定常的，等式左边的 $\partial \bar{u}/\partial t$ 和 $\partial \bar{v}/\partial t$ 为 0。

（3）由于不考虑潮汐问题，天体引潮力可以忽略。

（4）由于海水密度均匀，可以不考虑温度、盐度的变化以及密度分布不均匀引起的压强梯度力。

（5）由于海面无升降，则忽略水位分布不均匀引起的压强梯度力，再结合第（4）点可以忽略水平压强梯度力。

（6）由于是水平方向大尺度运动，可以忽略式（5.37）左边惯性项；

（7）分子摩擦和湍流摩擦相比可以忽略；由于水平方向是大尺度运动，而垂直方向不是大尺度运动，因此只考虑垂直涡动黏滞引起的摩擦力，并且认为垂直湍流黏度相等，记为 A_z。

经过以上的化简后，得到了无限深海漂流方程：

$$\begin{cases} -fv = A_z \dfrac{\partial^2 u}{\partial z^2} \\ fu = A_z \dfrac{\partial^2 v}{\partial z^2} \end{cases} \quad (5.38)$$

同地转流一样，为了方便，不再在物理量上添加平均符号（-），但是这里的物理量都是时间平均的。

选取左手坐标系，oxy 平面取在海平面上，y 轴正向与风方向一致，z 轴向下为正。

考虑海面和海底边界条件，注意 z 轴向下为正，得到

$$\begin{cases} z = 0 : \rho A_z \dfrac{\partial u}{\partial z} = 0, \rho A_z \dfrac{\partial v}{\partial z} = -\tau_y \\ z \to \infty : u = v = 0 \end{cases} \quad (5.39)$$

3．方程求解

为求解式（5.38），结合式（5.39），再引入复速度 W：

$$W = u + iv \quad (5.40)$$

式中：i 为虚数符号。

变形后，可以求得

$$W = \dfrac{\tau_y}{\sqrt{2}a\rho A_z} e^{-\frac{\pi}{D_0}z + i\left(\frac{\pi}{4} - \frac{\pi}{D_0}z\right)} \quad (5.41)$$

其分量形式为

$$\begin{cases} u = \dfrac{\tau_y}{\sqrt{2}a\rho A_z} e^{-\frac{\pi}{D_0}z} \cos\left(\dfrac{\pi}{4} - \dfrac{\pi}{D_0}z\right) \\ v = \dfrac{\tau_y}{\sqrt{2}a\rho A_z} e^{-\frac{\pi}{D_0}z} \sin\left(\dfrac{\pi}{4} - \dfrac{\pi}{D_0}z\right) \end{cases} \quad (5.42)$$

其中

$$a = \sqrt{\dfrac{\Omega \sin \varphi}{A_z}} \quad (5.43)$$

$$D_0 = \pi/a = \pi\sqrt{A_z/\Omega \sin \varphi} \quad (5.44)$$

式中：D_0 指摩擦深度，即海面风场可以影响到的深度。

4．方程解的讨论

关于无限深海风海流的解，可以开展如下讨论。

1）在 $z = 0$ 处

在海面处，$z = 0$，式（5.41）可写成

$$W_0 = \frac{\tau_y}{\sqrt{2}a\rho A_z}e^{i\frac{\pi}{4}} \tag{5.45}$$

（1）速度大小。在 $z=0$ 处，风海流速度的大小为

$$|W_0| = \frac{\tau_y}{\sqrt{2}a\rho A_z} \tag{5.46}$$

由此可见，速度的大小与风应力大小成正比。

（2）速度方向。速度方向与 x 轴成 $45°$，即与风向右偏 $45°$。

2）在任意深度处

（1）速度大小。在任意深度处，风海流速度的大小为

$$|W_z| = \frac{\tau_y}{\sqrt{2}a\rho A_z}e^{-\frac{\pi}{D_0}z} \tag{5.47}$$

注意，z 轴向下为正，说明流速大小随深度增加而呈指数形式减小。

（2）速度方向。速度方向与 x 轴夹角为

$$\alpha = \frac{\pi}{4} - \frac{\pi}{D_0}z \tag{5.48}$$

则表明流向随深度加大而向不断右偏。

3）在 $z=D_0$ 处

（1）速度大小。在 $z=D_0$ 处，风海流速度的大小为

$$|W_{D_0}| = \frac{\tau_y}{\sqrt{2}a\rho A_z}e^{-\pi} \tag{5.49}$$

与海面处速度大小比较：

$$|W_{D_0}|/|W_0| = e^{-\pi} = 4.3\% \tag{5.50}$$

即在深度 D_0 处，风海流流速量值仅为表面流速量值的 4.3%。因此，以深度 D_0 的范围作为无限深海风海流所及的范围，深度 D_0 称为"摩擦深度"。

（2）速度方向。速度方向与 x 轴夹角为

$$\alpha = -\frac{3\pi}{4} \tag{5.51}$$

此深度处流向与表面流向相反。

4）无限深海风海流的空间结构

无限深海风海流流动的空间结构，总结如下。

（1）表层流速最大，流向偏向风向的右方 $45°$；

（2）随深度增加，流速逐渐减小，流向逐渐右偏；

（3）至摩擦深度 D_0 处，流速是表面流速的 4.3%，流向与表面流向相反，可忽略；

（4）连接各层流速的矢量端点，构成埃克曼螺旋线（Ekman spiral），如图 5-4 所示。

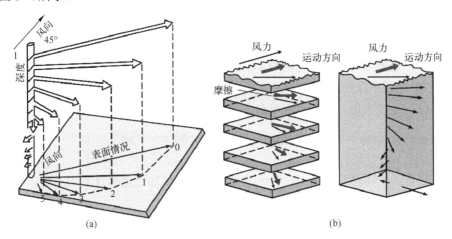

图 5-4 埃克曼螺旋和埃克曼螺旋线示意图

5.4.2 浅海风海流

实际海洋是有限深度的，特别在浅海中海底的摩擦作用必须考虑。这就导致了有限深海漂流与无限深海漂流结构上的差异。图 5-5 给出了不同水深情况下风海流矢量在平面上的投影。

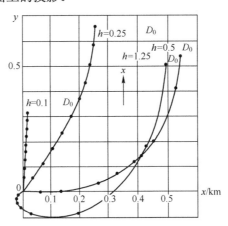

图 5-5 不同水深的埃克曼螺旋线示意图（在平面上投影）

可以看出来，水深越浅，从上层到下层的流速矢量越是趋近风矢量的方向。表 5-1 表示流矢量与风矢量夹角 β 与水深 h 同摩擦深度 D_0 之比值的关系。当 $h/D_0 > 0.5$ 时，则与无限深海的情况相似。理论计算表明，当 $h/D_0 \geqslant 2$ （相对摩擦深度）时，则可作为无限深海的情况处理。

表 5-1　偏向角 β 与 h/D 的关系

h/D	0.25	0.5	0.75	1
β	21.5°	45°	45°	45°

5.4.3　风海流的体积输运和副效应

1．风海流的体积输运

虽然由风引起海水流动的速度大小和方向各层都不相同，但自表面至流动消失处的海水总运输量可由下列积分计算。风海流的速度分布于体积输运的关系，如图 5-6 所示。

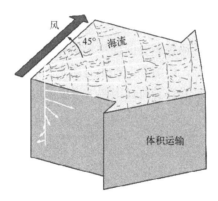

图 5-6　无线深风海流与体积输运

风海流产生的体积输运就是对海流速度进行垂向积分：

$$S = \int_0^\infty W \mathrm{d}z = \int_0^\infty \frac{\tau_y}{\sqrt{2}a\rho A_z} e^{-\frac{\pi}{D_0}z + i\left(\frac{\pi}{4} - \frac{\pi}{D_0}z\right)} \mathrm{d}z = \frac{\tau_y}{\sqrt{2}a\rho A_z} e^{i\frac{\pi}{4}} \int_0^\infty e^{-\frac{\pi}{D_0}(1+i)z} \mathrm{d}z$$

$$= \frac{\tau_y}{\sqrt{2}a\rho A_z} e^{i\frac{\pi}{4}} \left(-\frac{D_0}{\pi}\frac{1}{1+i}\right) \cdot e^{-\frac{\pi}{D_0}(1+i)z} \bigg|_0^\infty = \frac{\tau_y}{\sqrt{2}a\rho A_z} e^{i\frac{\pi}{4}} \frac{D_0}{\pi}\frac{1}{1+i} \quad (5.52)$$

$$= \frac{\tau_y}{f\rho} + i*0$$

式（5.52）说明，无限深海漂流的体积运输只在 x 方向上存在，也就是说，在北半球海水的体积运输方向与风矢量垂直,且指向右方。在南半球则相反,指向风矢量的左方。

同理,对浅海风海流进行研究,可知浅海风海流存在岸、底摩擦,在 x、y 方向都有输送。其运输方向偏离风矢量的角度小于 $90°$,且水深越浅,偏角越小。

2. 风海流的副效应

上升流是指海水从深层向上涌升,下降流是指海水自上层下沉的铅直向流动。

实际的海洋是有界的,且风场也并非均匀与稳定。因此,风海流的体积运输必然导致海水在某些海域或岸边发生辐散或辐聚。由于连续性,就必然引起海水在这些区域产生上升或下沉运动,继而改变了海洋的密度场和压力场的结构,从而派成出其他的流动。此为风海流的副效应。

1)沿岸风引起的升降流

由无限深海风海流的体积运输可知,与岸平行的风能导致岸边海水最大的辐聚或辐散,从而引起表层海水的下沉或下层海水的涌升。而与岸垂直的风则不能。当然对浅海而言或者与岸线成一定角度的风,其与岸线平行的分量也可引起类似的运动。例如,秘鲁和美国加里福尼亚沿岸分别为强劲的东南信风与东北信风,如图 5-7 所示,沿海岸向赤道方向吹,由于漂流的体积运输使海水离岸而去,因此下层海水涌升到海洋上层,形成了世界上有名的上升流区。

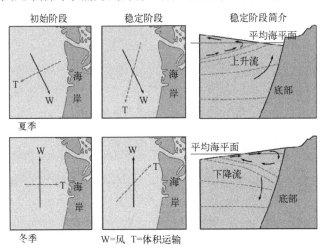

图 5-7 北美西北海岸的夏季和冬季沿岸风引起的升降流

又如,非洲西北沿岸及索马里沿岸(西南季风期间),由于同样原因,都存在着上升流。上升流一般来自海面下200～300m的深度，上升速度十分缓慢，通常为10^{-5}量级（m/s），自20世纪60年代开始，直接采用铅直海流计测量的结果，所得流速要大些。尽管上升流速很小，但由于它的常年存在，将营养盐不断地带到海洋表层，有利于生物繁殖。所以上升流区往往是有名的渔场，如秘鲁近岸就是世界有名的渔场之一。

2）气旋与反气旋引起的升降流

气旋风场中的上升流产生的模式。如图5-8所示，下沉气流近地表时向外侧流出，受科氏力影响形成高压之反气旋型环流（A），上升气流在近地表处为向内侧流入，受科氏力影响形成低压之气旋型环流（B）。（A）中的反气旋型环流引起海水向内辐聚，产生下降流；（B）中的气旋型环流引起海水向外辐散，产生上升流。例如，台风（热带气旋）经过的海域的确观测到"冷尾迹"，即由于下层低温水上升到海面而导致的降温。

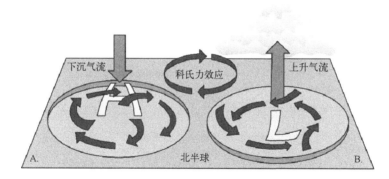

图 5-8　上升和下沉气流引起地表气旋和反气旋

3）不均匀风场引起辐散、辐聚

大洋中由于风场的不均匀性，导致海水输运的不均匀，引起了海水的辐聚和辐散，也可产生升降流。表层海水的辐散与辐聚与风应力的水平涡度有关，其关系为

$$散度（海水辐散）= \frac{\partial \tau_y}{\partial x} - \frac{\partial \tau_x}{\partial y} \tag{5.53}$$

当散度为正值时，海水辐散，产生上升流；当散度为负值时，海水辐聚，产生下降流。

在不均匀风场中，漂流体积运输不均所产生的表层海水辐散与辐聚，以及气旋风场中上升流的产生如图5-9所示。

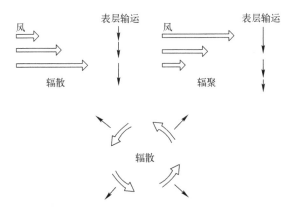

图 5-9 北半球不均匀风场中表层辐散辐聚与气旋式风场中的上升流

4）赤道附近海域辐散上升流

在赤道附近海域,如图 5-10 所示,由于信风跨越赤道,所以在赤道两侧所引起的海水体积运输方向相反而离开赤道,从而引起赤道表层海水的辐散,形成上升流。

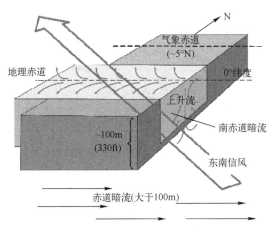

图 5-10 赤道附近海域辐散形成上升流

5.5 世界大洋环流

正如本章开头所述,整个世界大洋都存在海流,并且其时空变化是连续的,通过它们把世界大洋有机地联系在一起。那么世界大洋环流是怎样产生的?其基本特征又是怎样的?以下将简要加以介绍。

大洋表层的流动构成了大洋的风生环流系统。海洋中的流动都是呈现环形的。可以想象,一支海流,流动出发的地方海水少了,流动到达的地方海水多了,那么出发的地方需要海流来补充,到达的地方应有海流流走。因此,海流一般都是以环流的形式存在。世界大洋有十个大的流环,具体情况后面再介绍。

5.5.1 海洋表层环流的地理分布

世界大洋上层环流的总特征可以用风生环流理论加以解释,如图 5-11 所示。

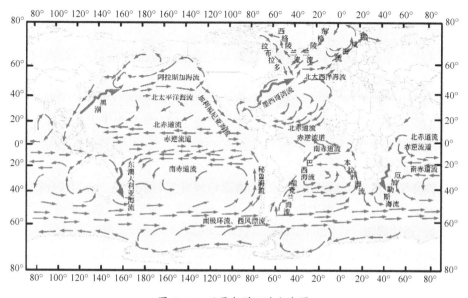

图 5-11 世界大洋环流分布图

太平洋和大西洋的环流型有相似之处。

(1)在南北半球都存在一个与副热带高压对应的巨大反气旋式大环流(北半球为顺时针,南半球为逆时针方向);

(2)在它们之间是赤道逆流;

(3)两大洋北半球的西边界流(在大西洋称为湾流,太平洋称为黑潮)都非常强大,而南半球的西边界流则较弱;

(4)在主旋涡北部有一小型气旋式环流。

印度洋南部的环流型,在总的特征上与南太平洋和南大西洋的环流型相似,而北部则为季风型环流,冬夏两半年环流方向相反。在南半球的高纬度海区,与西风带相对应为一支强大的自西向东绕极流,称为西风漂流,在靠近南极大陆沿岸尚存在一支自东向西的绕极风生流。

1. 赤道流系

1）南、北赤道流

对应信风带，亦称信风流。南北不对称，夏季北赤道流在 10°N 到 20°N～25°N 之间，南 3°N～10°S 之间。冬季稍偏南。赤道流自东向西逐渐加强。

2）赤道流系特征

自东向西逐渐加强，局限在表面以下到 100～300m 的上层，平均流速 0.25～0.75m/s。下部有强大的温跃层存在，跃层以上温暖高盐的表层水。溶解氧含量高，营养盐低。赤道流是高温、高盐、高水色及透明度大为特征的流系。

3）印度洋赤道流系及特征

主要受季风控制。11 月至翌年 3 月盛行东北季风，5—9 月盛行西南季风。

4）赤道逆流

对应赤道无风带，平均位置在 3°N～10°N 之间。逆流区有充沛的降水，相对赤道流具有高温、低盐特征。它与北赤道流之间存在辐散上升运动，水色和透明度也相对降低。

5）赤道潜流

南赤道流区下方温跃层内，与赤道流相反自西向东的流，成带状分布，厚约 200m，宽 300km，最大流速达 1.5m/s。流轴常与温跃层一致，向东变浅。

2. 西边界流

上层西边界流是指大洋西侧沿大陆坡从低纬向高纬的强流。有太平洋黑潮和东澳流，大西洋湾流和巴西流，印度洋莫桑比克流。是反气旋环流的一部分，是赤道流的延续。与近岸水相比，具有高温、高盐、高水色和透明度大等特征。北强南弱。

1）湾流

湾流在海面上的宽度为 100～150km，表层最大流速可达 2.5m/s，最大流速偏于流轴左方，沿途流量不断增大，影响深度可达海底；湾流两侧有自北向南的逆流存在。

湾流方向的左侧是高密的冷海水，右侧为低密而温暖的海水，其水平温度梯度高达 10℃/20km。等密线的倾斜直达 2000m 以下，说明在该深度内地转流性质仍明显存在。观测表明在湾流的前进途中，绝大部分区域一直渗达海底。湾流的运动事实上处于地转平衡占优势状态。

湾流离开哈特拉斯角后，流幅稍有变宽，且常出现弯曲现象，并逐渐发展，当流轴弯曲足够大时，往往与主流分离，在南侧形成气旋式冷涡，在北侧则形成反气旋式暖涡，如图 5-12 所示。其空间尺度特征为数百千米。这些涡有时可能存在几年。涡形成之后沿湾流相反方向移动，有人曾跟踪过一个涡，经过 22 个月之后，似乎又并入湾流中去了。

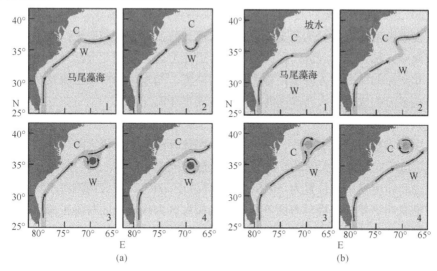

图 5-12 湾流中的冷涡和暖涡

2）黑潮

与湾流相似，黑潮是北太平洋的一支西边界流，它是北太平洋赤道流的延续，因此仍存在着北赤道流的水文特征。

黑潮与湾流相似，也是一支斜压性很强的海流，同样处在准地转平衡中。强流带宽约 75～90km，两侧水位相差 1m 左右。影响深度达 1000m 以下，两侧也有逆流存在，在日本南部流速最大可达 1.5～2.0m/s。东海黑潮流速一般 3 月最强，11 月最弱。

西边界流每年向高纬区输送热量，约同暖气团向高纬输送的热量相等，这对高纬的海况和气候产生巨大的影响。

3. 西风漂流

与南北半球盛行西风带相对应的是自西向东的强盛的西风漂流，即北太平洋流、北大西洋流和南半球的南极绕极流，它们分别是南北半球反气旋式大环流的组成部分。其界限是：向极地一侧以极地冰区为界，向赤道一侧到副热带辐聚区为止。其共同特点是：在西风漂流区内存在着明显的温度经线方向梯度，这一梯度明显的区域称为大洋极锋。极锋两侧的水文和气候状况有明显差异。

1）北太平洋漂流

黑潮的延续体。在北美沿岸附近分为两支：向南一支称为加利福尼亚流，汇于赤道流；向北一支称为阿拉斯加流，它与阿流申流汇合，连同亚洲沿岸南下的亲潮共同构成北太平洋高纬海区气旋式小环流。

2）北大西洋漂流

在欧洲沿岸附近分为三支，中支进入挪威海，称为挪威海流；南支沿欧洲海岸向南，称为加那利流，在向南与北赤道流汇合，构成北大西洋反气旋式环流；北支流向冰岛南方海域，称为伊尔明格流，与东、西格陵兰流及北美沿岸拉布拉多流构成。北大西洋高纬海区气旋式小环流。

3）南极绕极流

由于南极海域连成一片，南半球西风飘流环绕整个南极大陆，是一支自表至底、自西向东的强大流动，其上部是漂流，下部为地转流。南极锋位于其中，大西洋和印度洋平均位置为 50°S，太平洋位于 60°S。极锋两侧海水特性、气候特征有明显差异。极地海区干冷、亚南极海区为极地气团与温带海洋气团轮流控制，季节性明显。

4）南极辐聚带

风场分布不均，低温、低盐、高溶解氧的表层水在极锋向极一侧辐聚下沉。南极绕极流在太平洋东岸向北分支为秘鲁流，大西洋本格拉流，印度洋西澳流。分别在各大洋中向北汇入南赤道流，如图 5-13 所示。

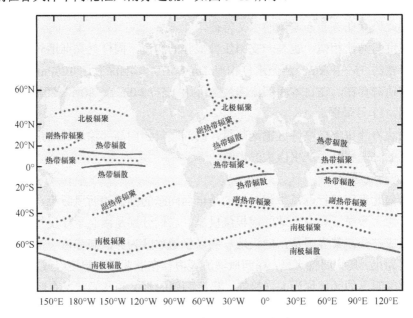

图 5-13　大洋表层幅聚和幅散带

5)"咆哮 45°"或"咆哮好望角"

在南北半球西风漂流区内,存在着频繁的气旋活动,降水量较多,海况恶劣。特别南半球的冬季,风与浪更大。

4. 东边界流

大洋东边界流有太平洋的加利福尼亚流、秘鲁流,大西洋的加那利流、本格拉流,印度洋的西澳流。由于它们从高纬流向低纬,因此都是都是寒流,同时都处在大洋东边界,所以称为东边界流。与西边界流相比较,它们的流幅宽、流速小、影响深度浅,水色低、透明度小。上升流是东边界流海区的一个重要水温特征。前已提及上升流区往往是良好渔场。

原因:信风常年沿岸吹,风速分布不均,近岸小,海面大,海水离岸运动。另外,来自高纬海区的寒流,形成大气冷下垫面,上层大气层结稳定,有利海雾形成,因此干旱少雨。与西边界流区具有气候温暖、雨量充沛的特点形成明显的差异。

5. 极地环流

极地海区的共同特点是:几乎终年或大多数时间由冰覆盖,结冰与融冰过程导致全年水温与盐度较低,形成低温低盐的表层水。

1)北冰洋中的环流

从大西洋进入的挪威流及一些沿岸流。加拿大海盆为一巨大反气旋式环流,从楚奇科海穿越北极到达格陵兰海,部分西折,部分汇入东格陵兰流,把大量的浮冰携带进入大西洋,估计每年 $10000km^3$,其他多为一些小型气旋式环流。

2)南极海区环流

南极大陆边缘一个很窄范围内,极地东风作用,形成一支自东向西绕南极大陆边缘的小环流,称为极地东风环流。与南极绕极流间,形成南极辐散带。与南极大陆间形成海水沿陆架的辐聚下沉,即南极大陆辐聚区,亦是南极陆架表层海水下沉的动力学原因。

6. 副热带辐聚区

在南北半球反气旋式大环流的中间海域,流向不定,因季节变化分别受西风漂流与赤道流的影响,一般流速甚小。由于它在反气旋式大环流中心,表层海水辐聚下沉称为副热带辐聚区。把大洋表层盐度最大、溶解氧含量高的温暖水带到表层以下,形成次表层水。

副热带逆流:该区内的天气干燥晴朗,风力微弱,海面较平静。海水辐聚下沉,悬浮物少,具有世界上最高的水色和最大透明度,"海洋沙漠"。

7. 世界大洋上层的铅直向环流

世界大洋上层铅直向环流赤道海区，海水输运有南北分量，导致海水的辐聚下沉与辐散上升运动，由于连续性，在一定深度上形成了经向的次级小环流。所处深度较浅，在50～100m之间变化。使赤道海区表面的热量和淡水盈余向高纬方输送，部分调节了热盐的分布况。

5.5.2 大洋水团

1．水团、水型和水系

1）水团

源地和形成机制相近，具有相对均匀的物理、化学和生物特征及大体一致的变化趋势，与周围海水存在明显差异的宏大水体。"内同性""外异性"长期来把温盐特性作为分析水团的主要指标温盐图解判定水团的数目。

2）水团的核心

有一部分水体是该水团典型特征的代表，即为核心。核心位置的变动反映水团位置变动的趋向。

3）水团的强度

描述水团增强减弱的情况，两种强度指水团占据的空间范围特征水平，如高温水团，升温增强，低温水团，升温减弱。

4）边界与混合区

兼备内同性与外异性的这部分水体的外包络面，"域""过渡区""混合区"。

5）混合带

大面图上，"海洋锋"；断面图上称"过渡层""跃层"。

6）水型

性质完全相同的水体元的集合。

7）水系

符合一个给定条件的水团的集合。即只考虑一种性质相近即可，"沿岸水系""外海水系""暖水系""冷水系"。

2．大洋水团

世界大洋中存在着五个基本水层，即大洋暖水区的表层水，次表层水；大洋冷水区中的中层水、深层水和底层水，如图5-14所示。如果按其温、盐等理化特性和源地作为条件，可在第一层等级把五层水视为五个水团。

（1）表层水：具有高温、相对低盐特征，其源地就是低纬度海区密度最小的表层暖水。

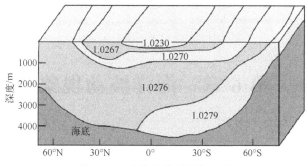

图 5-14 世界大洋的基本水团

（2）次表层水：具有独特的高盐特征和相对高温，它是由副热辐聚区表层海水下沉形成的，其下界为主温跃层，南北范围在南北极锋之间。

（3）中层水：具有低盐特征，是西风漂流中的辐聚区表层海水下沉而形成。其深度约在 1000~2000m 的范围内。但地中海，红海—波斯湾水是高盐的。

（4）深层水：北大西洋上部但在表层以下深度上是它的源地，因此贫氧是其主要特征。其深度约在 2000~4000m 的范围内。

（5）底层水：源于极地海区，具有最大密度特征。

（6）海洋锋和中尺度涡

海洋锋：一般是指性质明显不同的两种或几种水体之间的狭窄过渡带。狭义而言，有人将其定义为水团之间的边界线。广义而言，可泛指任一种海洋环境参数的跃变带。

中尺度涡：自 20 世纪 70 年代以来，海洋科学工作者相继在各大洋发现了一种水平尺度约为 100~500km，时间尺度约为 20~200 d 的流涡，它们广泛地寄居于总的大洋环流之中，且以 $(1\sim5)\times10^{-2}$m/s 的速度移动，这些流涡称为"中尺度涡"。

习题和思考题

1．海水微团受到哪些力的作用？
2．为什么只有在研究大尺度问题是才需要考虑科氏力？
3．简述地转流的形成机制。
4．请分析无限深海漂流的解，随深度的变化规律。
5．请解释台风的"冷尾迹"产生的原因。
6．简述世界大洋环流的主要特征。

第6章 海洋波动现象

海洋波动是海水重要的运动形式之一,以多种形式存在。海洋波动共同的基本特征:在外力作用下,水质点离开其平衡位置作周期性或准周期性的运动。运动随时间与空间的周期变化为波动的主要特征。实际海洋中的波动是一种十分复杂的现象,严格来说不是真正的周期性变化。近似把海洋波动看作是简单波动(正弦波)或简单波动的叠加。本章我们主要介绍海浪和海洋内波的基本概念,主要特征,形成机理和传播变形中主要物理过程等方面的内容。

6.1 概　　述

6.1.1 海洋波动现象的类型

1. 根据成因

表面张力波(毛细波和重力波,图6-1):复原力以表面张力为主时称为毛细波或表面张力波,如风力很小时海面上出现微小邹曲的涟波就是毛细波,其周期常小于1s。

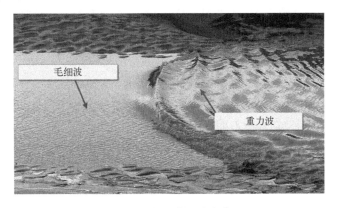

图6-1　毛细波和重力波

风浪（图6-2（a））：当地风产生，且一直处在风的作用之下的海面波动状态。风浪的特征往往波峰尖削，在海面上的分布很不规律，波峰线短，周期小，当风大时常常出现破碎现象，形成浪花。

涌浪（图6-2（b））：海面上由其他海区传来的或当地风力减小、平息，或风向改变后海面上遗留下的波动。涌浪的波面比较平坦，光滑，波峰线长，周期、波长都比较大，在海上比较规则。

(a) 风浪　　　　　　　　　　(b) 涌浪

图6-2　风浪和涌浪示意图

海啸（图6-3）：由海岸或海底地震造成海床垂直移动所产生的波浪，周期为5min到数小时。

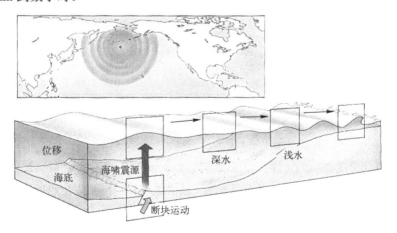

图6-3　由海底地震造成海啸示意图

潮波：由日、月引潮力引起的波浪，其周期为12~24h。

2. 根据水深与波长之比

深水波：水深与波长比大于1/2

浅水波：水深与波长比小于1/20

有限深水波：水深与波长比介于(1/20，1/2)之间

3．根据波形传播方式

前进波：外观波形以特定速度行进；

驻波：外观波形无明显之移动趋势，各点仅有水面上下起伏。

4．根据波动发生位置

表面波：发生在两种不同性质流体界面上的波动。

内波：当流体内部密度垂直分布呈现层化构造时，流体内部也会出现波动。

边缘波：波浪斜射边界，入射波与反射波相叠加形成沿着平行于边界方向传播的波形称之为边缘波。

6.1.2 波浪要素

当波浪经过一个固定的空间位置，会引起海面上下周期性振动，在理想情况下，这种周期性振动接近以时间为变量的正弦或余弦函数，如图 6-4 所示。取水深 h 为常数，x 轴位于静水面上，z 轴竖直向上为正。波浪在 $x-z$ 平面内运动。

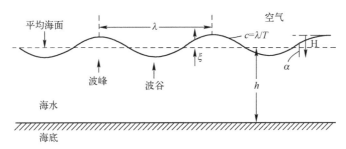

图 6-4 波浪要素示意图（重绘）

曲线的最高点称为波峰，曲线的最低点称为波谷，相邻两波峰（或波谷）之间的水平距离称为波长 λ，相邻两波峰（或者波谷）通过某固定点所经历的时间称为周期 T，显然，波形传播的速度 $C=\lambda/T$。从波峰到波谷之间的铅直距离称为波高 H，波高的一半 $a=H/2$ 称为振幅，是指水质点离开其平衡位置的向上（或向下）的最大铅直位移。波高与波长之比称为波陡，以 $\delta=H/\lambda$ 表示。

在笛卡儿坐标系中取海面为 xoy 平面，设波动沿 x 方向传播，波峰在 y 方向将形成一条线，该线称为波峰线，与波锋线垂直指向波浪传播方向的线称为波向线。

6.2 小振幅重力波

小振幅重力波指波动振幅相对波长为无限小,重力是其唯一外力的简单海面波动。

6.2.1 小振幅波波剖面方程和频散关系

1. 波剖面方程

取右手笛卡儿坐标系,z 轴向上为正,将 $x-y$ 平面放在海面上。设波动是二维的,只在 x 方向上传播,则波剖面方程可用下列正弦曲线表示:

$$\xi = a\sin(kx - \omega t) \tag{6.1}$$

式中:ξ 为波面相对于平均水面的铅直位移;a 为波幅;波数 $k = 2\pi/\lambda$;波浪圆频率 $\omega = 2\pi/T$;相速度(波形传播速度)$c = \lambda/T = \omega/k$;波长为 λ;波浪周期 T。

2. 频散关系

当水深为 h 时,波数和圆频率之间满足关系式:

$$\omega^2 = kg \cdot \tanh(hk) = kg \cdot \tanh(2\pi h/\lambda) \tag{6.2}$$

式(6.2)称为频散关系,g 为重力加速度。

注:双曲线正切函数 $\tanh(x) = \dfrac{e^x - e^{-x}}{e^x + e^{-x}}$,当 $x \to 0$ 时,$\tanh(x) \to x$,当 $x \to \infty$ 时,$\tanh(x) = 1$。

6.2.2 小振幅波动的运动特征

1. 波速、波长与周期的关系

波速与波长的关系:

$$c = \sqrt{\frac{g\lambda}{2\pi}\tanh(kh)} \tag{6.3}$$

波长与周期的关系:

$$\lambda = \sqrt{\frac{gT^2}{2\pi}\tanh(kh)} \tag{6.4}$$

波速与周期的关系:

$$c = \sqrt{\frac{gT}{2\pi}\tanh(kh)} \tag{6.5}$$

对于深水波($h/\lambda \geqslant 1/2$)而言，$\tanh(kh) = \tanh(2\pi h/\lambda) \geqslant \tanh\pi = 0.99626 \approx 1$，则

$$c = \sqrt{\frac{g\lambda}{2\pi}}, c = \frac{gT}{2\pi}, \lambda = \frac{gT^2}{2\pi} \tag{6.6}$$

对于浅水波($h/\lambda < 1/20$)而言，$\tanh(kh) = \tanh(2\pi h/\lambda) \to 2\pi h/\lambda$，则

$$c^2 = \frac{g\lambda}{2\pi} \cdot 2\pi\frac{h}{\lambda} = gh \text{ 或 } c = \sqrt{gh} \tag{6.7}$$

由此可见，对深水波而言，其波速与水深无关，仅与波长有关，对长波而言则与波长无关，而只与水深h有关。

当相对水深h/λ介于1/2与1/20之间时，则必须考虑浅水订正项$\tanh(kh)$。图6-5给出了不同波长的波速随水深h的变化情况。

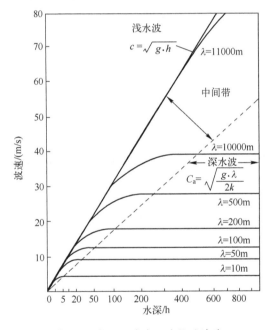

图6-5 水深、波速、波长的关系

2. 水质点的运动（仅限深水波）

水质点在$\cos T$与$\cos 2T$方向上的速度分量$\varsigma = a\sin(2\pi x/\lambda + 2\pi t/T) + a\sin(2\pi x/\lambda - 2\pi t/T) = A\sin(2\pi x/\lambda)\cos(2\pi t/T)$、$u = -\lambda/(Th)A\cos(2\pi x/\lambda)\sin(2\pi t/T) = -A\sqrt{g/h}\cos(2\pi x/\lambda)\sin(2\pi t/T)$分别为

$$\begin{cases} u = a\omega \exp(-kz)\sin(kx - \omega t) \\ w = -a\omega \exp(-kz)\cos(kx - \omega t) \end{cases} \qquad (6.8)$$

运动轨迹方程为

$$\begin{cases} (x - x_0)^2 + (z - z_0)^2 = a^2 \exp(2kz_0) \\ r = ae^{kz_0} \end{cases} \qquad (6.9)$$

如图 6-6 所示,水质点运动速度的特点。

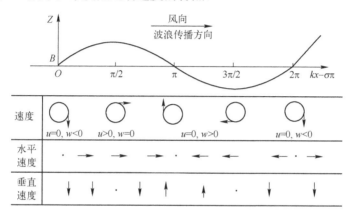

图 6-6 波浪不同位置处水质点的运动速度

(1)在波峰处具有正的最大水平速度,垂向速度为零;
(2)在波谷处具有负的最大水平速度,垂向速度为零;
(3)处在平均水面上的水质点,水平速度分量均为零;铅直速度分量最大。而且波峰前部为正(向上),波峰后部为负(向下)。波峰前部为水质点的辐聚区,波面未来上升,而波峰后部则为辐散区,未来波面下降;
(4)深水波中,无论水质点的运动速度还是轨迹半径(从而波高)都随深度的增大而呈指数减小。当到达一个波长的深度时波动已近消失,则

$$z_0 = -\frac{\lambda}{2} \rightarrow kz_0 = \frac{2\pi}{\lambda} \times -\frac{\lambda}{2} = -\pi \rightarrow r = ae^{kz_0} = ae^{-\pi} \approx 0.043a \qquad (6.10)$$

3. 波动的能量

在波峰与波谷之间的区域,有时有水,有时则全为空气。将此区域平均后可发现水分子整体是朝着波传的方向流动,物理上"质量乘以速度"即为动量,上述之平均动量称为波浪动量,波越大则波浪动量也越大。波浪动量对海岸动力学有很重要的意义。

小振幅波,单位截面铅直水柱内的势能为

$$e_p = \int_{-\infty}^{\zeta} \rho g z \cdot \mathrm{d}z = \frac{1}{2}\rho g \zeta^2 \tag{6.11}$$

沿波峰线单位宽度一个波长内的势能为

$$E_p = \int_0^\lambda e_p \cdot \mathrm{d}\xi = \frac{1}{2}\int_0^\lambda \rho g \cdot \zeta^2 \cdot \mathrm{d}\xi = \frac{1}{16}\rho g \cdot h_w^2 \cdot \lambda \tag{6.12}$$

沿波峰线方向单位宽度，一个波长所具有的动能为

$$E_k = \lambda \cdot \int_{-\infty}^0 \frac{1}{2}\rho(u^2 + w^2) \cdot \mathrm{d}z = \frac{1}{16}\rho g \cdot h_w^2 \cdot \lambda \tag{6.13}$$

在一个波长内，波动的势能与动能相等，其总能量为

$$E = E_p + E_k = \frac{1}{8}\rho g \cdot h_w^2 \cdot \lambda \tag{6.14}$$

波动的能量沿波浪传播方向不断向前传递，在平均的意义下其传递速率为

$$P = \frac{1}{2}Ec \tag{6.15}$$

即波动的总能量以半波速向前传递。

波动所具有的能量是相当可观的。例如，波高为 3m、周期为 7s 的一个波动，跨过 10km 宽的海面，其功率为 63×10^4 kW，海浪能量之大可见一斑。

6.2.3 正弦波的叠加

实际海洋中的波动远非简单波动的上述性质能够加以描述。例如，在陡峭的海岸、码头附近和港湾内，由于波动的反射造成的驻波；在海洋中，波浪的传播往往是一群一群的，个别波动的振幅并不相等，且随时随地变化着等。诸如上述情况可用简单波动的叠加加以解释。

1. 驻波

驻波的基本形式可以由两列振幅、周期、波长相等，但传播方向相反的正弦波相叠加来描述。

如图 6-7 所示，驻波中，振幅最大的点称为波腹，其振幅为合成前振幅的两倍，波腹处水质点只有铅直运动分量；振幅为零的点称为波节，波节处水质点只有水平运动分量。驻波的波形不向外传播，因此没有体积输送。

2. 波群

海洋中外观波形常呈现成群出现现象，即海面上有一长列向同一方向传播的波形。在某一固定点观测时，首先出现一阵波高较小的时段，随后波高渐渐增大，而在连续出现几个大波后，波高又再减小，这种成群的波列称为波群。

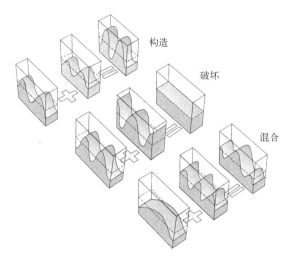

图 6-7　波浪叠加形式示意图

1）包络线

波群的基本形式可以由两列波向、振幅相同，波长和周期相近的正弦波叠加来描述。设两列振幅相等，波长与周期相近，传播方向相同的正弦波叠加：

$$\zeta_1 = a\sin(kx - \omega t) \text{ 和 } \zeta_2 = a\sin(k'x - \omega' t) \quad (6.16)$$

$$\zeta = \zeta_1 + \zeta_2 = 2a\cos\left(\frac{k-k'}{2}x - \frac{\omega-\omega'}{2}t\right)\sin\left(\frac{k+k'}{2}x - \frac{\omega+\omega'}{2}t\right) \quad (6.17)$$

式（6.17）合成后的波动振幅为

$$A = 2a\cos\left(\frac{k-k'}{2}x - \frac{\omega-\omega'}{2}t\right) \quad (6.18)$$

这种合成后的波动振幅由小到大（$0 \to 2a$），又由大到小（$2a \to 0$）形成群集分布，所以称为波群（图 6-8），A 为群的包络线（图 6-8 中虚线）。

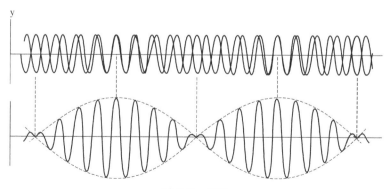

图 6-8　波群

2）群速

合成后包络线（虚线）传播速度称为群速，则

$$c_g = \frac{\omega - \omega'}{k - k'} = \frac{d\omega}{dk} \tag{6.19}$$

合成后波浪（实线）传播速度，相速为

$$c = \frac{\omega + \omega'}{k + k'} \tag{6.20}$$

根据频散关系

$$\omega^2 = kg \cdot \tanh(kh) \tag{6.21}$$

得到

$$c_g = \frac{1}{2}c\left(1 + \frac{2kh}{\sinh 2kh}\right) \tag{6.22}$$

对于深水波 $2kh/\sinh 2kh = 0$，因此 $c_g = c/2$，即深水重力波的群速只是相速的 1/2。

群速度是波浪能量传播的速度，波浪预报估算大波浪抵达的时间需根据群速度来计算。

6.3 风浪和涌浪

6.3.1 风浪的成长与风时、风区的关系

1. 风时、风区的概念

风浪的成长与大小，不是只取决于风力，而是与风所作用水域的大小和风所作用时间的长短有密切关系。因此，我们引进风时和风区两个概念，以便于对风浪成长的讨论。

风时：状态相同的风持续作用在海面上的时间；

风区：状态相同的风作用海域的范围。习惯上把从风区的上沿，沿风吹方向到某一点的距离称为风区长度，简称为风区。

2. 风浪成长过程

如图 6-9 所示，假定风速一定的风沿 $0x$ 方向吹，0 点为风区上沿，0A 为风区内某点 A 的风区长度。观察 A 点风浪成长以及其他各处风浪成长的过程。

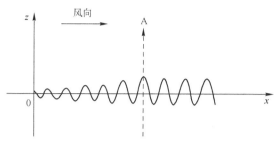

图 6-9 风浪随风区长度的分布

不同时刻 A 点观察到的波浪都是从风区上沿不同地点传播而来的；离 A 点越近的波浪达到 A 点所用的时间越短，传播过程中从风中摄取的能量也越少，因此尺度也越小，反之，离 A 点距离越远的波浪传至 A 点时其尺度越大；离 A 点最远的波浪是从风区上沿产生，当它传播至 A 点后，此时 A 点的风浪尺度便达到了理论上的最大值，即不随时间的增加而增大，达到了定常状态；而风区下沿的波浪还将随时间的增加而继续增大，称为过渡状态；定常状态波浪的尺度是越靠近风区上沿越小，过渡状态的波浪尺度则是相同的；当 A 点达到定常状态时，随时间的推移，定常状态区域会继续向风区下沿方向移动，过渡状态区域的波浪尺度同时继续增大。

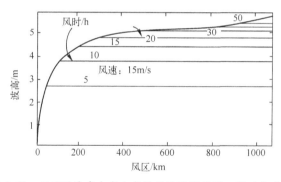

图 6-10 不同风速产生充分成长的波浪的风区、风时和波高

定常状态：某点的风浪尺度达到理论上的最大值。
过渡状态：某点风浪未达理论最大，随时间的推移，还可继续增长。
最小风时：对应风区内某点，风浪达到定常状态所用的时间。
最小风区：实际风时一定，对应某一风区内的波浪达到定常态，此风区长度称为最小风区。
充分成长：波浪在成长过程达到一定尺度后，摄取与消耗能量达到平衡时，波浪不再增大。充分成长状态所对应的风时与风区称为充分成长的风时与风区。

3. 判别风浪的状态

当实际风时大于最小风时,风浪是定常态,反之为过渡态;
实际风区小于最小风区,风浪是定常态,反之为过渡态。

6.3.2 海浪的随机性与海浪谱

海面上的波浪高低不等,长短不齐,此起彼伏,瞬息万变,杂乱无章,似无规律可循。利用简单波动的理论已无法说明它。

早在 20 世纪 50 年代初,人们就采用了将海浪视为由许多振幅、频率、方向、位相不同的简单波动叠加这一观点和方法,对海浪进行研究。规定这些简单波动的振幅或位相是随机量,从而叠加的结果也是随机的。

海浪的总能量 E 是由全部各组成波提供的,其中频率为 ω 的组成波所提供的能量,以其相当量 $S(\omega)$ 表示,故 $S(\omega)$ 代表海浪中能量相对于组成波频率 ω 的分布。它被称为海浪频谱或能谱。由于组成波的传播方向不同,因此不同组成波的能量以 $S(\omega,\theta)$ 或 $F(\omega,\theta)$ 来描述,有时称其为方向谱。

海浪谱的具体表达形式不少,它们多是半理论、半经验的,是借助于各种观测方法获得的海面起伏资料,经过谱分析后所得到的一些 $S(\omega)$ 随 ω 的分布曲线,然后对这些曲线进行拟合而给出数学表达式。

图 6-11 的 6 条曲线是在不同风速下充分成长的 P-M 谱。其特点是风速愈大,谱形曲线下的面积越大,即总能量越大,能量显著部分的位置向低频方向移动,说明海面的波高与周期也随风速的增大而增大;曲线上的任意一点都对应频率为 ω 的组成波应具有的能量,能量的显著部分集中在某一频率范围内。

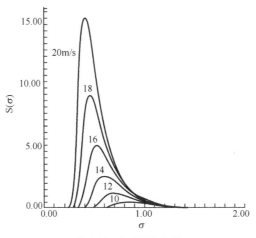

图 6-11 P-M 谱曲线

1. 海浪的随机性

由于海洋中风与风浪相互作用的复杂性,海浪的特性之一就是随机性。

由于海上的气象条件瞬息万变,严格来讲,海浪不是一个平稳随机过程,在较短时间内(如10~20min),可以认为海浪统计性质不变,近似看成是平稳随机过程。

2. 常用特征波高

1) 平均波高 $\bar{H}$

自概率的意义而言,$\bar{H}$ 对应波高分布函数相对于 $H=0$ 的一阶矩,在资料统计中代表各波高的算术平均值。

2) 均方根波高 H_{rms}

在理论上,H_{rms} 对应波高分布函数相对于 $H=0$ 的二阶矩,应用中代表各波高平方的平均值的平方根。

3) 部分大波波高 H_P

设将多数波高按大小依次排列,其中最高的 P($0<P<1$)部分的平均值,称为 P 部分大波平均波高,以 H_P 表示。最常用有:1/3 大波波高 $H_{1/3}$,又称为有效波高,或者有义波高,海洋预报中浪高也是指 $H_{1/3}$。

4) 最大波高 H_{max}

3. 浪级和海况

按照国际波级表规定,海浪波级按照海浪有效波高划分(表6-1);海况等级是根据海面外部特征进行划分(表6-2)。

表6-1 海浪等级表

等级	波浪名称	有效波高/m	等级	波浪名称	有效波高/m
0	无波	0	5	大浪	[2.5, 4)
1	微波	<0.1	6	巨浪	[4, 6)
2	小波	[0.1, 0.5)	7	狂浪	[6, 9)
3	轻浪	[0.5, 1.25)	8	狂涛	[9, 14]
4	中浪	[1.25, 2.5)	9	怒涛	>14

表6-2 海况等级

等级	海面状况
0	海面光滑如镜
1	波纹

续表

等级	海面状况
2	风浪很小,波峰开始破碎,但浪花不显白色
3	风浪很小,但很触目,波峰破裂,其中有些地方形成白色浪花(白浪)
4	风浪具有明显的形状,到处形成白浪
5	出现高大的波峰,浪花占了波峰上很大的面积,风开始削去波峰上的浪花
6	波峰上削去的浪花开始沿海浪斜面伸长成带状
7	风削去的浪花带布满了海浪斜面,有些地方到达波谷,波峰上布满了浪花层
8	稠密的浪花布满了海浪斜面,海面变成了白色,只在波谷某些地方没有浪花
9	整个海面布满了稠密的浪花层,空气中布满了水滴和飞沫,能见度显著降低

4. 海浪谱

20世纪50年代初,人们采用了将海浪视为由许多振幅、频率、方向、位相不同的简单波动叠加这一观点和方法,对海浪进行研究。规定这些简单波动的振幅和相位是随机量,从而叠加结果也是随机量。

在线性理论的框架下,海浪的波面升高近似看成无数个相互独立的、相位随机的简谐波动的叠加。在一固定点测量得到的波面升高写成傅里叶级数形式。

$$\zeta(t) = \sum_{n=0}^{\infty} a_n \cos[\omega_n t + \varepsilon_n] \quad (6.23)$$

式中:ω_n 为波动圆频率;a_n、ε_n 分别是波幅和相位,统计意义上的随机量,对圆频率 ω 到 $\omega+d\omega$ 内所有组成波的振幅平方求和,其结果是是一个确定量:

$$S(\omega)d\omega = \sum_{\omega}^{\omega+d\omega} \frac{1}{2} a_n^2 \quad (6.24)$$

式中:$S(\omega)$ 与海浪组成波的能量密度成正比,描述海浪能量随频率的变化,称为海浪谱。考虑到海浪传播方向不同的海浪谱 $S(\omega,\theta)$,称为海浪方向谱。

1) PM 谱

Moskowitz 通过在北太平洋上观测,将其中海浪达到充分成长的观测数据挑选出来分析,与 Pierson 共同研究后提出的谱形式如下:

$$S_{\zeta\zeta}(\omega) = \frac{8.1 \cdot g^2}{(2\pi)^4 \cdot 10^3 \cdot \omega^5} \exp\left[-0.74\left(\frac{g}{2\pi U_{19.5}\omega}\right)^4\right] \quad (m^2 s) \quad (6.25)$$

式中:$U_{19.5}$ 为海面19.5m高处的风浪。PM谱适用于充分成长的海浪。

2）JONSWAP 谱

以 Hasselmann 为首的一批科学家在欧洲的北海进行了一次国际共同观测，称为联合北海波浪计划（Joint North Sea Wave Project），在大量观测的基础上，通过分析整理，于 1973 年提出

$$S_\zeta(\omega) = \frac{320 \cdot H_{1/3}^2}{T_p^4} \cdot \omega^{-5} \cdot \exp\left[\frac{-1950}{T_p^4} \cdot w^{-4}\right] \cdot \gamma^A \tag{6.26}$$

式中：$\gamma = 3.3$；

$$A = \exp\left\{-\left(\frac{\frac{\omega}{\omega_p}-1}{\sigma\sqrt{2}}\right)^2\right\}, \quad \omega_p = \frac{2\pi}{T_p}, \quad \sigma = \text{a step function of } \omega:$$

$$\begin{cases} if\ \omega < \omega_p\ \text{then:}\ \sigma = 0.07 \\ f\ \omega > \omega_p\ \text{then:}\ \sigma = 0.09 \end{cases}$$

σ 称为 Phillips 常数，其大小决定整个谱值（能量）的大小。

3）ITTC 双参数谱

1984 年第 17 届国际船模试验池会议（ITTC）推荐使用 JONSWAP 平均波能谱描述有限风区的波浪特征：

$$S_{\zeta\zeta}(\omega) = \frac{173 h_{1/3}^2}{\omega^5 \cdot T_1^4} \exp\left(-\frac{691}{\omega^4 \cdot T_1^4}\right) \quad (\text{m}^2\text{s}) \tag{6.27}$$

式中：特征周期 $T_1 = 2\pi \cdot m_0 / m_1$。

6.4 近岸波浪传播的变形

波浪从深水进入浅水的过程中，由于水深变浅、海底摩擦、水流作用及障碍物影响，无论波高、波长、波速以及波浪剖面形状都会发生变化。波浪由此出现的浅水变形，以及折射、饶射、反射、破碎等现象是近岸波浪的重要特征。

6.4.1 浅水影响（波长、波速、波高的变化）

观测表明，当波浪传至浅水和近岸时，周期最为保守，近似为 $T = T_0$。根据线性波浪理论，波速与波长的关系如下：

$$\frac{c}{c_0} = \frac{\lambda}{\lambda_0} = \tanh\left(2\pi \frac{h}{\lambda}\right) \leqslant 1.0 \tag{6.28}$$

由此可见，随着水深变浅，波速变慢，波长变小。

深水波正向传入浅水区时，波向线保持平行。假定两条波向线之间的能量基本不变，波能量无横向穿越波向线，略去海底摩擦和渗透波能损耗，两波相线间的波能守恒，表示为

$$Encb = E_0 n_0 c_0 b_0 \tag{6.29}$$

式中：E 为浅水中单位面积水柱的波动能量；E_0 为深水中单位面积水柱的波动能量；c 为浅水中波速；c_0 为深水中波速；b 为浅水中两波向线的间隔；b_0 为深水中两波向线的间隔；n 为浅水中波能传输率；n_0 为浅水中波能传输率。

波能传输率 n 表示一个周期内波浪向前传播的部分能量与全部能量之比，即 $n = E_n / E$。根据线性波浪理论，深、浅水中波能量传输率的表达式分别为

$$n_0 = \frac{1}{2} \tag{6.30}$$

$$n = \frac{1}{2}\left[1 + \frac{\frac{4\pi h}{\lambda}}{\tanh\left(\frac{4\pi h}{\lambda}\right)}\right] \tag{6.31}$$

根据线性波浪理论，单位面积水柱的波能量正比于波高的平方，即

$$\begin{cases} E_0 = \frac{1}{8}\rho g H_0^2 \\ E = \frac{1}{8}\rho g H^2 \end{cases} \tag{6.32}$$

将式（6.29）代入式（6.32）可得

$$\frac{H}{H_0} = \sqrt{\frac{b_0}{b}}\sqrt{\frac{n_0 c_0}{nc}} = K_r K_s \tag{6.33}$$

折射系数：$K_r = \sqrt{b_0/b}$，波向线辐聚时，折射系数大于1，能量集中，波高增大（海岬）。

浅水系数：$K_s = \sqrt{n_0 C_0 / nC}$。显然 K_s 是相对水深 h/λ 的函数。随相对水深的变化如图 6-12 所示。由图可以看出，当波浪从深水（$h/\lambda \geqslant 0.5$）传入浅水初期波高略有降低，然后随相对深度的减小而迅速增大，并超过深水波高，直至波陡太大，波形无法维持而破碎。

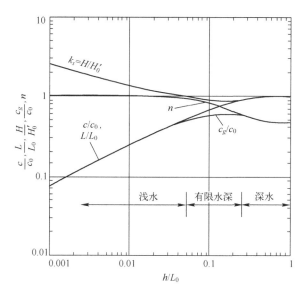

图 6-12　浅水系数随相对水深变化曲线

因此,波浪传播到近岸时,波高的变化完全取决于能量的变化。一般而言,浅水系数作用比折射系数大,但在海岬与海湾处,由于波转向折射,其影响对波高变化往往起着明显的作用。

6.4.2　波向的折射

波浪向岸边传播时,若波峰线与等深线成一定角度,由于同一波峰线上不同点处的水深不同,波速不同。波速随水深减小而降低,水较深处,波速较大,波浪传播较快;水较浅处,波速较小,波浪传播较慢,致使水深处的波峰传播快于水浅处的波峰,使波峰线和等深线间夹角减小,即波峰线逐渐趋于与等深线平行。波峰线有逐渐与等深线平行的趋势,也就是波向线与等深线逐渐垂直的趋势。

与光波折射类似,波峰线与等深线间夹角的变化也服从折射定律。如图 6-13 所示,设以平均等深线两侧水深分别为 d_1 和 d_2,波浪由深水传入浅水($d_1 > d_2$)。在水深处 d_1,波向线与等深线的夹角为 α_1,波速为 C_1。取两根相距很近的波向线,其中波峰线的一端传至平均等深线时(交点 B),另一端刚到 A 点,经过时间 Δt 后,当这一段也到达等深线时(由 A 点传至 E 点),先到 B 点的那端已经在 d_2 深度区域内,以速度 C_2 传播了 $C_2\Delta t$ 的距离至 F 点。由于波向线与波峰线垂直,根据三角关系,有

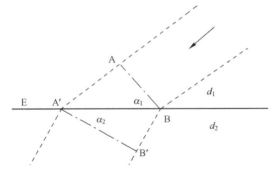

图 6-13 波浪折射示意图

$$\frac{AE}{\sin\alpha_1}=\frac{BF}{\sin\alpha_2} \quad (6.34)$$

由此可得

$$\frac{\sin\alpha_1}{\sin\alpha_2}=\frac{C_1}{C_2} \quad (6.35)$$

因 $C_1 > C_2$，所以 $\alpha_1 > \alpha_2$。

由于折射，波向线进入浅水后不再保持平行，根据波能流守恒，有

$$\frac{H}{H_0}=\sqrt{\frac{b_0}{b}}\sqrt{\frac{n_0 c_0}{nc}}=K_r K_s \quad (6.36)$$

根据线性波理论，折射系数由波周期、等深线和初始波浪方向决定。当波峰方向发生改变时，波向线就要辐聚或辐散。波向线的辐聚可以使波能强度增加，波高增大；波向线的辐散使单位面积的能量减小，造成波高的降低。如图 6-14 所示，海底凸出的海岬处，波向线辐聚（converge），出现大浪；而在凹进的海湾处，波向线辐散，波浪较小。

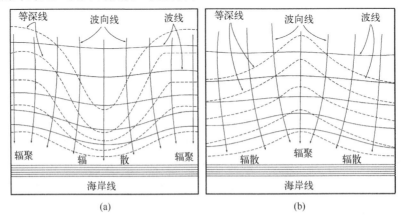

图 6-14 海浪的辐聚和辐散

6.4.3 绕射

如图 6-15 所示,当波浪遇到障碍物时,如岛屿、海岬、防波堤等,它可以绕到障碍物遮挡的后面水域去,这种现象称为绕射。当然,由于能量的侧向扩散,所以绕射后的波高明显减小。假如绕射前的波高为 H_0,绕射后的波高为 H,则 $H = K_d H_0$,K_d 称为绕射系数,它可以通过模拟实验得到,以便为一些海岸工程提供依据。

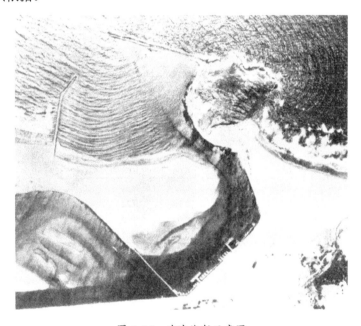

图 6-15 波浪绕射示意图

维格尔给出了绕射系数关于入射角、关注点与防波堤堤头的连线与防波堤之间的夹角,关注点与堤头之间的距离和入射波波长的比值的关系,如表 6-3 所列。

表 6-3 波浪绕射系数 K_d

θ	r/L	β						
		0°	30°	60°	90°	120°	150°	180°
30°	0.5	0.61	0.68	0.87	1.03	1.03	0.99	1.00
	1	050	0.63	0.95	1.05	0.98	0.99	1.00
	5	0.27	0.55	1.04	1.02	0.99	1.01	1.00
	10	0.20	0.54	1.06	0.99	1.00	1.00	1.00

续表

θ	r/L	β						
		0°	30°	60°	90°	120°	150°	180°
60°	0.5	0.40	0.45	0.60	0.85	1.04	1.03	1.00
	1	0.31	0.36	0.57	0.96	1.06	1.05	1.00
	5	0.14	0.18	0.53	1.04	1.03	1.02	1.00
	10	0.10	0.13	0.52	1.07	0.98	0.99	1.00
90°	0.5	0.31	0.33	0.41	0.59	0.85	0.87	1.00
	1	0.22	0.24	0.33	0.56	0.96	0.95	1.00
	5	0.10	0.11	0.16	0.53	1.04	1.04	1.00
	10	0.07	0.08	0.13	0.52	1.07	1.06	1.00
120°	0.5	0.25	0.27	0.31	0.41	0.60	0.87	1.00
	1	0.18	0.19	0.23	0.33	0.57	0.95	1.00
	5	0.08	0.08	0.11	0.16	0.53	1.04	1.00
	10	0.06	0.06	0.07	0.13	0.52	1.06	1.00
150°	0.5	0.23	0.24	0.27	0.33	0.45	0.68	1.00
	1	0.16	0.17	0.19	0.24	0.36	0.63	1.00
	5	0.07	0.08	0.08	0.11	0.18	0.55	1.00
	10	0.05	0.06	0.06	0.08	0.13	0.54	1.00
180°	0.5	0.20	0.23	0.28	0.31	0.40	0.61	1.00
	1	0.10	0.16	0.18	0.22	0.31	0.50	1.00
	5	0.02	0.07	0.07	0.10	0.14	0.27	1.00
	10	0.01	0.06	0.06	0.07	0.10	0.20	1.00

6.4.4 反射

波浪在传播过程中遇到任何一种边界时,波能的一部分总是被边界反射的现象称为波浪的反射。例如,当波浪遇到比较陡峭的海岸时,会发生反射而形成驻波,在港湾、码头常会见到这种情况,但范围不会太大。

反射波与入射波具有相同的波长和周期。定义反射波高和入射波高之比为反射率,又称为反射系数。但由于受边界坡度、表面粗糙度、空隙率、波浪的陡度及入射角等因素的影响,波的反射率很难精确确定。

6.4.5 波浪的破碎

在海洋中风大时,波陡达到一定值,波浪开始破碎。而当海浪传到浅水后,由于波长变短,波高增大,波陡迅速增大,波浪也可发生破碎。波浪破碎后表面出现白沫的现象,称为白冠。波浪破碎会消耗大量波能,破碎波如果遇到建筑物,会产生很大的冲击力,进而对沿岸人民生命和财产安全造成巨大影响。

波浪破碎的类型主要取决于深水中的波陡和近岸水底的坡度,大致可以分为三种类型。

（1）崩破波：波峰开始出现白色浪花，逐渐向波浪的前沿扩大而崩碎，波的形态前后比较对称。深水波陡较大，且底坡平缓时会出现这种形态的破碎。

（2）卷破波：波的前沿不断变陡，最后波峰向前大量覆盖，向前方飞溅破碎，并伴随着空气的卷入。当深水波陡中等，并且海底坡度较陡时将会出现这种形态的破碎。

（3）激散波：波的前沿逐渐变陡，在行进途中从下部开始破碎，波浪前面大部分呈非常杂乱的状态，并沿斜坡上爬。深水波陡较小，而且海底坡度较陡时常出现此种破碎。

6.5 海洋内波

海洋表面波是界面的周期性运动。如果海水由两层组成，上层密度小，下层密度大，则在交界面就会有波动存在。该波动不会影响海表，也难以观测到，其实这就是内波。

6.5.1 海洋内波研究简史

最早的内波理论研究是在1847年斯托克斯关于两层流体间的界面波动，继之1883年瑞利将研究扩展到连续层化流体中的内波，而关于实际海洋内波观测报告要比斯托克斯的理论工作落后半个世纪。根据德凡特和芒克等叙述，第一个发现海洋内波现象的是南森。在1893—1896年北极探险过程中，南森发现船只莫名其妙地减速。经研究得知，船只航行在很浅的密度跃层上方时，其动力造成在跃层处产生内波，船只的动能被如此消耗，因此显著减速，这种现象称为"死水"。至于实际的内波研究，由于观测困难，在很长时期很少进展。德凡特综述了1960年之前的海洋内波观测和研究工作。这一时期，人们对内波的特性与运动规律知之甚少。20世纪60年代后期至70年代前期，为大洋内波研究的迅猛发展时期，G.加勒特和W.芒克（1972）提出了大洋内波谱模型（GM模型）。此模型与远离边界、表面和海底且流速梯度不大的区域的实测资料非常符合。但是，它只是现象的统计描述，未能揭示出内波的物理机制。尽管如此，它仍是内波资料分析的准绳，也是进一步开展理论研究的出发点，因而被誉为内波研究的里程碑。

6.5.2 内波基本概念

1. 内波定义

海洋内波是发生在密度稳定层化的海水内部的一种波动，其最大振幅出现在海洋内部，波动频率 σ 介于惯性频率 $f = 2\omega\sin\phi$ 和浮性频率 N 之间，其恢复力在频率较高时主要是重力与浮力的合力（称为约化重力或弱化重力），当频率低至接近惯性频率时主要是地转柯氏惯性力，所以内波也成为内重力波或内惯性—重力波。

2. 海水静力稳定性

内波存在的先决条件是介质密度"稳定层化"，密度存在垂向梯度的流体称为层化流体。由于海洋中海水的温度和密度都是时间和空间的函数，因而海水密度也是时间和空间的函数。设静止时海水密度或说同一位置的时间平均密度值为 $\bar{\rho}(x,y,z)$。除海洋锋等水域中存在较大的密度水平梯度外，在大部分海域中海水平均密度的水平梯度很小，一般可不予考虑，于是将 $\bar{\rho}(x,y,z)$ 简化为 $\bar{\rho}(z)$。若不计压缩性影响，当 $\bar{\rho}(z)$ 随深度的增大而增大，即当 $d\bar{\rho}(z)/dz < 0$，则说海水处于静力稳定状态。这时若有一小团海水由于某种外加干扰而从 z 处垂直向上偏移到 $z+\Delta z$ 处。由于历时短，这一移动过程可视为绝热无扩散过程。此小团海水应保持它的原密度 $\bar{\rho}(z)$ 不变。它所新占据之位置 $z+\Delta z$ 周围的海水密度为 $\bar{\rho}(z+\Delta z)$。因而它与周围海水密度差为

$$\Delta\bar{\rho}(z) = \bar{\rho}(z+\Delta z) - \bar{\rho}(z) = \left[\frac{d\bar{\rho}(z)}{dz}\right]\Delta z < 0 \tag{6.37}$$

所以，外部扰动消除后，由此密度差引起的负浮力会使这团海水具有向下的加速度而向下运动。当它回到原位置时，虽然所受浮力为零，但由于惯性作用，使它不能停留在此位置而继续向下运动。一旦穿越原位置 z，这团海水的密度就比周围密度低，从而受到一个向上的浮力，使速度减低直至为零，而后又因受浮力作用而向上运动。若不计阻力，这团水就会不停的以 z 为平衡位置而上下往复运动。反之，若 $d\bar{\rho}(z)/dz > 0$，则一旦一小团海水离开原位置后，即使外部干扰消失，也无法返回原位。这样原来的层化状态就会因外部干扰而遭破坏，因而这样的层化状态为不稳定状态。于是可以采用指标：

$$E = -\frac{1}{\rho}\frac{d\rho}{dz} \tag{6.38}$$

作为密度层化稳定及稳定性强弱的度量，称为海水稳定度。若 $E > 0$，海

水为稳定层化，E 值越大，层化越稳定；$E<0$，为不稳定层化；$E=0$，密度为均匀状态。

3. Brunt-Vaisala 频率

下面进一步讨论在稳定层化时一小团海水偏移平衡位置后在平衡位置附近上下振荡的频率。设 z 处海水微团在垂直方向偏移了一个位移 ζ，于是微团与周围海水密度差为

$$\Delta\bar{\rho} = \zeta \frac{d\bar{\rho}}{dz} \tag{6.39}$$

因而单位体积流体微团受到力 $g\Delta\bar{\rho}$ 之作用。可写出它的运动方程：

$$\bar{\rho}\frac{d^2\zeta}{dt^2} = g\Delta\bar{\rho} = g\zeta\frac{d\bar{\rho}}{dz} \tag{6.40}$$

即

$$\bar{\rho}\frac{d^2\zeta}{dt^2} - g\zeta\frac{d\bar{\rho}}{dz} = 0 \tag{6.41}$$

记

$$N^2 = -\frac{g}{\rho}\frac{d\bar{\rho}}{dz} \tag{6.42}$$

则

$$\bar{\rho}\frac{d^2\zeta}{dt^2} + N^2\zeta = 0 \tag{6.43}$$

如上所述，对于稳定层化流体，$d\bar{\rho}(z)/dz < 0$，因而 $N^2 > 0$。这时，式（6.43）就是熟知的弦振动方程，N 为振动的原频率。故流体微团在外部干扰消失后将以 N 为圆频率在平衡位置附近上下振动。通常称此频率为浮频率，也称 Brunt-Vaisala 频率或 Vaisala 频率。因此，浮频率实际上是指在密度稳定层结的海洋中，海水微团受到某种力扰动后，在铅直方向上自由振荡的频率，是描述海水运动特性的一个重要物理量，它也是海水密度层化状况的一种度量。在大洋主温跃层水深中，N 为 $10^{-3} \sim 10^{-4}\,\text{s}^{-1}$（相应周期为 $1.7 \sim 17\,\text{h}$）。在大洋的季节性温跃层中 N 的最大值为 $10^{-2}\,\text{s}^{-1}$（相应的周期约为 10min）。

4. 内波的分类

如按周期长短可分为以下几种。

（1）短周期内波。内波周期显著小于 12h。最短的可能只有 25min，最长的也只有 5h 左右，大部分在 5～20min 之间。振幅在 0.2～40m，典型振幅是几米。波长为 100～1000m 之间。

（2）长周期内波。周期大于 12 h，振幅为 2～10m，波长约 30km，相速为 2～25m/s。

若按层化情况可分为以下几种。

（1）界面波。这种内波出现在两种密度截然不同的流体界面上。在强跃层附近产生的内波多为界面波，其相速度和群速度的方向相同，与表面波类似。

（2）平面波。当流体的密度随深度线性增加的条件下，就会产生平面内波，其相速度和群速度几乎成直角。

（3）混合内波。当流体密度随深度连续变化，但并非线性递增时就会产生混合内波，即上述两种内波的混合。

若按照扰动机制划分为以下几种。

（1）自然条件扰动。一种是风引起形成的内波，称为惯性内波，是一种低频内波；另一种是由潮流和剧烈变化的海底地形共同作用下形成的内波，称为潮成内波，潮成内波的波形与表现形式与它的非线性强弱有着非常密切的关系。当非线性较弱时，潮成内波以接近标准正弦波的形式存在，此时的潮成内波又被称为内潮波。当潮成内波的非线性较强且处于某种稳定状态时，它会以内孤立波（或波列）的形式出现。

（2）运动的物体也可以形成内波，称为源致内波。"死水"现象中海洋内波就是由海面航行的船舶运动激发形成的，同样，水下潜艇的航行也会激发形成海洋内波。

6.5.3 界面内波及其特征

内波的一种简单的形式是发生在两层密度不同的海水界面处的波动，称为界面内波。实际海洋中密度是连续变化的，但可以近似地把海洋中强跃层处的波动视为界面内波，它能解释许多内波现象。

1. 内波的波速

两层的密度为 ρ_1、ρ_2（$\rho_2 > \rho_1$），上层与下层厚度分别为 h_1 和 h_2。理论上可求得界面上存在正弦波，其波速为

$$c = \left(\frac{g\lambda(\rho_2 - \rho_1)}{2\pi\left[\rho_2 cth\left(\frac{2\pi h_2}{\lambda}\right) + \rho_1 cth\left(\frac{2\pi h_1}{\lambda}\right)\right]} \right)^{1/2} \quad (6.44)$$

界面短波情况。当波长 λ 比 h_1、h_2 短得多时，即界面在无限深海的中部时，

则式（6.44）可简化为

$$c = \left(\frac{g\lambda(\rho_2 - \rho_1)}{2\pi(\rho_2 + \rho_1)}\right)^{1/2} \quad (6.45)$$

界面长波情况。当波长 λ 比 h_1、h_2 大得多时，则式（6.45）简化为

$$c = \left(\frac{gh_1h_2(\rho_2 - \rho_1)}{(h_1 + h_2)(\rho_2 + \rho_1)}\right)^{1/2} \quad (6.46)$$

由此可知，表面波和界面内波公式之区别仅为后者含有系数 $(\rho_2 - \rho_1)/(\rho_2 + \rho_1)^{0.5}$。

在海洋中两层流体的密度相差是很小的，因此该系数也很小，即使在温跃层处也不大，约为 1/20。由此可见，具有相同波长的界面波与表面波之速度比约为 1/20，即界面内波的传播速度比表面波慢得多。

2. 内波的振幅

由于在密度层结稳定的海洋中，密度铅直方向的变化很小，即使在强跃层处其相对变化也不很大，因此，即使海水微团受到某种能量不大的扰动，也会偏离其平衡位置并在恢复力的作用下发生振幅相当大的振动，如图 6-16 所示。在海洋调查中常常可以记录到波高几米甚至几十米的内波。

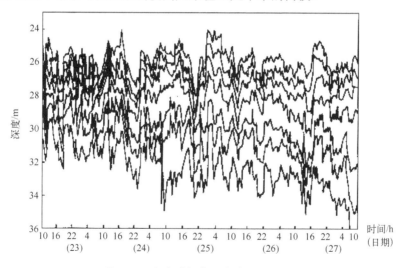

图 6-16 内波引起等温线随时间的变化

3. 内波水质点的运动

如图 6-17 所示，界面内波引起上下两层海水方向相反的水平运动，从而在

界面处形成强烈的流速剪切。由于在同一层中波峰与波谷处流向相反,导致了水质点运动的辐聚与辐散,在峰前谷后形成辐散区,在谷前峰后形成辐聚区。

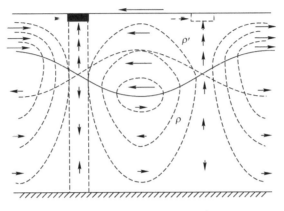

图 6-17　内波水质点运动示意图

4. 内波传播方向

如图 6-18 所示,内波的传播方向不是仅在水平方向上传播,而一般是沿与水平方向成角度 α 传播,α 为内波频率 σ 的函数:

$$\tan\alpha = \left(\frac{N^2-\sigma^2}{\sigma^2-f^2}\right)^{1/2} \tag{6.47}$$

当内波频率较高时,角度 α 变小,传播接近水平方向;反之,当频率较低时传播方向较陡。因此,不同频率的内波,其传播方向是不同的。

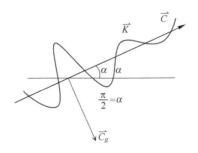

图 6-18　内波传播方向示意图

6.5.4　海洋内波的观测

1. 卫星遥感观测

雷达影像内波成像原理(图 6-19):当内波在深海传播时,混合层厚度比底层薄，因此只有下沉型内波。当内波传送到浅海，混合层厚度比底层厚时，就产生上抬型内波。下沉型内波前半部海水被往下带，表面的海水向该处聚集，表面海流把海面上小重力波集中在这一带，因此海面到处是激浪。下沉型内波后半部海水被往上带，海水由该处发散，表面海流把海面上小重力波拉平，因此海面相当平滑。雷达侦测的是海面的粗糙度，在海面粗糙的地方，雷达背向散射的能量较高，在雷达影像上是白色的条纹。而当海面平滑时，雷达发射的雷达波几乎都反射掉了，背向散射回雷达的能量非常小，在雷达影像上是黑色的条纹。因此，下沉型内波在雷达影像上，是一道白色的条纹后面跟着一道黑色的条纹。上抬型内波则刚好相反，是一道黑色条纹后面跟着一道白色的条纹。

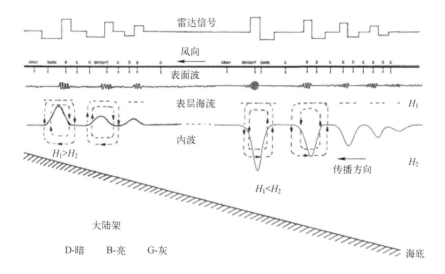

图 6-19　内波遥感成像原理示意图

图 6-20 给出了加拿大所发射合成口径雷达卫星（Radarsat）拍摄到的东沙环礁附近的内波，图中最少可以看到 3 群内波，因南海内波是由半日潮所造成，因此 3 群内波相隔约 12h。根据深海波群的间距，可以推算出内波在深海的速度约每秒 3m。东沙环礁西北方的点就是东沙岛，内波通过东沙环礁会被分裂成两群波，再在东沙环礁西边会合。图 6-20（b）是图 6-20（a）中东沙环礁西边方框的放大图。非线性内波在东沙环礁西方交会，相位偏移的现象（粒子效应）非常明显。

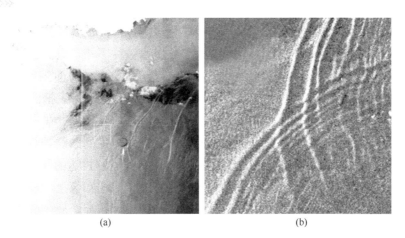

图 6-20 东沙岛礁附近海域内孤立波遥感图像

2. 现场观测

图 6-21 给出了东沙环礁东北部锚定所温度计记录到的内波,图中不同颜色代表不同的温度,暖色系温度较高,冷色系温度较低,由等温线可以看出图中有一非常明显的下沉型内波(2003 年 4 月 16 日)。若以 25℃等温线来看,内波的振幅超过 50m。事实上当这内波通过时,海面下 50~300m 的海水都受到影响。

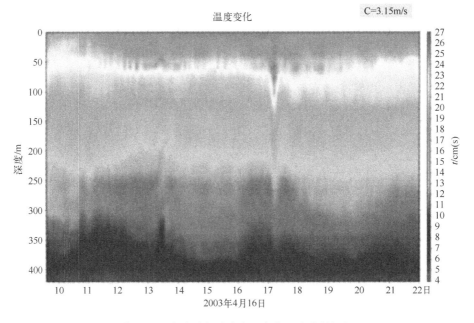

图 6-21 内波引起的海水温度变化(见彩插)

6.5.5 海洋内孤立波的分布

1. 全球内波分布

图 6-22 是根据 MODIS 卫星在 2002 年 8 月至 2004 年 5 月观测到的内波发生位置，从中可以看出大多数陆架附近均可产生内波。

图 6-22 全球内孤立波分布示意图

2. 我国近海内波分布

中国海内波以潮成内波为主，伴有其他一些高频随机内波和低频惯性内波等，但因不同海域的内波，受地形、潮波以及跃层变化等因素的影响，而具有各自不同的特征。根据目前已观测到的黄渤海、东海和南海内波统计分布情况，其中在南海北部陆加坡区，内波主要集中的海域有：我国台湾岛和菲利宾吕宋岛之间的海峡和水道以西，南海北部 114°E 以东的陆架陆坡海域，海南岛东部和珠江口西南海域，北部湾湾口以及南部 108°-113°E，2°-7°N 海域内。

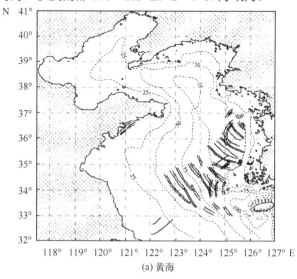

(a) 黄海

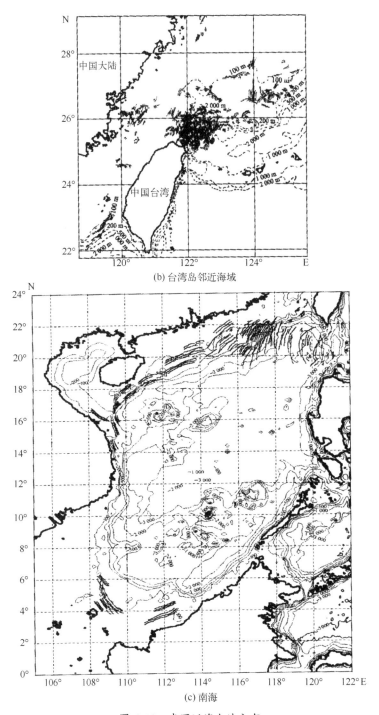

(b) 台湾岛邻近海域

(c) 南海

图 6-23 我国近海内波分布

习题和思考题

1. 海洋中的波动现象是怎样形成的？
2. 小振幅重力波剖面方程中各符号的含义是什么？
3. 简单波动理论对波形传播、水质点运动、波速、波长、周期之间的关系以及波动的能量等方面有哪些影响？
4. 驻波是怎样形成的？有哪些基本特性？
5. 波群是怎样形成的？有什么基本特性？
6. 风浪和涌浪是怎样形成的？各有什么特征？
7. 风浪的成长有哪几种状态？
8. 何谓弥散和角散现象？它们对海浪的传播有何影响？
9. 办理传播至浅水和近岸有何变化？为什么？

第 7 章　海洋潮汐现象

潮汐现象是指海水在天体（主要是月球和太阳）引潮力作用下所产生的周期性运动，习惯上把海面铅直向涨落称为潮汐，而海水在水平方向的流动成为潮流。通过海洋潮汐现象的基本概念、引潮力、平衡潮理论以及潮汐动力理论的学习，旨在帮助大家理解潮汐现象是什么、潮汐是如何形成的等问题。

7.1　潮汐现象概述

7.1.1　与潮汐现象有关的天文知识

潮汐与天体的运动有着密切的关系，因此潮汐涉及许多天体相关的概念，在介绍潮汐相关理论之前，先对这些概念进行介绍。

1. 天球

如图 7-1 所示，天球是一个以地球为中心，以无限长为半径，内表面分布着各种各样天体的球面。这是一个假想的圆球，因为天体离地球都很遥远，人的眼睛无法区别它们的远近，只能根据它们的方向来定位，于是，所有天体在天球上的位置就是它们沿视线方向在天球内表面的投影。

天球上的天轴指的是将地轴无限延长所得到的一根假想的轴。天轴与天球的交点叫天极，和地球上北极所对应的那一点叫北天极，或天球北极；和地球上南极对应的那一点叫南天极，或天球南极。

若将观测点的铅垂直线无限延伸后也可与天球交于两点，向上与天球的交点称为天顶，而向下延伸与天球的交点，称为天底。

在天球上，以地心为圆心，通过天极和天顶所作的大圆圈叫做天子午圈；通过天极和天体所作的大圆圈叫做天体时圈；通过天顶、天底和天体的大圆圈称为天体方位圈。

天体通过天子午圈叫中天。由于地球作周日旋转，每个天体一昼夜内有两次中天，即天体的时圈在一昼夜内有两次与天子午圈重叠。天体靠近天顶时叫上中天，靠近天底时称下中天。

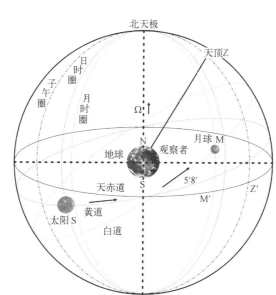

图 7-1 天球示意图

2．赤纬、时角和天顶距

（1）赤纬 从天赤道沿着天体的时圈至天体所张的角度称为该天体的赤纬，常用 δ 表示。以天赤道为赤纬 0°，向北为正，向南为负，分别从 0° 到 90°。

（2）时角 观测者所在的天子午圈与天体时圈在天赤道上所张的角度称为时角。时角是沿着天赤道由观测者的天子午圈向西量至天体时圈，可从 0° 到 360°。当天体上中天时，时角为 0°；当天体下中天时，时角为 180°。

（3）天顶距 在天体方位圈上，天体与天顶之间所张的角度称为天顶距。它由天顶起算，由 0° 量到 180°。

3．时间单位

时间的计量是天文学中的一个基本问题，也是讨论潮汐时必须参考的要素。以下仅就以后讨论潮汐时用到的几个时间单位，加以简单的说明。

1）平太阳日和平太阳时

天文学上假定一个平太阳在天赤道上（而不是在黄道上）作等速运行，其速度等于运行在黄道上真太阳的平均速度，这个假想的太阳连续两次上中天的时间间隔，叫做 1 平太阳日，并且把 1/24 平太阳日取为 1 平太阳时。通常所谓的"日"和"时",就是平太阳日和平太阳时的简称。

2) 平太阴日和平太阴时

假想的、等速在天赤道运行的平太阴连续两次上中天的时间间隔,叫做一平太阴日,而 1/24 平太阴日取为 1 平太阴时。

因为月球的公转速度大于太阳在天球上的视运动速度,当地球自转一周,平太阴已运行了一个大约 12.19° 的角度,所以当地球上某一点由第一次正对月球中心到第二次正对时约需要旋转 372.19°,这样以来,平太阴日便比平太阳日长,可以算出:

$$1\text{ 平太阴日} = 24.8412 \text{ 平太阳时} \approx 24\text{h } 50\text{min}$$

3) 朔望月(盈亏月)

月球从新月(或满月)位置出发再回到新月(或满月)位置的时间间隔,叫朔望月或盈亏月。朔望月是月相变化的周期,它的长度等于 29.5306 平太阳日。

如图 7-2 所示,当月球运行到太阳和地球之间时,通宵达旦都看不到月亮,这天的月相叫新月或朔。随着月球的运动,月球在天赤道面上的投影逐日偏离日地连线,使得朝向地球的半个面中被太阳照亮的部分越来越大,月相成为越来越大的镰刀形,经过 1/4 周,月球和太阳在天赤道面上的投影构成了直角,朝向地球的月面中有一半被太阳照亮,傍晚开始至午夜可以看到,这天的月相叫上弦月。此后月球明亮的部分越来越大,又经过 1/4 周,月球运行到太阳的对面(在此指的是太阳与月球在地球的两侧),朝向地球的半个月面全部被太阳照射着,这时的月相便成为一轮皓月,叫做满月或望,通宵达旦都可观察到圆月。满月以后,圆形月亮逐渐"亏缺",每天看到的明亮部分逐渐减小,再经过 1/4 周,又成为半圆形,然而和上弦月不同,这时月球的下半偏左是亮的,这天的月相叫做下弦月,午夜后可以看到。

7.1.2 潮位曲线和潮汐要素

潮汐引起最直接的现象之一便是海面的涨落,因此我们首先想到的便是通过海面高度的变化来定量刻画潮汐。海洋中某一点,潮汐引起的海面起伏随时间变化的示意图如图 7-3 所示,图中变化的曲线对应是潮汐引起的海面高度的变化,即潮位(海面相对于某一基准面的铅直高度)涨落的过程曲线,图中纵坐标为潮位高度,横坐标为时间。

第 7 章 海洋潮汐现象

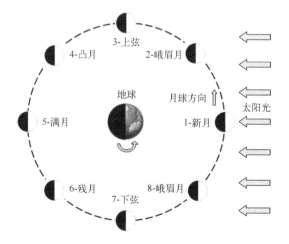

图 7-2 月相变化示意图

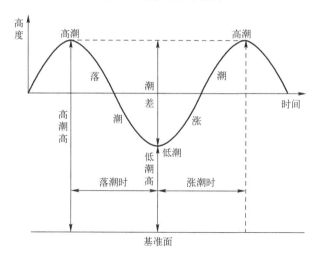

图 7-3 潮汐要素示意图

1. 高潮与低潮

海面上升达到最高时，称为高潮；反之，当海面下降至最低时，称为低潮。

2. 平潮与停潮

涨潮时潮位不断增高，达到一定高度后，潮位短时间内不涨也不退称为平潮，对应低潮类似平潮的情况称为停潮；平潮与停潮的时间短的有几分钟，长的达一两个小时。

3. 高潮时与低潮时

平潮和停潮的中间时刻分别称为高潮时与低潮时。

4．涨潮时与落潮时

从低潮时到高潮时的时间间隔称为涨潮时，从高潮时到低潮时的时间间隔称为落潮时。

5．潮差

海面上涨到最高位置时的高度叫做高潮高，下降到最低位置时的高度叫低潮高，相邻的高潮高与低潮高之差为潮差。

以上参数便是潮汐的基本要素，基于潮位的观测数据，通过分析这些要素，便可以定量刻画潮汐运动，并分析其特点。通过分析不同海区的潮汐要素，人们发现，不同海区的潮汐有着不同的特点。有的地方潮水几乎察觉不到，有的地方却高达几米。在我国台湾省基隆，涨潮和落潮时海面只相差 0.5m，而杭州湾的潮差竟然高达 8.93m。因此，我们可以对潮汐进行分类。

7.1.3　潮汐的类型

根据潮汐涨落的周期和潮差的差异，可以把潮汐大体分为四类（图 7-4）：

1．正规半日潮

一个太阴日（24 时 50 分）内，有两次高潮两次低潮，并且两次潮差几乎相等。我国渤海、东海、黄海的多数地点为半日潮型，如大沽、青岛、厦门。

2．不正规半日潮

一个朔望月内，每个太阴日内一般有两次高潮和两次低潮，少数日子第二次高潮很小，半日潮特征不显著，这类潮汐称为不正规半日潮。

3．正规日潮

一个朔望月内，一个太阴日（24 时 50 分）内只有一次高潮和一次低潮，少数日子里有两次高潮和两次低潮，称为正规日潮或正规全日潮，如南海汕头、渤海秦皇岛等。南海的北部湾是世界上典型的全日潮海区。

4．不正规日潮

一个朔望月内大多数日子具有日潮的特征，少数日子具有半日潮特征。

不正规日潮和不正规半日潮有统称为混合潮。我国的南海多数地点属于混合潮，如榆林港，十五天出现全日潮，其余日子为不规则的半日潮，潮差较大。

7.1.4　潮汐不等现象

由于地、月、日三者之间的位移具有日变化、月变化、年变化和多年变化的规律，因此地球表面某点的海面涨落也具有相应的变化规律。

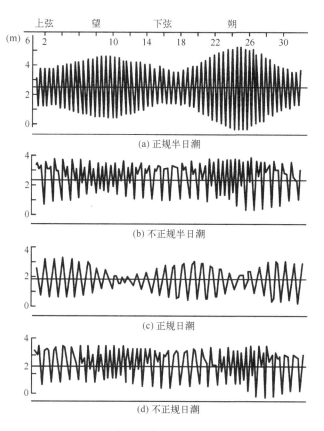

图 7-4 各类型潮汐的月过程曲线

1. 日不等

一天之中两个潮的潮差不等，涨潮时和落潮时也不等，这种不规则现象称为潮汐的日不等现象。高潮中比较高的一个叫高高潮，比较低的叫低高潮；低潮中比较低的叫低低潮，比较高的叫高低潮。日不等现象主要是由月球的赤纬变化引起的。

2. 半月不等

从潮汐过程曲线还可看出潮差也每天不同。在一个朔望月中，"朔""望"之后两三天潮差最大，这时的潮差叫大潮潮差；反之在上、下弦之后，潮差最小，这时的潮差叫小潮潮差。

3. 月不等

月球绕地球转动的轨道为椭圆形，地球在该轨道的一个焦点上。在公转周期内，月球距离地球远时形成远地潮，近时形成近地潮，其周期为一个恒星月，约为 27.32 日，此现象称为潮汐的月不等现象。

4. 年不等

地球公转轨道为椭圆形，造成了日地之间距离在不断变化。地球位于近日点出现的潮差大于地球位于远日点出现的潮差，形成了潮差的年周期变化，称为潮汐的年不等现象。

5. 多年不等

月球绕地球运行的椭圆轨道长轴随天体的运动不断变化，其近地点每年向东移动约为 40°，每 8.85 年完成一周；黄道和白道的交点也以 18.61 年的周期自东向西移动，由此产生潮汐的多年不等现象。

7.2 引 潮 力

7.2.1 月球引力

1. 定义

地球上单位质量物体所受的月球引力。

2. 公式

$$f_g = \frac{KM}{X^2} \tag{7.1}$$

其中，M 为月球质量，X 为所考虑质点到月球中心的距离。月球引力指向月球中心，力的大小随着质点所在位置的不同而变化。

7.2.2 惯性离心力

1. 定义

地月绕公共质心公转平动，单位质量物体所受的惯性离心力，方向与地心受月球引力方向相反。

地球绕地月公共质心公转平动的结果，使得地球（表面或内部）各质点都受到大小相等、方向相同的公转惯性离心力的作用。此公转惯性离心力的方向相同且与从月球中心至地球中心联线的方向相同（方向都背离月球）。

如图 7-5 所示，一个月中，月球绕地球运转一周。地月之间存在一个公共质量中心，该质心位于地球内部距离地球中心为 0.73 半径处。严格来说，月球在 1 个月中绕地月公共质心运转一周。如果不考虑地球的自转，地球将保持着平移运动。参看图示。地球上任意一点为 P，地心为 E，月球绕地球运转一周，两点的连线 PE，由于地球是平移运动，PE1，PE2，PE3，PE4 相互平行，因此在一个月中，地心绕地月公共质心 O 点运转一周，而 P 点绕它自己的圆心运转一周。由于这两个圆周大小相等，并保持同步旋转，因而在这两个点上产生的惯性离心力量值相等、方向一致。

2．公式

$$f_i = \frac{KM}{D^2} \tag{7.2}$$

式中：K 为万有引力常数；M 为月球的质量；D 为月地中心距离。

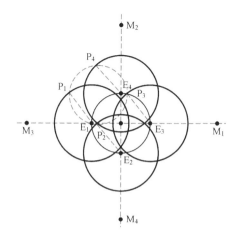

图 7-5　地球平动示意图

7.2.3　引潮力

1．定义

地球上单位质量物体受月球引力和地球绕公共质心运动产生的惯性离心力合力。

地球绕地月公共质心公转所产生的公转惯性离心力与月球引力的合力称为引潮力。地球上各点的引潮力如图 7-6 所示，可见地球表面各点所受的引潮力的大小、方向都不同，例如 A、B 两点的引潮力方向背离地心，而 C、D 两点的引潮力方向则指向地心。

2．公式

如图 7-7 所示，设地球半径为 r，月球中心至地球表面任意一点 P 的距离为 X，若考虑一个天体方位圈，即以地球为圆心，过天体（月球 M）、天顶（P'）

的大圆圈，则 θ 为天顶距，即天顶与天体（这里指月球）在天球上所张的角度。在地球表面 P 点处，单位质量海水所受的月球引力：

$$f_{pm} = \frac{KM}{X^2} = \frac{gr^2 M}{EX^2} \tag{7.3}$$

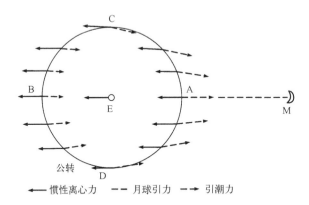

图 7-6 地球上引潮力示意图

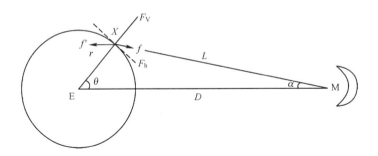

图 7-7 任意一点的引潮力分量

方向指向月球，而单位质量海水所受的公转惯性离心力为

$$f_{cm} = \frac{KM}{D^2} = \frac{gr^2 M}{ED^2} \tag{7.4}$$

方向与地月中心连线平行，且背离月球。

根据引潮力的定义，P 点的引潮力可以写为

$$F = f_{pm} + f_{cm} \tag{7.5}$$

月球引潮力的垂直分量和水平分量分别为

$$F_v = \frac{KM}{X^2}\cos(\theta+\alpha) - \frac{KM}{D^2}\cos\theta \tag{7.6}$$

$$F_h = \frac{KM}{X^2}\sin(\theta+\alpha) - \frac{KM}{D^2}\sin\theta \tag{7.7}$$

利用关系式：

$$\cos(\theta+\alpha) = \frac{D\cos\theta - r}{X}, \quad \sin(\theta+\alpha) = \frac{D\sin\theta}{L} \tag{7.8}$$

及多项式展开，略去高阶小量，得到最后的表达式：

$$F_v = g(Mr^3)/(ED^3)(3\cos^2\theta - 1) \tag{7.9}$$

$$F_h = 3/2 g(Mr^3)/(ED^3)\sin 2\theta \tag{7.10}$$

3．讨论

（1）引潮力的量值与天体的质量成正比，与天体到地球中心距离的三次方成反比。

（2）垂直引潮力与重力相比，只是重力的约千万分之一。

（3）太阴引潮力约为太阳引潮力的 2.17 倍。

（4）月球到地球的距离约为金星到地球距离的二万分之一。

（5）当地、月、日三者在一条连线上时，引潮力为两者之代数和，引潮力最大，而当三者的连线成垂直状态时，引潮力最小。

（6）在地球上向月的半球上水平引潮力大体上朝向月球方向，背月的半球上大体上背向月球方向。

因此，海洋潮汐现象主要是月球产生的，其次是太阳。

7.2.4　引潮力势

从地心移动单位质量物体到某一点，克服重力和引潮力所作的功，叫做这一点的位势，位势相等的点连成的面称为等势面。图 7-8（a）为不考虑引潮力情况下的重力位势面，是一个圆球面，显然，即使地球自转，也无法使水位有铅直的涨落。考虑引潮力后，由于在地月连线上引潮力方向与重力方向相反，在垂直于地月连线的大圆上引潮力方向与重力方向相同，因此，从引潮力的分布不难看出，考虑引潮力后的等势面就变成像如图 7-8（b）所示的椭球形，这个椭球的长轴指向月球。

自地心移动单位质量物体克服引潮力所做功如下

$$\begin{aligned}\Omega &= -\int_0^r K(Mr)/D^3(3\cos^2\theta - 1)\mathrm{d}r \\ &= -3/2 K(Mr^2)/D^3(\cos^2\theta - 1/3)\end{aligned} \tag{7.11}$$

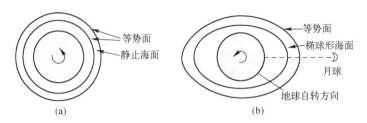

图 7-8 考虑引潮力之前（a）和之后（b）的等势面

7.3 平衡潮理论

7.3.1 假设

（1）地球为一个圆球，其表面完全被等深的海水所覆盖，不考虑陆地的存在；

（2）海水没有黏性，也没有惯性，海面能随时与等势面重叠；

（3）海水不受地转偏向力和摩擦力的作用（圆球，等深海水覆盖；海水无黏性，无惯性；不受地转偏向力和摩擦力作用）。

7.3.2 潮汐椭球

如图 7-9 所示，海面在重力和月球引潮力的共同作用下，达到新的平衡位置，海面变成椭球形，称为潮汐椭球，长轴恒指向月球。如图 7-10 所示，由于地球自转，地球表面相对椭球形海面运动，使固定点发生周期性的涨落而形成潮汐，这是平衡潮汐理论的基本思想。

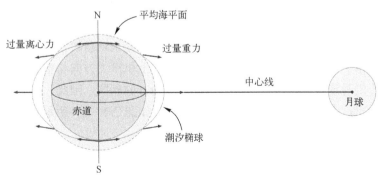

图 7-9 潮汐椭球

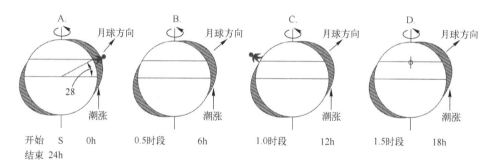

图 7-10 潮汐形成示意图

7.3.3 基本结论

（1）赤道永远出现正规半日潮。

（2）月赤纬不为 0 时，两极高纬度地区（纬度 $|\varphi|>90-|\delta|$）出现正规日潮；其他纬度出现日不等现象，越靠近赤道，半日潮的成分越大，反之，越靠近南、北极，日潮的成分越显著。

（3）同时考虑月球和太阳对潮汐的效应，在朔望之时，月球和太阳的引潮力所引起的潮汐椭球，其长轴方向靠近，两潮叠加形成大潮；上、下弦之时，月球和太阳所引起的潮汐椭球，其长轴相互正交，两潮抵消形成小潮。

7.3.4 潮高公式

不考虑引潮力时，海面为等重力位势面 C，考虑引潮力后海面的高度为 h_m，重力位势为 $C+gh_m$，再把引潮力位势 Ω 加上，就是海面的等位势面 C_1：

$$C+gh_m+\Omega=C_1 \tag{7.12}$$

将引潮力势计算公式：

$$\begin{aligned}\Omega &=-\int_0^r K(Mr)/D^3(3\cos^2\theta-1)\mathrm{d}r \\ &=-3/2K(Mr^2)/D^3(\cos^2\theta-1/3)\end{aligned} \tag{7.13}$$

代入式（7.12）中得到潮汐高度：

$$h_m=3/2(Mr^3)/(ED^3)r(\cos^2\theta-1/3)+C_2 \tag{7.14}$$

月球、太阳的潮高度计算结果：

$$\begin{cases}h_m\approx 18(3\cos^2\theta-1)+C_2 \\ h_s\approx 8(3\cos^2\theta'-1)+C_3\end{cases} \tag{7.15}$$

由（7.15）式可知，太阴平衡潮最大潮差为54cm，太阳平衡潮最大潮差为24cm，所以平衡潮理论得到的理论最大可能潮差为78cm。

7.3.5 潮汐不等现象

潮高公式的表达：

$$h_m = h_0 + h_1 + h_2 \tag{7.16}$$

$$h_0 = 3/2 h_a (\sin^2 \varphi - 1/3)(\sin^2 \delta - 1/3) \tag{7.17}$$

$$h_1 = 1/2 h_a \sin^2 \varphi \sin^2 \delta \cos T \tag{7.18}$$

$$h_2 = 1/2 h_a \cos^2 \varphi \cos^2 \delta \cos 2T \tag{7.19}$$

式（7.16）~式（7.19）中 T、δ 等相关角度见图7-11。h_0 与 T 无关，而与 δ 有关，由于 $\sin^2 \delta$ 的周期为半个回归月，所以 h_0 具有长周期的特性。

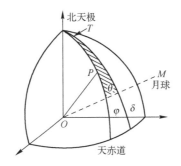

图7-11 潮高公式中相关角度

h_1 与 $\cos T$ 成比例，这表示在24太阴时内，它变化一个周期，而且于月上中天时出现最大值，月下中天时出现最小值，所以，h_1 代表日潮，而且日周期部分随赤纬度的增大而增大，赤纬度为零时，日周期部分为零；

h_2 与 $\cos 2T$ 成比例，这表示在24太阴时内，它变化两个周期，而且于月上、下中天时均出现最大值，所以 h_2 所代表的是半日潮，并且半日潮随月赤纬的增大而减小，月赤纬为零时，半日周期部分为最大；

（1）日不等现象。

月赤纬不为零，除高纬，地球上各点潮汐都为半日潮与全日潮叠加，出现日不等现象。月赤纬增大，日不等现象显著，月赤纬最大时，这时半日周期部分最小，日周期部分最大，这就是回归潮。月赤纬为零，日周期部分为零，地球上各点潮汐都为正规半日潮，称为分点潮（equinoctial tide）。

(2)朔望大潮和两弦小潮现象。

如图 7-12 所示,如果把太阳平衡潮考虑在内,当太阴、太阳时角差为 0°或 180°时,潮差最大,是朔望大潮;当太阴、太阳时角差为 90°或 270°时,则潮差最小,是两弦小潮。所以出现半月周期的变化,即半月不等现象。

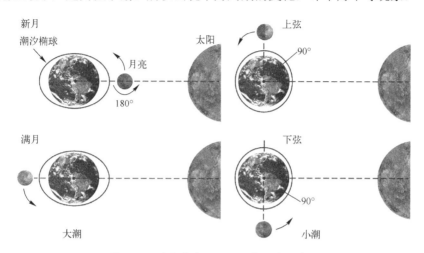

图 7-12 朔望大潮和两弦小潮形成示意图

(3)月不等现象。

潮高与月地距离的三次方成反比,因此月球近地点时潮差较大,远地点时潮差较小,这就出现了潮汐的月周期变化。

(4)年不等现象。

由于地球近日点有一年的变化周期,就产生了潮汐的年不等现象;

(5)多年不等现象。

月赤纬有 18.61 年变化周期,月球近地点有 8.85 年的变化周期,所以就产生了潮汐多年不等现象。

7.3.6 分潮与假想天体

假想天体:实际海洋潮汐认为是许多简单波动的叠加,每个单一波动都对应一个天体,即"假想天体"。许多"假想天体"共同作用逼近实际天体作用。

分潮:每个假想天体对海水作用引起的潮汐称为分潮(表 7-1),主要分潮有 11 个。半日分潮:M_2,S_2,N_2,K_2;全日分潮:K_1,O_1,P_1,Q_1;浅水分潮:M_4,MS_4,M_6。

表 7-1 常用分潮及其周期、相对振幅

种类	名称	符号	相对振幅	周期/h
半日分潮	太阴主要半日分潮	M_2	100	12.421
	太阴椭圆率主要半日分潮	N_2	19.1	12.000
	太阳主要半日分潮	S_2	46.5	12.658
	太阴—太阳赤纬半日分潮	K_2	12.7	11.967
日分潮	太阴主要日分潮	O_1	41.5	25.819
	太阴椭圆率主要全日分潮	Q_1	7.9	26.868
	太阳主要全日分潮	P_1	19.3	24.066
	太阴-太阳赤纬全日分潮	K_1	54.4	23.934
浅海分潮	太阴浅海分潮	M_4		6.21
	太阴太阳浅海分潮	MS_4		6.10
	太阴浅海分潮	M_6		6.14

7.3.7 评价

1. 主要贡献

潮汐的发生建立在客观存在的引潮力之上。能解释海洋中大部分海域潮汐不等现象。由潮高公式所揭示的潮汐变化周期与实际基本相符。

2. 存在的缺陷

1）潮差

平衡潮理论计算结果最大潮差 78cm，而实际潮汐很复杂，北美州的芬地湾，最大潮差 18m，我国沿岸潮差普遍有数米之多，杭州湾的最大潮差接近 9m。大洋情况比较接近平衡潮假定条件，大洋潮差与平衡潮计算的潮差相差较小。

2）潮汐类型

按照潮汐静力理论，赤道上永远不会出现日潮，低纬度地区也以半日潮占优势，但实际上，许多赤道和低纬度地区，均有日潮出现；

3）潮汐间隙

平衡潮理论认为当月球位于观测点上中天时，当地应该出现高潮，但实际上要落后一段时间，它被称为高潮间隙，并且各地的高潮间隙不同。

4）潮流

平衡潮理论没有涉及海水的运动，因此无法解释潮流这一现象。

5）无潮点

在半封闭的海湾常常出现没有潮汐涨落的无潮点，等潮时线绕无潮点顺时针或逆时针转，两岸的潮差不相等。

6)潮龄

平衡潮理论认为朔望时月日引潮力的方向一致,应该发生大潮,实际上大潮的时间要落后一两天,这迟后的天数称为潮龄。

7.4 潮汐动力理论

潮汐动力理论是从动力学观点出发研究海水在引潮力作用下产生潮汐的过程,该理论认为:对于海水运动来说,只有水平引潮力才是重要的,而引潮力的铅直分量(铅直引潮力)和重力相比非常小,因此铅直引潮力所产生的作用只是使重力加速度产生极微小的变化,故不重要。潮汐动力理论还认为:海洋潮汐实际上指的是海水在月球和太阳水平引潮力作用下的一种潮波运动,即水平方向的周期运动和海面起伏的传播,海洋潮波在传播过程中,除了受引潮力作用之外,还受到海陆分布、海底地形(如水深)、地转偏向力(即科氏力)以及摩擦力等因素的影响。以下主要从潮汐动力理论的基本观点出发,解释海洋潮波在几种简单特殊海区中的传播情况(表7-2)。

表7-2 各种形态中潮波特性的比较

	长海峡 (北半球)	窄长半封闭海湾 (长度≤$\lambda/4$,宽度<λ)	半封闭宽海湾 (北半球)
潮波	前进波	驻波(因湾顶全反射形成)	两驻波的叠加(因湾顶反射与地转效应形成)
潮流	来复流 高潮:流向与潮波传向相同 低潮:流向与潮波传向相反 高、低潮时流速最大 半潮面时流速为0	来复流 涨潮向里,高潮时流速为0 退潮向外,低潮时流速为0 半潮面时流速最大 湾顶处潮流始终为0	旋转流 潮流矢量反时针偏转 矢量末端联线为椭圆 无潮点潮流始终为最大 各地潮流始终不为0
等潮时线	一组与潮波传向垂直的直线 各地高潮的发生时刻取决于潮波的波速和波向	一条与潮波传向相同的直线 各地同时到达高潮	绕无潮点反时针偏转
潮差	沿潮波传向看右岸大于左岸 不存在无潮线	湾顶大,湾口小 存在无潮线(离湾顶$\lambda/4$处)	岸边大,中间小 存在无潮点

7.4.1 长海峡中的潮汐和潮流

潮流:高潮时,潮流方向与潮波方向相同,低潮时,潮波方向与传播方向相反,波节时,潮流为零。

潮汐：在北半球，沿潮波传播方向看，由于科氏力的作用，右岸的潮差大于左岸。

7.4.2 窄长半封闭海湾中的潮汐和潮流

当一个前进波自外海传入海湾（称为入射波）时，由于湾顶岸壁的全反射就产生了一个反射波，这两个波叠加形成驻波，这就构成半封闭海湾的潮波，即实际潮波为一波形不传播的驻波。

$$\varsigma = a\sin(2\pi x/\lambda + 2\pi t/T) + a\sin(2\pi x/\lambda - 2\pi t/T)$$

海湾潮位： $= A\sin(2\pi x/\lambda)\cos(2\pi t/T)$ （7.20）

$$u = -\lambda/(Th)A\cos(2\pi x/\lambda)\sin(2\pi t/T)$$

潮流： $= -A\sqrt{g/h}\cos(2\pi x/\lambda)\sin(2\pi t/T)$ （7.21）

7.4.3 半封闭宽海湾中的潮汐和潮流（旋转潮波）

一个北半球长度和宽度都等于潮波波长一半的半封闭海湾。在科氏力作用下，高潮时，潮波右侧高，左侧低；低潮时，左侧高，右侧低。潮流方向如图 7-13 所示，形成旋转形态。

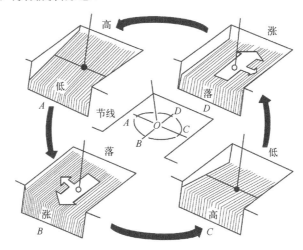

图 7-13 北半球宽海湾中旋转潮波的运动及海面随时间的变化

7.4.4 潮汐动力学理论的应用

根据牛顿静力学理论及潮汐椭球定性讨论所得出的结论可以解释对于潮汐周期与潮汐不等现象。但由于静力学理论的基本假设与实际不符，所以还有许多实际潮汐现象无法用静力学理论解释，而只有从海水运动的观点出发，利用潮汐的动力学理论才能说明。

1. 潮汐滞后现象

按牛顿静力潮理论，若不考虑海水的惯性与摩擦力，则高潮应出现在月球经过当地子午圈的中天时刻。但实际上，由于海水有黏滞性，海水流动受到水体内部黏滞力和海底摩擦力的作用以及海水惯性的影响，高潮总在中天时刻以后若干时间才会出现，此时间间隔称为高潮间隙；从月中天时刻到低潮出现的时间间隔称为低潮间隙，两者统称为月潮间隙。

按牛顿静力潮理论，每月最大潮应发生在朔、望日；每月最小潮应出现在上、下弦。但实际上，由于海水的惯性与黏滞力的作用，加上海底深浅不一和海岸水下地形的影响，每月最大与最小潮的出现总要延迟 1～3 天，该时间差称为潮令或月令，各地该值多有所差别。

2. 潮波共振现象

按静力潮汐理论，赤道上永远不会出现全日潮，低纬度地区也以半日潮占优势。但实际上许多赤道和低纬度地区，均有日潮出现。按潮汐动力学理论，海水在引潮力作用下所产生的潮波周期和引潮力的周期一致，是一种强迫振动。简言之，可以认为，在一个太阴日内的引潮力，主要由两个周期不同的分力所组成，一个是周期为 12h 25min 的"半日引潮力"，另一个是周期为 24h 50min 的"全日引潮力"。实际上，海洋并不是等厚度的海水，而是被陆地所阻隔的水域，如港湾或大洋，由于其形态大小不一，必然会有其本身的"固有振动周期"。当潮波传入水域时，若某分潮振动的周期接近海区固有振动周期，便会发生所谓"共振"现象，使这种周期的振动加剧。例如，北美芬地湾是世界上潮差最大的海湾之一，且为半日潮型，因为，该湾的固有振动周期为 11.5h，与半日分潮周期较接近，形成共振。又如，靠近赤道的我国北部湾，其固有振动周期为 23.1h，与全日分潮的周期非常相近，因此，该湾出现全日潮型。

3. 无潮点及涌潮现象

在一些半封闭的海湾中，常常出现没有潮汐涨落的无潮点（区），并且同潮时线绕无潮点按顺时针或逆时针方向旋转，海湾两岸的潮差也常不等。这一现象只有从潮汐动力学理论才能解释，潮波在传播过程中，既受地形影响亦受科氏力影响，在海湾内常有潮波反射，与前进潮波相会，出现纵、横向驻潮波运动，在两个振动的节线交点上，潮汐涨落才为零，此交点称为无潮点。

潮波沿河道逆流而上时，由于水深度逐渐变浅，河宽逐渐变窄，潮波传播速度也越来越减缓，加上河流径流和河床摩擦的阻力，使得潮波变形，前坡变陡，后坡变缓，潮位涨得快，落得漫，这就可能发生所谓的涌潮（暴涨潮）现象。例如，我国著名的浙江钱塘江海宁涌潮，大潮时潮差常达 8m 以上。再如，芬地湾的圣约翰河河口的"峡谷"，由于湖波受峡谷地形阻挡，使峡谷处水位骤然升高，于是形成了向河流上游流动的"瀑布"。

习题和思考题

1. 什么叫潮汐现象？
2. 潮汐现象可以分为哪四种类型。
3. 什么叫平太阳日和平太阴日？
4. 什么叫做引潮力？引潮力的分布有什么特征？
5. 试述平衡潮理论的基本思想。
6. 用平衡潮理论解释朔望大潮和两弦小潮产生的原因。

第8章 海洋中的声、光传播及其应用

8.1 海洋声学概述

8.1.1 水声学与海洋声学的发展

迄今为止的各种能量辐射形式中,声波在海水中的传播性能最好,而光波和电磁波在海水中的衰减都非常大,传播距离较短。举例说明:波长约 500 μm 的电磁波的吸收系数在纯水中约为 100 dB/km,而 10kHz 的声波在海水中的吸收系数约为 1 dB/km,如图 8-1 所示,由此可见声波在海水中的传播能力比电磁波要大十几个量级。因此,在水下目标探测、通信、导航等方面目前均以声波作为水下唯一有效的辐射能。这对于水下探测潜艇、鱼雷等水下目标将具有非常重要的意义。因此,研究海洋的声学特性对于海军的水下作战非常重要。

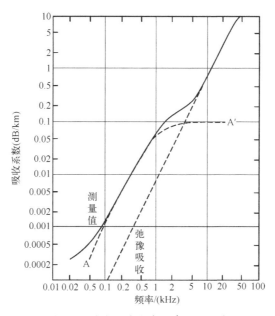

图 8-1 纯水和海水中的声吸收曲线

另外,应海战需要而发展起来的水下目标探测设备——声纳(Sound Navigation And Ranging, SONAR),是海军舰船目前广泛装备的重要设备,在海军水下作战中有着非常重要的作用,也是利用声波进行工作的。在20世纪20—30年代,由于对声在海中的传播规律了解很少,曾认为声纳具有一种神秘的不可靠性,即声纳的性能有时早晨较好,到下午性能变得很坏,尤其在夏季的午后最差。当时称这种现象为"午后效应"。后来在测量海水中各层的温度时发现,由于太阳的照射,海表层温度升高,构成负的温度梯度,形成了声的折射,使声波部分能量弯曲入射到海底,降低了声纳的探测性能。从此便开始了声波在海洋介质中传播特性的研究,后逐步发展形成了水声学。

第二次世界大战后声纳技术发展迅速,除军事的用途之外,也广泛应用于声导航系统、探鱼、测深和海底地形测绘、海底底质剖面结构等民用方面。目前水声技术已是开发海洋和研究海洋广泛采用和行之有效的手段,如水下通信、声遥测遥控、数据图像传输,以及用声波遥测海洋涡旋的运动和变化与全球海洋温度的监测等方面。这些应用技术要求进一步研究声波传播规律与海洋环境的定量关系。由于海洋介质的复杂性和多变性,声波在海洋中的传播规律不仅取决于海洋的边界条件、海水的温盐分布、海水中一些成分(如 $MgSO_4$)对声波的吸收等,而且还受到海洋动力因素和海洋时空变化的制约。因此其研究方法和特点属于物理学中声学范畴,而它受海洋环境的制约又使之成为海洋科学中不可分割的一部分,并逐步发展形成了海洋声学。

8.1.2 海洋声学的研究内容

海洋声学是海洋科学中发展较快且有广泛应用前景的新领域。它所研究的内容有包括正问题和逆问题两个方面,具体为

(1)因海洋中的声速铅直分布不均匀而形成的深海声道传播特性,以及声的波导传播与非波导传播;海水因含 $MgSO_4$ 等化学成分引起的超吸收;对远距离传播有极大影响的海底沉积层的声学特性;沉积层的分层结构和海底的不平整地形等的反射损失和散射;内波引起声传播振幅和相位的起伏;海洋水层中浮游生物群和游泳动物的声散射;大洋深处的湍流、涡旋对声波传播的影响以及海洋动力噪声、水下噪声和海洋生物发声等。以上都属海洋声学研究的正问题。

(2)反过来又可应用上述的声传播信号特征寻求海洋内部的运动规律和边界状态,如声学方法监测大洋温度等,则为海洋声学的逆问题。逆问题在开发海洋和研究海洋方面具有可观的潜力。

8.1.3　海洋声学的应用前景

海洋声学的应用范围广泛，其中与遥感技术相结合发展起来的声学遥感具有很好的应用前景。声学遥感在海洋中的应用，使原来用绳子和重锤测海深的方法由回声测深仪在几秒钟内即可自动记录完成；以往用几年和数十艘调查船承担的海图测深，已可在数月内用单船作业完成测绘。其他如海底地层石油和矿藏勘探、探鱼和海洋生物遥测、冰山水下部分、海上石油井口定位和声释放器、远距离声发定位援救大洋中遇难船只和确定火山爆发位置，水下通信用的水声电话，水下电视信号传递，波浪和海平面测量，预告台风和海啸，用声浮标监测海流和中尺度涡，观测内波的位置、变化和海岸泥沙的搬运，以及最近成立的全球大洋声学监测网（ATOC）等，这些都证明声学遥感对开发和研究海洋有广泛的应用前景。

8.2　声波的基本理论

8.2.1　声波

声波是弹性波，是在弹性介质中传播的波。空气、水和固体都是弹性介质，它们对声波而言，都可看作可压缩的弹性介质。以水为例，若其中有一个球体突然膨胀，推动周围的水介质向外运动，但水介质因惯性不可能立即向外运动，因此靠近球体的一层水介质被压缩成为密层，这层水因具有弹性又会膨胀，又使相邻的外层水压缩，于是弹性波就这样一密一疏地传播出去。声波在水中的传播速度约为1500m/s，大约是在空气中的传播速度330m/s的五倍。声源每秒振动的次数称为频率，单位是赫兹（Hz）。人耳可听到的最高频率约为20kHz，因此在20kHz以上的声波称为超声波。人耳可听到的最低频率约为20Hz，低于20Hz以下的声波称为次声波。两个相邻密层（或疏层）之间距离就是波长，频率与波长成反比。

8.2.2　理想流体中的小振幅声波

简明起见，我们只研究平面波，我们选最简单的单色简谐波并导出一维简谐平面波的波动方程。

如图8-2所示，在水介质中截取一块截面积为1、长度为δx的管状介质，我们认为水介质为连续介质。声波在此管状介质中传播，t时刻在x点的振动位

移为 ξ，在 $x+dx$ 处的振动位移为 $\xi+\dfrac{\partial \xi}{\partial \chi}\delta \chi$，设此块介质的质量不随时间变化，但其密度和体积随时间变化。令 ρ_0 为未受扰动前的密度，ρ 为受声波扰动后 t 时刻介质的密度，根据质量守恒原理应有如下关系：

$$\rho_0 \delta x = \rho\left(1+\frac{\partial \xi}{\partial x}\right)\delta x \tag{8.1}$$

$$\rho_0 \delta x \frac{\partial^2 \xi}{\partial t^2} = -\rho\frac{\partial p}{\partial x}\delta x \tag{8.2}$$

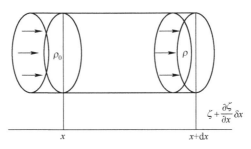

图 8-2　声波在管状介质中传播

式中：p 为介质中任一点的压强。

我们假定介质状态变化过程为绝热过程，则有

$$\frac{\partial p}{\partial x}=\left(\frac{\partial p}{\partial \rho}\right)_s\frac{\partial \rho}{\partial x} \tag{8.3}$$

因此式（8.2）可改写为

$$\rho_0\frac{\partial^2 \xi}{\partial t^2}=-\left(\frac{\partial p}{\partial \rho}\right)_s\frac{\partial \rho}{\partial x} \tag{8.4}$$

由式（8.1）和式（8.4）式整理得

$$\frac{\partial^2 \xi}{\partial t^2}=\left(\frac{\partial p}{\partial \rho}\right)_s\frac{1}{\left(1+\dfrac{\partial \xi}{\partial x}\right)^2}\frac{\partial^2 \xi}{\partial x^2} \tag{8.5}$$

式（8.5）为有限振幅声波的波动方程，这是一个非线性方程，下标 s 表示声波传播时介质状态的变化是绝热过程，因为声振动的频率与介质的状态变化相比是很迅速的，在一个周期的声波变化过程中，介质来不及与周围产生热量交换。通常我们仅讨论线性情况下的波动方程，即当 $\partial \xi/\partial x \ll 1$ 时，得到小振幅平面声波的波动方程

$$\frac{\partial^2 \xi}{\partial t^2} = \left(\frac{\partial p}{\partial \rho}\right)_s \frac{\partial^2 \xi}{\partial x^2} \tag{8.6}$$

令

$$c^2 = \left(\frac{\partial p}{\partial \rho}\right)_s \tag{8.7}$$

c 即为声波的传播速度，严格说是某个简谐波的相速度。式（8.7）又可以写为

$$c^2 = \frac{1}{(\frac{\partial \rho}{\partial p})_s} = \frac{1}{\rho\left(\frac{1}{\rho}\left(\frac{\partial \rho}{\partial p}\right)_s\right)} = \frac{1}{\rho \beta_s} \tag{8.8}$$

β_s 是介质的绝热压缩系数。若介质为水，则上式为水中小振幅平面波于绝热过程的相速度公式。故式（8.6）小振幅平面声波方程可写为

$$\frac{\partial^2 \xi}{\partial t^2} = c^2 \frac{\partial^2 \xi}{\partial^2 x^2} \tag{8.9}$$

求解上式得

$$\xi = \xi_a e^{j(\omega t - kx)} \tag{8.10}$$

式（8.10）为简谐波，式中 $k = \frac{2\pi}{\lambda}$，称为波数，λ 为波长。式（8.10）是满足条件 $\left|\frac{\partial \xi}{\partial x}\right| \ll 1$ 时式（8.9）的解，因此可认为 $\xi_a k \ll 1$ 或 $\xi_a \ll \lambda$ 是小振幅声波方程的条件。

以水介质为例，看在多大功率下是小振幅声波。设水的质点振动速度为 $\xi_a \omega$，单位截面上的声功率为 $J = \frac{1}{2}\rho c \xi_u^2 \omega^2$。欲满足 $\xi_a k \ll 1$ 或 $\xi_a k \ll 10^{-4}$，简化可得 $J < 3 \times 10^4 \text{W/m}^2$。通常声功率小于 $3 \times 10^4 \text{W/m}^2$，式（8.9）是适用的，若声功率超过 $3 \times 10^4 \text{W/m}^2$ 则为非线性声波。

8.2.3 海水中声波的传播速度

由式（8.8）可知声速度与介质的压缩系数和密度有关，由热力学定律可知

$$\beta_t = \gamma \beta_s, \gamma = \frac{c_p}{c_v} \tag{8.11}$$

式中：β_t 为等温压缩系数；c_p 是定压比热；c_v 是定容比热。因此式（8.8）又可以写为

$$c^2 = \frac{\gamma}{\rho \beta_t} \tag{8.12}$$

式中：γ、ρ、β_t 是可由实验测定的物理量。声速度公式（8.12）不适用于非线性声波。

声传播速度是一个重要的物理量，它与介质的特性有关。实际海洋是非均匀介质，声波在其间传播，各处的声速度也不相同。如果在一个波长范围内，海水不均匀性的变化可以忽略，我们就可以用射线声学描写声波的传播规律。为此需要了解声波在海水中的传播速度与哪些因素有关，它们在海洋中不同深度的变化与哪些海洋参数有关。

在海洋中，由式（8.12）所给出的各物理量与海水的温度、盐度和压力有关。下面分别讨论上述因素对声速的影响。

1. 温度的影响

介质的温度变化时，压缩系数 β_s 随之发生较大变化，此时介质的密度也产生相应的变化，其变化量较小可以忽略不计。已知压缩系数 β_s 当温度增加时变小，温度降低时 β_s 增大。

压力为 101325 Pa、盐度为 0 的纯水，其压缩系数依赖于温度的经验公式为

$$\beta_s = 481 \times 10^{13} - 3.4 \times 10^{-13} t + 3 \times 10^{-15} t^2$$

当温度为常温时，可略去 t^2 项，则有

$$\beta_s = 481 \times 10^{13}(1 - 0.00707t)$$

若令 $\beta_{s0} = 481 \times 10^{13}$，$V_t = 0.00707$，则有

$$\beta_s = \beta_{s0}(1 - V_t t) \tag{8.13}$$

在通常海洋水温的变化范围内，水的密度变化较小，可以忽略不计，则有

$$c_t = \frac{1}{\sqrt{\rho_0 \beta_0 (1 - V_t t)}} = \frac{c_0}{\sqrt{(1 - V_t t)}} \tag{8.14}$$

式中：$c_0 = \frac{1}{\sqrt{\rho_0 \beta_0}}$；$\rho_0$ 为海水的平均密度；c_0 是当 $t=0°C$ 时的声速度。

我们研究的是小振幅声波，且 $V_t t \ll 1$，因此将上式展开为级数，取其前二项近似，即有：

$$c_t = c_0(1 + \frac{1}{2}V_t t) \tag{8.15}$$

声速的变化为

$$\Delta c = c_t - c_0 = c_0 \frac{1}{2} V_t t = c_0 \times 0.00354t \tag{8.16}$$

上式说明，当温度变化 1°C 时，声速的变化是原来的 0.35%。设 $c_0 = 1450$m/s，

当温度变化 1℃时，声速的变化是 5m/s。

根据上述的经验公式求得的 Δc 值比较大。在实验室中测得的结果表明，如果海水的温度变化不大，则压缩系数可以认为与温度成线性关系。海水的温度在 0～17℃范围内每升高 1℃其相应的声速度增加 4.21m/s，而 V_t 应相当于 0.0058。

2．盐度的影响

克鲁逊公式为

$$\rho = \rho_0(1+0.0008S) \tag{8.17}$$

式中：S 是盐度。该公式还可以写为

$$\rho = \rho_0(1+V_{S\rho}S) \tag{8.18}$$

式中：$V_{S\rho}=0.0008$，也就是说当盐度增加 1 时密度增加 0.08%。

盐度对压缩系数的影响由克雷米尔公式得出：

$$\beta_S = \beta_{S0}(1-0.0024S) = \beta_{S0}(1-V_{Sk}S) \tag{8.19}$$

式中：β_{S0} 是盐度为 0 的压缩系数，其中 $V_{Sk}=0.00245$。可见当盐度增加 1 时，压缩系数要减少 0.00245，使水中的声速值增加。当然盐度增加时，水的密度也增加，会使声速减少。综合效应是：盐度增加，使海水中的声速增大。

将式（8.18）与式（8.19）代入式（8.8）并令 S=1 可得

$$c_S = \frac{c_0}{\sqrt{(1+V_{Sp})(1-V_{Sk})}} \cong c_0 + \frac{1}{2}c_0(V_{Sk}-V_{Sp}) \tag{8.20}$$

将 $V_{Sk}=0.00245$ 和 $V_{Sp}=0.0008$ 代入得

$$\Delta c_S = c_0 \times 0.00083 \tag{8.21}$$

当盐度升高 1 时，声速近似的增加 0.00083。若 $c_0=1450$m/s，声速增加为

$$\Delta c_S = 1450 \times 0.00083 = 1.2\text{m/s}$$

在海水中测量结果表明：盐度每增加 1，声速值增加 1.14m/s，小于因温度变化所引起的声速度变化。若海水含有空气泡，其密度和盐度都降低，因而声速将减小，且声能量在传播过程中有损耗。据实验，由于水中含有气泡而引起的声速度的变化是很小的，它与测量误差同量级，可以忽略。

3．压力变化的影响

静压力变化时引起水的密度变化是很小的，声速度变化主要取决于压缩系数 β_s 的变化。对水而言，压力越大，越不易压缩。因此，压缩系数 β_s 反而因压

力的加大而减小了。即压力越大处，声速值也大。由经验公式得知，在海水静压力为（0~1000）×101325 Pa 时，压缩系数 β_S 的变化可以由下式表示：

$$\beta_S = \beta_{S0}(1-0.00044p) = \beta_{S0}(1-V_{pk}p) \quad (8.22)$$

式中：$V_{pk}p = 0.00044$，p 以标准压力（101325 Pa）为单位。引起的声速变化近似为

$$\Delta c_p = \frac{c_0}{2}V_{pk}p = 0.00022c_0 p \quad (8.23)$$

由式（8.23）可知，当水的静压力增加时，声速值也增加。若 $c_0 = 1450\text{m/s}$，静压力变化为 10×101325 Pa，即相应于海水深度变化 100m，则声速的增量为

$$\Delta c_p = 1450 \times 0.00022 \times 10 = 3.19\text{m/s}$$

海水中实测当深度变化 100m 时，声速约增加 1.75m/s，比经验公式所得要小。

综合上述各经验公式可得：当海水深度变化 245m 时，其声速变化值相当于温度变化 1℃ 或盐度变化 4。显然在影响声速的诸因素中，温度的变化起着相当重要的作用，其次是压力的影响，通常多将盐度的变化忽略，除非在极特殊的海区。

8.3　海洋的声学特性

海水、海面和海底构成一个复杂的声传播空间，声波通过这个空间时，声信号将减弱、延迟和失真，并损失部分声能。引起声能损失的原因有：声能在空间扩展；海水介质的吸收；海中气泡、浮游生物和海水团块的散射；波动海面的反射与散射；海底反射层的反射和吸收等。即使在理想介质中的点声源，也因波阵面扩展，而使声强随距离的平方衰减。若以分贝（dB）表示球面扩展损失，则距离声源 r 处的球面扩展损失 TL 定义为

$$TL = 10\log\frac{I}{I_0} = -20\log r \quad (8.24)$$

式中：I_0 中是距声源 1m 处的声强；I 是距离声源 r 处的声强。

8.3.1　海水的声吸收

海水本身的声吸收与声能在空间扩展导致的声能衰减有本质的区别，海水声吸收是将声能变为不可逆的海水分子内能。实际上，声在流体介质中的传播过程是介于绝热与等温过程之间，由于声波的频率较高，近似地认为是绝热过程。在简谐声波的传播过程中，流体的每一处都交替地发生稠密和稀疏。根据弹性理论，纵向应力由切变和压缩应力组成，声波对介质状态的扰动直接由压

力变化引起；或者是由于体积变化时相伴生的温度升、降所致。实际上两种效应都可能，且引起的损失效果相同。流体介质存在黏滞性与导热性，介质因压缩变形而引起声能耗散称为机械能耗散。动态压缩时，分子间的非弹性碰撞使部分声能转变为热能，通常称这部分声吸收为由分子过程引起的声吸收。

已知流体中声速为

$$c=\sqrt{\frac{1}{\rho\beta_S}}=\sqrt{\frac{\gamma}{\rho\beta_t}} \qquad (8.25)$$

当体积变化与压力变化同相时，则发生声的吸收。如为绝热压缩，这种不同位相的关系可假设 β_S 为复数来解释。由于 $\beta_S=\dfrac{\beta_t}{\gamma}$，因此式中 β，γ 都可能使 β_S 为复数，因而声速的表达式也为复数时即存在声吸收。在各向同性均匀介质中，由于黏滞性和导热性导致的声能损耗，其声吸收系数为

$$\alpha=\frac{\omega^2}{2\rho c^3}\left(\left(\frac{4}{3}\eta+\xi\right)+K\left(\frac{1}{c_v}-\frac{1}{c_p}\right)\right) \qquad (8.26)$$

式中：ρ 为介质的密度；η 为切变黏度；ξ 为体积黏度；c 为无吸收时的声速；K 为介质的导热系数。

由式（8.26）可知吸收系数 α 与声波频率的平方成正比。上述公式适用于声吸收系数较小的介质。介质除上述声吸收外，还应考虑到压缩或膨胀时，流体分子内部各自由度的能量重新分配，以及组成的化学成份之间的能量分配而有的弛豫过程，将这部分吸收考虑在内的声吸收系数为

$$\alpha=A\omega^2+\frac{B\omega^2\tau_k}{1+\omega^2\tau_k} \qquad (8.27)$$

式中：A、B 是与频率无关的因子；τ_k 是弛豫时间。

第一项是海水溶液的超吸收，第二项是纯水介质的吸收。显然第一项与海水的化学成份有关。如图 8-3 所示，实线是海水中声吸收的理论曲线，曲线两侧的点（三角形表示）是在硫酸镁溶液中测得的吸收数据。虚线表示纯水中的声吸收曲线。

由图可知，海水中超吸收主要由其所含硫酸镁引起的。然而，海上实际测量时无法将声波因海水所引起的声吸收损失与海中气泡及浮游生物的散射损失区分开，其综合的声强损失服从指数衰减规律：

$$I_2=I_1 e^{-n(r_2-r_1)} \qquad (8.28)$$

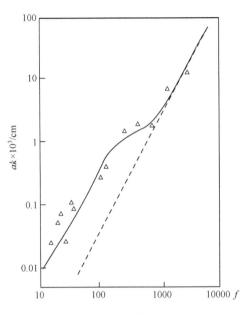

图 8-3 纯水和海水中的声吸收曲线

式中：I_1 是距离声源为 r_1 处的声强；I_2 是距离声源为 r_2 处的声强；n 为比例常数。若取 $a = 10\log e$，则距声源 r_2 与 r_1 之间的声强级差为

$$10\log I_1 - 10\log I_2 = \alpha(r_2 - r_1), \alpha = \frac{10(\log I_2 - \log I_1)}{r_2 - r_1} \qquad (8.29)$$

式中：a 为对数吸收系数，它与发射频率、海水的化学成份和温度有关。

8.3.2　海面波浪的声散射

如果海面平静如镜，可以看作理想的声反射面。声波在其上反射后，只有相位变化没有能量损失。波动的海面有大量的气泡和浮游生物，既是声的反射界面又是声的散射体。海面波浪可看作两部份叠加，即周期波（或准周期波）和随机波的叠加。通常用周期、波长和波高等描述波浪的特性，同时也用随机过程的能量谱的概率密度分布、方差、相关函数等描述波浪特征。声波入射到具有波浪的海面即相当于入射到周期变化的不平整表面，因不平整性、气泡和浮游生物的散射，一部分声能弥散到其他方向而损失，只有那些遵从折射定律的声波到达接收点，所损失的声能与海况和浮游生物有关。

8.3.3 海水中的声速和声速铅直剖面

海水中声速是温度、盐度和压力的函数（表 8-1、表 8-2），通常以经验公式表示，类似的经验公式较多，应用较多的是威尔逊公式。

表 8-1 海水中各种盐类对压缩系数和声速的影响

溶液	浓度/ g/kg	浓度/ mol/l	C/ m/s	Δc/ m/s^{-1}	β_s/ 10^{12}cm^{2}dyn-1	$\Delta\beta_s$/ 10^{12}cm^{2}dyn^{-1}
蒸馏水	—	—	1510.0	0.0	44.052	-0.000
NaCl	26.518	0.4649	1538.2	28.2	41.672	-2.380
MgSO$_4$	3.305	0.0281	1513.4	3.4	43.718	-0.334
MgCl$_2$	2.447	0.0263	1512.9	2.9	43.802	-0.250
CaCl$_2$	1.141	0.0105	1510.9	0.9	43.961	-0.091
KCl	0.725	0.00997	1510.6	0.6	43.999	-0.053
NaHCO$_3$	0.202	0.00246	1510.2	0.2	44.035	-0.017
NaBr	0.083	0.00083	1510.0	0.0	44.048	-0.004

表 8-2 声波在不同温度、盐度海水中的传播速度

S T/℃	26	27	28	29	30	31	3 2	33	34	35
0	1433.7	1435.0	1436.3	1437.6	1438.2	1440.2	1441.5	1442.8	1444.1	1445.4
5	1455.8	1457.1	1458.4	1459.6	1460.9	1462.0	1463.4	1464.7	1466.0	1467.2
10	1475.8	1477.0	1428.2	1479.4	1480.0	1481.9	1483.2	1484.3	1485.0	14 86.7
15	1493.3	1494.5	1495.7	1496.8	1498.0	1499.0	1500.4	1501.5	1502.6	1503.8
20	1508.7	1509.8	1510.9	1512.0	1513.0	1514.3	1515.4	1516.5	1517.5	1518.7

注：适用深度约 10～20m

实际应用中多采用 Frye 和 Pugh 在威尔逊经验公式基础上给出的较为简单的公式：

$$\begin{cases} c = 1449.30 + \Delta c_t + \Delta c_S + \Delta c_p + \Delta c_{tsp} \\ \Delta c_S = 1.19 \times (S-35) + 9.6 \times 10^{-2}(S-35)^2 \\ \Delta c_p = 1.5848 \times 10^{-1} p + 1.572 \times 10^{-5} p^2 - 3.46 \times 10^{-12} p^4 \\ \Delta c_{tsp} = 1.35 \times 10^{-5} t^2 p - 7.19 \times 10^{-7} tp^2 - 1.2 \times 10^{-2}(S-35)t \end{cases} \quad (8.30)$$

下面给出不同温度区间内，温度每增加 1℃时 Δc_p 的变化值：

T/℃	1~10	10~20	20~30	30~40
Δc_t/(m/s/℃)	4.466-3.635	3.635-2.734	2.734-2.059	2.059-1.804

压力对声速的修正关系为

Z/m	0	10	100	1000	5000
Δc_p/(m/s)	0.166	0.330	1.815	16.796	86.777

实际工作中对声速绝对值的要求远低于对声速剖面的实时测量，对于后者，目前已普遍采用声速剖面仪。

由声速随温度、盐度和压力的经验公式可知，声速随海区、季节、昼夜和深度而变化。若将海洋看作分层不均匀介质，声速是温、盐、深的函数 $c(t, S, p)$，则声速梯度为

$$\frac{dc}{dz} = \frac{\partial c}{\partial t}\frac{dt}{dz} + \frac{\partial c}{\partial s}\frac{ds}{dz} + \frac{\partial c}{\partial p}\frac{dp}{dz} \tag{8.31}$$

令 $G_t = \frac{dt}{dz}$ 为温度在铅直方向的温度，$G_S = \frac{dS}{dz}$ 是盐度沿铅直方向的梯度，$G_p = \frac{dp}{dz} = 0.1$ 为流体压力的梯度，它是一个常量。

因此有

$$\frac{dc}{dz} = \frac{\partial c}{\partial t}G_t + \frac{\partial c}{\partial S}G_S + \frac{\partial c}{\partial p} \times 0.1 \tag{8.32}$$

一般海区的 G_S 值很小，可以忽略不计。式中 $\frac{\partial c}{\partial t}$ 和 $\frac{\partial c}{\partial p}$ 均由实测得出近似的数学表达式。G_t 由温度深度自记仪得出。实际应用中依声速梯度仪直接得出声速铅直剖面 $c(z)$ 曲线。由该海区的 $c(z)$ 曲线便可推断声波传播的特征。水平方向声速虽然也是不均匀的，但其不稳定性和复杂性对于目前的声纳作用距离范围来说尚不是主要影响因素，因声速的水平梯度一般比铅直梯度小，但在那些较复杂的海区（冷暖水团相交混的海域）则必须考虑声速的水平梯度。

图 8-4 为大西洋的温度、盐度、声速剖面分布。图 8-5 是太平洋和地中海的声速垂直分布 $c(z)$。可见在大西洋、太平洋和地中海，声速剖面 $c(z)$ 于水下均出现一极小值，极小值所在的平面称声道轴，声波在其间可传播很远距离，此即为水下声道现象。

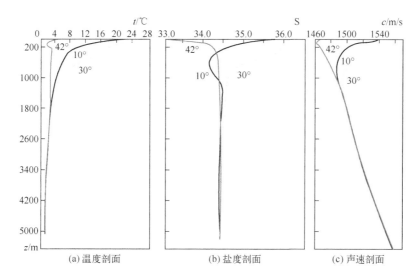

图 8-4 大西洋 50°30′W 不同的纬度上的温度（a）、盐度（b）、声速剖面（c）

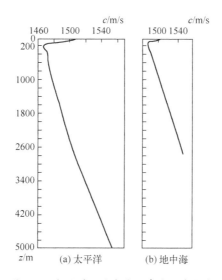

图 8-5 太平洋和地中海的声速铅直分布

8.3.4 海底声学特性

海底是海洋的另一个声反射和散射界面，它虽然是静止不动的，但海底表面粗糙不平，其组成成分因地而异，可从软泥、沙质到坚硬的岩石。图 8-6 为我国近海陆架的底质类型。

图 8-6 中国近海陆架底质类型图

海底沉积层各层的密度不同,因而各层的声速值也不同;相同的组成成分又因孔隙率的不同其声速值也不同。根据海底底质类型对声场影响不同,把海底不同的分类划分成如图 8-7 所示的九大类,包括:①粗砂,包括砂砾、粗砂、中粗砂、中砂;②细砂,包括中细砂、细砂;③极细砂;④泥砂,包括黏土质砂、粉砂质砂;⑤砂质粉砂;⑥粉砂;⑦砂-粉砂-黏土;⑧黏土质粉砂;⑨泥,包括粉砂质黏土、砂质黏土、黏土。

在此基础上使用 Hamilton 的大陆架沉积层声速、密度经验公式,可计算出海底声速和海底密度(Hamilton 经验公式是通过大量实验数据分析与统计,得到声速与孔隙率及密度与孔隙率之间的关系)。

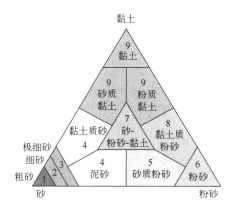

图 8-7 海底底质类型的划分

$$c = 2475.5 - 21.764 n_p + 0.123 n_p^2$$
$$\rho = 2.6 - 0.016 n_p \tag{8.33}$$

式中：c 为声速（m/s）；ρ 为密度（g/cm³）；n_p 为孔隙率。

声波经过海底不仅有纵波也产生横波。因此海底的声反射系数和海底底质的声吸收是表征海底声学特征的重要物理量。海底的反射系数与海底的密度和其中的声速度有关，由于海底沉积物及分层结构的复杂性，实际测量中仅能测其综合效果即海底反射损失，以分贝（dB）表示。反射损失定义为

$$10 \log \frac{I_r}{I_i} = 20 \log \frac{p_r}{p_i} \tag{8.34}$$

式中：I_r 为反射波声强；I_i 为入射波声强；p_r 为反射波声压；p_i 为入射波声压。

表 8-3 中列出了不同类型海底的实测掠入射损失和垂直反射损失。20 世纪 80 年代就有人试图根据声波从海底反射损失的值划分海底类型，以达到声学遥测海底的目的。

表 8-3 不同类型海底的实测反射损失

24kHz，掠射角 100° 17 个站位		垂直入射，7 个站位			
底质类型	反射损失	底质类型	4kHz	7.5kHz	16kHz
泥	16	沙质淤泥	14	14	13
泥—砂	10	细砂	7	3	6
砂—泥	6	粗砂	7	8	8
砂	4	夹岩石的普通砂	8	6	10
石	4	夹一点砂的岩石	5	4	10

海底沉积物的声吸收系数 β 可在实验室用沉积物样品测量，现场利用声探针或反射系数随角度变化的特性进行海上实测。表 8-4 列出了沉积物声吸收系数 β 的实测数据。

表 8-4 沉积物声吸收系数与频率关系

测量条件	地区	沉积物类型	频率范围/kHz	β 与 f 的关系	β^*/dB/m
天然样品实验室测量		沙、泥、黏土	20~40	$f^{1.79}$	1.6~2.7
现场测量	圣地亚哥海槽	砂、泥质黏土、泥沙	7.5~16	$\sim f$	6.2~10.4
天然样品实验室测量		石英砂	400~1000	$\sim f^{0.5}$	
现场测量	英格兰港湾	淤泥	4~50	$\sim f^{0.5}$	0.67
现场测量	纽芬兰深海平原	砂、黏土砂黏土、淤泥	0.1~1.0 4.5, 3.6	$\sim f$	4.0~4.9 0.71~1.12
现场测量	大西洋	淤泥	0.04~0.9	$\sim f$	0.49

注：β^* 为 10kHz 时的吸收系数值

从现有资料可知，多数学者认为海底的吸收系数与频率的关系接近线性关系。

8.3.5 海洋内部的不均匀性对声波的影响

除去海底、海表面的不均匀性以及海水温度和盐度的铅直分层特性以外，海洋内部的不均匀性如含有气泡、冷暖水体、湍流、内波和深水声散射层（指大洋中浮游生物和游泳动物群）等，都是引起声场起伏的因素。海表面下有风浪卷起的气泡群，它们对声波的散射形成声传播过程的屏障。冷、暖水体在声波前进路径上产生折射，湍流的扰动使海水的温度和盐度产生随机局部变化，声速也发生随机变化。研究发现，声波的远距离传播声信号的振幅和相位起伏与内波存在有密切关系。

8.4 声传播理论和典型水文条件下的声场特征

8.4.1 波动声学基础

对于理想介质，线性平面声波方程中位移 ξ 与声压 p 成线性关系，则有

$$\frac{\partial^2 p}{\partial t^2} = c^2 \frac{\partial^2 p}{\partial x^2} \tag{8.35}$$

此即一维线性声波波动方程，其形式解为

$$p(x,t) = p(x)e^{j\omega t} \tag{8.36}$$

ω 为简谐振动的角频率，将上式代入波动方程，分离变量后得到空间部分的常微分方程为

$$\frac{d^2 p(x)}{dx^2} + k^2 p(x) = 0 \tag{8.37}$$

式中：$k = \dfrac{\omega}{c_0}$ 称为波数。

上式的一般解可取正弦、余弦的组合，也可取复数组合。声波在无限空间传播，取复数的形式更适合，即

$$p(x) = Ae^{-jkx} + Be^{jkx} \tag{8.38}$$

式中：A、B 为两个常数，由边界条件决定。波动方程解的形式为

$$p(x,\ t) = Ae^{j(\omega t - kx)} + Be^{j(\omega t + kx)} \tag{8.39}$$

ω 为简谐振动的角频率，将上式代入波动方程，分离变量后得空间部分的常微分方程

其中第一项为沿正 x 方向前进的波，第二项为向负 x 方向进行的波。在 y-z 平面上所有质点的振幅和位相均相同，此称为沿 x 方向行进的平面波。

平面声波具有以下特性：

（1）向正 x 方向行进的波称为入射波，而向负 x 方向行进的波为反射波。

（2）任一时刻，具有相同位相 φ_0 的质点的轨迹是一个平面。通常称等相位面为波振面。

（3）$c_0 = \dfrac{\omega}{\kappa} = \dfrac{\Delta \chi}{\Delta \chi}$，$c_0$ 代表单位时间内波振面传播的距离，即声传播速度。

8.4.2 射线声学基础

实际海洋不是理想的均匀介质，求解上述的波动方程是极其复杂的。但如果声波波长与介质的不均匀尺度相比可忽略不计时，与光学相似，常以射线方法定性描写声波的传播轨迹，即对高频情况射线声学是适用的。在无限均匀介质中，平面波的波振面与传播方向垂直，在任意波振面上波强度为恒量。若辐射为球面波，设发射总功率为

$$P_a = 4\pi r_1^2 I_1 = 4\pi r_2^2 I_2 \tag{8.40}$$

式中：I_1 为半径 r_1 的波振面上的声强度；I_2 是半径为 r_2 的波振面上的声强度，

因此得

$$I = \frac{P_a}{4\pi r^2} \tag{8.41}$$

若声波为柱面波，则有

$$I = \frac{P_a}{2\pi l r} \tag{8.42}$$

式中：l 是发射圆柱面长度；r 是波振面距发射中心的距离。

任何辐射形式下，波振面任一点的法线方向即为波的传播方向。相邻波振面上法线的轨迹即是声线。它代表波的传播路径。用此方法描述声波的传播称为射线声学。与几何光学相同，声的射线理论也基于折射定律。已知声线的轨迹方程为

$$\frac{\mathrm{d}\left(n\dfrac{\mathrm{d}z}{\mathrm{d}s}\right)}{\mathrm{d}s} = \frac{\mathrm{d}n}{\mathrm{d}z} \tag{8.43}$$

式中：n 为折射率；$\mathrm{d}s$ 为声线弧上的一小段。设介质的声速是分层的，$c = c(z)$，其折射率 $n = \dfrac{c_0}{c(z)}$。声波在声速不均匀介质中行进波振面垂线的轨迹是一曲线，如图 8-8 所示。

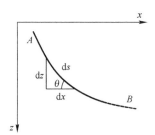

图 8-8　波振面垂线的轨迹

在曲线上任取一段 $\mathrm{d}s$，n 仅为 z 的函数，即有

$$\frac{\partial n}{\partial x} = 0, \quad \frac{\partial n}{\partial y} = 0,$$

则有

$$n\frac{\mathrm{d}x}{\mathrm{d}s} = 常数, \quad n\frac{\mathrm{d}y}{\mathrm{d}s} = 常数$$

由图可得

$$\frac{\mathrm{d}x}{\mathrm{d}s} = \cos\theta, \quad \frac{\mathrm{d}z}{\mathrm{d}s} = \sin\theta$$

因此得

$$\frac{\cos\theta_0}{c_0} = \frac{\cos\theta_1}{c_1} = \cdots \frac{\cos\theta}{c(z)} = 常数$$

此即为折射定律。

可从费尔玛原理证明，当在一个波长的距离上介质的折射率没有剧烈变化时，射线理论是波动理论的一级近似。在海洋中，若海水的不均匀性是缓变的，应用射线理论逐层分析，物理图像清晰。在介质突变区（如海底、跃层等），则需直接用折射定律计算。

8.4.3 分层不均匀海洋中的射线声学

设海洋是分层声速不均匀介质，$c = c(z)$，折射率 $n = c_0/c$。根据声线的轨迹方程和折射定律有

$$\frac{\mathrm{d}n}{\mathrm{d}z} = \frac{\mathrm{d}}{\mathrm{d}s}(n\sin\theta) = n\cos\theta\frac{\mathrm{d}\theta}{\mathrm{d}s} + \sin\theta\frac{\mathrm{d}n}{\mathrm{d}z}\frac{\mathrm{d}z}{\mathrm{d}s} = n\cos\theta\frac{\mathrm{d}\theta}{\mathrm{d}s} + \sin^2\theta\frac{\mathrm{d}n}{\mathrm{d}z} \quad (8.44)$$

得

$$\frac{\mathrm{d}\theta}{\mathrm{d}s} = \frac{\cos\theta}{n}\frac{\mathrm{d}n}{\mathrm{d}z}$$

令 $P = \frac{\cos\theta_0}{c_0}$，则 $\frac{\mathrm{d}\theta}{\mathrm{d}s} = -P\frac{\mathrm{d}c}{\mathrm{d}z}$。当声速随深度增加时，$\frac{\mathrm{d}c}{\mathrm{d}z}$ 为正值。此时 $\frac{\mathrm{d}\theta}{\mathrm{d}s}$ 是负值，声线向上弯曲。当声速随深度减小时，$\frac{\mathrm{d}c}{\mathrm{d}z}$ 为负值，此时 $\frac{\mathrm{d}\theta}{\mathrm{d}s}$ 是正值，声线向下弯曲。也就是声速为正梯度时水下声源发出的声线向海面弯曲；声速为负梯度时声线向海底方向弯曲，如图8-9所示。

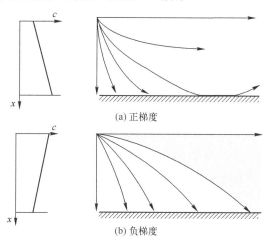

图 8-9　正/负声速梯度时的声线轨迹

由 $\dfrac{\mathrm{d}x}{\mathrm{d}s} = \cos\theta$，$\dfrac{\mathrm{d}z}{\mathrm{d}s} = \sin\theta$ 得

$$x = \int_A^B \cos\theta \mathrm{d}s = \int_A^B \cos\theta \mathrm{d}z_2 \tag{8.45}$$

取 θ_0 为 $z=0$ 处的声线与水平方向的夹角，则有

$$x = \int_0^Z \dfrac{\left(\dfrac{c}{c_0}\right)\cos\theta_0 \mathrm{d}z}{\sqrt{1-\left(\dfrac{c}{c_0}\right)^2 \cos^2\theta_0}} \tag{8.46}$$

上式即为二维空间的声线轨迹方程式，轨迹曲线的形式主要取决于分布函数 $c = c(z)$ 的形式。

8.4.4 海洋中声的波导传播和反波导传播

根据声的射线理论，在某典型水文条件下，声传播损失较小，我们称此为声的波导传播。如图 8-9（a）所示，声速随深度的变化为 $\dfrac{\mathrm{d}c}{\mathrm{d}z} = G_c$（常数），即为正声速梯度分布。这多见于浅海冬季或深海 2000m 以下的水层（主要是静压力作用）。通常在深海的上层，大的正梯度分布是罕见的。只有当盐度和温度都随深度增加时，这种大的正声速梯度分布才可能是稳定的。声速分布函数写为 $c(z) = c_0(1+az)$，c_0 为海表面声速，a 为常数。则声线的轨迹方程为

$$\left(x - \dfrac{1}{\alpha}\tan\theta_0\right)^2 + \left(\dfrac{1}{\alpha} + z\right)^2 = \left(\dfrac{1}{\alpha\cos\theta_0}\right)^2 \tag{8.47}$$

声线轨迹为一个以 $\dfrac{1}{\alpha\cos\theta_0}$ 为半径，圆心在 $x = \dfrac{1}{\alpha}\tan\theta_0$，$z = -\dfrac{1}{\alpha}$ 的圆弧。在图 8-9（a）中声线没有经过海底而弯向海面反射回来，即此情况下不存在海底吸收和散射，所以冬季声能的传播距离较夏季远得多。这种声线传播路径称为海洋中声的波导传播。由于炎热夏季的浅海中声速随深度的分布多为负梯度，从声源辐射的声线束弯向海底（图 8-9（b））。由于海底对声波的吸收和散射，经海底反射回来的声能减弱；特别是在图中斜线表示声的影区内，没有直达声，只有散射声。所以声的传播距离受到极大的限制，这就是在本章第一节中所说的"午后效应"。这种声的传播路径称为反波导型传播。

海水的温度不仅随深度变化，也随昼夜变化，因此传播条件是不稳定的。若表层温度比底层愈高，则声线愈向海底弯曲，传播的条件也愈差。夏季热而

无风的天气，表层温度很高，故声的传播条件最差。

就传播而言还有几种较为重要的声速铅直分布情况。如夏季有风时，海洋表层通常有一温暖的混合层，水层中温度缓慢下降，有时接近等温层。在中国黄海和东海混合层的厚度为十几米至二十几米。上层为弱的负梯度，此层以下出现温跃层，则产生折射与反射，声能因而减弱，如图 8-10 所示，跃层对声波起部分屏障作用。秋季、温带海区的上混合层基本是等温的，在稍深些海的区，温度甚至随深度略有升高，此时温跃层渐趋减弱或消失。上层声速分布为正梯度的声线束的传播的轨迹如图 8-11 所示。在等温层的下边界（即声速分布由正梯度变为负梯度时），声线束会分裂，上部分声束渐次弯向表面，而下部分声束则向下弯曲。

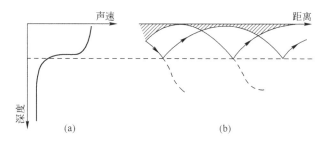

图 8-10 夏季有温跃层时的声传播

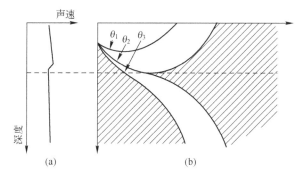

图 8-11 波导型传播

8.4.5 深海水下声道

早在第二次世界大战期间，M.伊文（M.Ewing）等先后用炸药作为水下声源在大西洋和太平洋进行水声实验时，就发现在超过通常接收距离几百倍的地方竟能接收到爆炸信号。声的这种超远距离传播称为声道现象。世界各大洋区都有水下声道。用射线的概念，很容易解释水下声道现象。大洋中各层海水的温度、盐度、静压力不同，各层的声速也相应不同。图 8-12 是伊文等人在 1948 年发表的典型亚热带大西洋声速铅直分布曲线。在温带和热带的大洋深水区，由于水温随深度增加而下降，在某个深度上压力对声速有显著影响，使 $c(z)$ 曲线有极小值。

若将声源置于声速极小值所在处，从声源向各方向辐射的声线束将按图 8-12 中的路径向声速极小值所在的水层弯曲。此时声速极小值上下的水层有类似透镜聚焦的作用，将声能的大部分限制在此水层间。我们称声速极小值所在的深度为声道轴。根据折射定律，从声源向各方向辐射的声线经过一段距离后，重新会聚在声道轴上下的水层中，所辐射的大部分声能被限制在声道轴上下具有一定厚度的水层中传播，能量损失最小，声能大部分集中的水层称为声道。此亦属于波导型传播。从声能方面分析，自声源辐射的大部分声线都没有经过海底和海面的反射，除去小部分由于传播过程中海水介质的吸收和散射外，总能量损失极小，因而可以传播较远距离。在大西洋的中纬度地区，声道轴约在海深 1260m 附近，而在太平洋中纬度地区则常在 900m 深的地方。在极地海域，声道轴上升到冰层以下的水面附近。有些近岸的大陆架海区，声道轴约在水下 60~100m 附近，这种情况称为表面声道。有的海区有两个声道：一个是表面声道，另一个是水下声道。表面声道常常是不稳定的，声波在表面声道中不如在水下声道中传播得远。这是因为表面波浪和大量气泡引起的散射使声能损失了一部分。

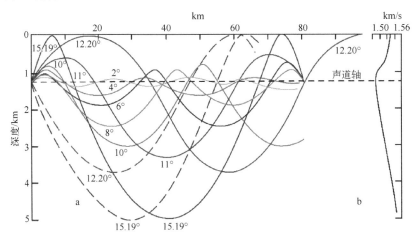

图 8-12　大西洋声道声线图

人们利用声波在声道中的超远传播特性，在大洋中三个不同方位的岛屿上设置声发（SOFAR）接收站（或称声发系统），遇难船只或坠海飞行员投掷少量炸药，数千千米外的声发站便能接收到此爆炸信号。人们可由爆炸信号到达三个接收站的时间差，确定出爆炸点的位置，从而找到营救目标。据此还可预报海底火山爆发和海底地震引起的海啸。

8.4.6 浅海表面声道

中国沿海广阔海域大部属于浅海大陆架海域，深度大多在200m以内。声纳在冬季的作用距离比夏季远得多。这是因为冬季的传播条件为波导型，而夏季为反波导型传播。我国大陆架浅海区冬季水温铅直分布基本上是均匀的，但由于静压力作用，下层声速略大于上层，形成弱的表面声道（图8-9）。如果发射器有方向性，声波在其间传播，除海面波浪和气泡的散射外，能量损失较小，因此传播距离相对增加。其他季节里，多数海区出现温度跃层。在我国黄海海区夏季可形成强的温跃层（图8-10），其他如渤海东海也有弱的温跃层。春季出现的温跃层较弱，跃层的深度也较浅，秋季跃层逐渐变弱，至冬季上层变为混合层或弱的负梯度，此种传播条件形成了浅海表面声道，如图8-11所示。

8.5 海洋的环境噪声

8.5.1 海洋中的噪声源

过去人们认为海洋深处是最寂静的，实际上并非如此，即使在海洋最深处也是有声响的。海洋中的声音可能来自海洋生物和海洋介质本身运动，也可能是人为的发声。有时人们将海洋中这些响声看作干扰，有时又视为信号，这取决于观察者的意图。通常称海洋本身的噪声为环境噪声。海洋环境噪声源包括海浪飞溅形成的噪声、风与海浪表面相互作用产生的噪声、击岸浪发出的声音、雨滴噪声、海洋湍流噪声、生物噪声、海水分子热运动所辐射的噪声、远处航船噪声和沿岸工业噪声（指已形成平稳随机过程的随机噪声）、地震扰动形成的低频声波、冰层破裂产生的噪声、火山爆发以及远处风暴引起的噪声等等。它们的频率从人耳听不到的超低频直到超声频段。在低频范围，海洋环境噪声听起来像低沉的隆隆声，在高频段则像煎炸爆裂的咝咝声。上述的噪声源中有一些被称做间歇噪声源，如能发声的海洋生物。甲壳类的虾群，其中尤其是鳌虾，相互碰击发出的嘈杂声，频率在 500Hz 至 20kHz 间。北美有一种叫鱼，它们像啄木鸟敲击空洞一样，发出叩击般的间断噪声序列。中国黄海和东海的渔民早已发现大黄鱼、小黄鱼、黄姑鱼、白姑鱼也会发出 500Hz 至 20kHz 的咕咕声。鲸和海豚用喉管喷气产生噪声。海豚还会在不同生活形态下发出调频的啸声。测量得到海豚发出的声音大致在 200Hz 至 150kHz，波形从脉冲波（滴答声）到正弦波（哨声）都有。海豚有二至三个独立的发声源，可以分别使用或联合使用。人们用水听器在海中测听到许多间歇性的鸣声、哼声、音节声、呻吟声、吼声等，大半都是由海洋生物发出的。

海洋噪声源在空间的分布是无规则的、运动的，随时间亦是无规则变化。因此海洋环境噪声场是无统计规律的。我们用噪声平均功率谱描述海洋环境噪声场的统计特性，在海上定点每隔一定时间间隔录制一段时间的海洋环境噪声，然后对所录制的系列抽样作谱分析，并对大量抽样做统计平均，得出各种特定环境下海洋环境噪声的平均功率谱。

8.5.2　海洋动力学噪声谱特性

在所有海区，任何水文气象条件下，都可以观测到海洋动力学噪声。海洋动力学噪声包括所有因海水介质本身运动和与风等气象因素作用产生的噪声，因此海洋动力学噪声又可作为描述该海区水文气象和地貌的综合海洋参数。如由噪声的谱级可确定风速和波浪级，根据噪声场各向异性特征，可估计海底反射系数，噪声谱特征可估算内波周期或海面波浪的基本周期。图 8-13 是典型的较细致的深海环境噪声谱，由 Wenz（1962 年）所总结，它被认为是最具代表性的深海噪声谱，反映了噪声源的多样性。该谱线虽然定性地解释了海洋环境噪声与海洋动力参数之间的关系，但还应当注意冬季的传播条件优于夏季，相应的海洋环境噪声谱级也有所增加。此外海洋环境噪声是有方向性的，通常将水听器置于水下几米处，接收到来自海面的噪声强度大于水平方向。

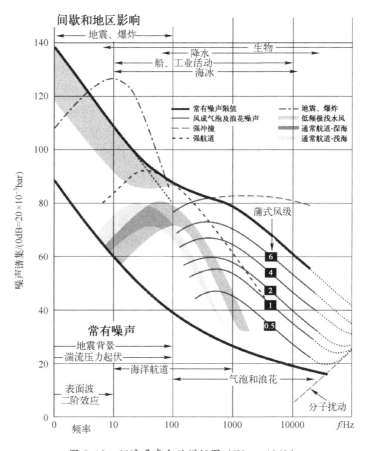

图 8-13 环境噪声文兹谱级图（Wenz, 1962）

8.6 海洋声学方法遥测和反演海洋参数

8.6.1 声遥测海洋参数

在开发海洋和研究海洋方面，声学方法已是不可缺少和行之有效的手段。大量以声波为主的海洋探测设备相继问世，例如：利用回波强度和回波时间遥测海洋参数的声波测深仪和回声鱼探仪；用水下爆炸回波勘探海底分层结构及石油蕴藏的地震剖面仪；用旁视声纳测绘海底地貌图的地貌仪、潜艇冰下导航的探冰仪；测海面变化和波浪的波高仪以及利用声在不均匀介质上散射来监测内波；利用声在运动介质中传播速度变化的多普勒海流计和放置水下接收极远处传来次声的风暴和海啸次声预报系统，还有为营救海难而设立声发（SOFAR）

接收站等。此类声遥测设备的广泛应用，已在海洋资源开发和海洋环境研究方面取得重大成果，世界各国对声学在海洋中的应用和设备研制投资也越来越多。

8.6.2 利用声波反演海洋气候参数

利用声波在大范围海域研究海洋动力特性，是20世纪70年代以来国际上在海洋研究方面最大的投资项目之一。海洋中的中尺度涡旋，其变化不可能用常规方法测量。W. H. 蒙克（W. H. Munk）等在大西洋湾流附近对中尺度涡旋进行了大规模的观察。他们在涡出现的大洋水下安放数十个能发能收的声浮标，浮标用装在海底的多普勒定位系统精确定位。浮标内装精度为 $10^{-9} \cdot s^{-1}$ 铷钟作为控制发射接收计时用，并有自动处理和存储信号芯片。在附近大洋上仅用一艘船即可完成控制，将所有浮标上存储的数据收集起来，或将它们转送到卫星再传送到陆地处理中心。计算这些不同空间位置的声浮标来往穿透中尺度涡的时间差，就可以得出涡的参数，其效果相当于数十艘船在中尺度涡旋产生区进行同步观测。这种方法是借助于X光CT层析术而来，又称为海洋声层析术（marine acoustic tomography）。

由温室效应引起的全球变暖，是威胁人类生存的全球环境问题。海洋吸收大气中的热量和温室气体 CO_2，海水温度显然有所增加。蒙克等估计在水下1000m深度由温室效应引起海水变暖约 0.004℃/a，因此直接测定海水变暖趋势受到全世界的关注。但是，由于海洋中中尺度涡旋引起的温度起伏，若用单个传感器定点观测，并剔除温度起伏而检测出因温室效应引起的海洋温度变化，则至少需200年。于是，1991年由美国、加拿大、法国、俄罗斯、澳大利亚、新西兰、印度等国在南印度洋进行了可行性实验。于1992年成立了"声学方法监测大洋"的96工作组（WG96）以促进研究的开展。计划在夏威夷附近安放发射换能器，在太平洋东西岸和南北部安放接收点，对太平洋声道中的温度进行监测。以海中声速是温度的灵敏函数为基础，在大范围内测量声脉冲信号传播时间变化，就可以监测出大洋变暖趋势。中尺度涡旋的空间尺度为100km，对 10^4km 的传播距离就相当于对一百个独立观测站进行了空间平均，再利用多条独立的传播途径，便可进一步增加空间平均效果，因此声学方法是目前反演大洋变暖趋势最有效的方法，中国已积极参加这一全球性科研计划的实施。远程低频脉冲声传播是大洋声学测温的基础，中国发展了一种计算远程低频脉冲传播的理论方法，计算了从夏威夷至台湾海峡8000km的传播损失与脉冲波形，传播损失值与1993年"海洋气候声学测温计划"（ATOC）会议上报告的实验结果相一致。

8.7 海洋的光学性质

海洋光学是光学与海洋学之间的交叉学科和边缘学科。主要研究海洋水体的光学性质、光在海中的传播规律、激光与海水的相互作用以及光学波段探测海洋的方法与技术。

海水是一种相对透明的介质。海水的成分较复杂，它含有可溶有机物、悬移质、浮游生物等。这些物质对光有较强的吸收和散射。由于海水对光的多次散射，使海洋辐射传递的研究或光在海洋中传播规律的研究成为海洋光学基础研究的核心问题。海洋光学调查的主要目的就是调查海洋的光学性质或光在海中的传播规律，同时由海洋光学参数的测量获取各类海洋学参数，以便进行海洋光学的各种研究。

19 世纪初，人们在进行海洋调查时，用一个直径 30cm 的白色圆盘（透明度盘）垂直沉入海水中，直到刚刚看不见为止时的深度，这一深度叫海水的透明度。将透明度盘提升至透明度一半深度处，俯视透明度盘之上水柱的颜色，称为海水的水色。到了 19 世纪末，海洋学工作者把海水光学性质的研究和海洋初级生产力结合起来，并测量了海洋的辐照度。20 世纪 30—60 年代是海洋光学的形成阶段。随着光电池的研制成功和光学技术的发展，人们研制了水中辐照计、水中散射仪、海水透射率计、水中辐亮度计等海洋光学仪器，系统地测量了海水的衰减、散射和光辐射场的分布，积累了基本的海洋光学参数数据；对光在海洋中的传播规律，尤其是海洋辐射传递理论也进行了基本的研究。20 世纪 60 年代，随着近代光学、激光、计算机科学、光学遥感和海洋科学的发展，海洋光学得到了进一步的发展，特别是结合信息传递的要求，用蒙特卡罗方法较好地解决了激光在水中的传输、海面向上光辐射与海水固有光学性质之间的关系等问题，使海洋光学从传统的唯象研究转入物理的和技术的研究。激光和光学遥感技术的发展大大开拓了海洋光学的研究领域，多光谱卫星遥感技术已成为探测海洋的重要手段。同时，不少海洋光学专家积极从事激光探测海洋的应用研究。海洋—大气系统的辐射传递、海水高分辨率激光光谱、海水光学传递函数等研究受到了较大的重视，并取得了较大的进展，使海洋光学成为一门内容丰富、有重要应用价值的分支学科。

8.7.1 海洋光学中的相关物理量

为了描述海水的光学特性及光在水中的传输规律，介绍一些辐射相关的物理量。海洋光学中有两个基本的辐射度量，用于描述海中光场的分布。其中一

个是辐亮度 L，它是指沿特定方向垂直于单位截面积并沿此方向单位立体角的辐射量大小；另一个重要的辐射度量是辐照度 E，它表示单位面积接收到的辐射量。

1. 辐亮度 L

在俯仰角 θ 及方位角 S 方向单位立体角内，通过垂直于此方向的单位截面积的辐射通量（$W/m^2/Sr^1$），可表示为

$$L = dF / dA \cos\theta d\omega \tag{8.48}$$

式中：dA 为面积元（图 8-14）；$d\omega$ 为立体角；θ 为光子流与 dA 法向夹角；dF 为通过 dA 的辐射通量。

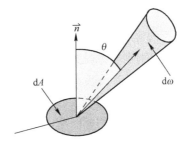

图 8-14 辐亮度

2. 辐照度 E

海中单位面积接收到的辐射通量（W/m^2），表示单位面积接收到的各个方向的辐亮度之和（图 8-15），可表示为

$$E = \lim_{\Delta\omega \to 0} \sum_{4\pi} L\cos\theta\Delta\omega = \int_{4\pi} L\cos\theta d\omega \tag{8.49}$$

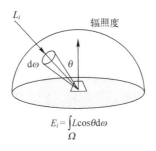

图 8-15 辐照度

上式对空间 4π 立体角积分，式中 θ 为光子流与接收面的夹角。对于各向同

性辐射场，对上式积分即可得到 $E=\pi L$。

海中向上辐照度定义为水平面积上接收到的海水中向上的辐射能量（W/m²），可表示为

$$E_u(z) = \int_{\varphi=0}^{2\pi} \int_{\theta=0}^{\pi/2} L(z,\theta,\varphi)\cos(\theta)\mathrm{d}\omega \tag{8.50}$$

海中向下辐照度定义为水平单位面积上接收的海水中向下的辐射通量（W/m²），可表示为

$$E_d(z) = \int_{\varphi=0}^{2\pi} \int_{\theta=\pi/12}^{\pi} L(z,\theta,\varphi)\cos(\theta)\mathrm{d}\omega \tag{8.51}$$

式中：θ、φ 代表光子流的方向。

海面向上的光谱辐射和海水的水质密切相关，它决定了海色。清洁的大洋水呈蓝色，含泥沙的沿岸水呈黄色，叶绿素含量较高的营养水呈绿色。叶绿素在 450 nm 波长附近是强吸收带，在 550 nm 附近为强透射带。因此，当海水中叶绿素浓度增加时，海面的向上光谱辐射在 450 nm 处减小，在 550 nm 处增大。海面向上光谱辐射的相对变化，是探测海水中叶绿素含量的重要信息。

3. 标量辐照度 E_0

空间一点接收到的各个方向的辐亮度之和（W/m²），可表示为

$$E_0 = \lim_{\Delta\omega \to 0} \sum_{4\pi} L\Delta\omega_i = \int_{4\pi} L\mathrm{d}\omega \tag{8.52}$$

标量辐照度 E_0 与接收到的辐亮度 L 方向无关。

海中向上标量辐照度是指水平单位面积上接收到的包括倾斜光在内的各个方向上的海水向上的辐射通量，可表示为

$$E_u(z) = \int_{\varphi=0}^{2\pi} \int_{\theta=0}^{\pi/2} L(z,\theta,\varphi)\cos(\theta)\mathrm{d}\omega \tag{8.53}$$

海中向下标量辐照度是指水平单位面积上接收到的包括倾斜光在内的各个方向上的海水向下的辐射通量，可表示为

$$E_d(z) = -\int_{\varphi=0}^{2\pi} \int_{\theta=\pi/12}^{\pi} L(z,\theta,\varphi)\cos(\theta)\mathrm{d}\omega \tag{8.54}$$

4. 球面辐照度 E_S

球面辐照度是指单位面积的球面所接收到的辐射通量（W/m²），可表示为

$$E_s = \frac{\int_{4\pi} \pi r^2 L\mathrm{d}\omega}{A} = \frac{1}{4}E_0 \tag{8.55}$$

式中：r 为球面曲率半径；A 为球表面面积。

球面辐照度 E_s 是一种测量标量辐照度 E_0 的方法，由球面辐照度 E_s 可以推出标量辐照度 E_0。

8.7.2 光在海水中的衰减

光进入海水中，受到海水的作用将会衰减。即使最纯净的水，这种衰减也是很严重的。引起衰减的物理过程有两个：吸收和散射。光能量在水中损失的过程就是吸收。吸收也存在不同的物理过程：有些光子是在它的能量变为热能时损失了，有些光子被吸收后由一种波长变为了另一种波长的光。发生散射时，光子没有消失，只是光子的前进方向发生了变化。

单色准直光束通过海水介质，辐射能呈指数衰减变化：

$$L(r) = L(0)\exp(-cr) \tag{8.56}$$

式中：c 为海水体积衰减系数（m^{-1}）；r 为光的传输距离；$L(0)$ 为坐标原点沿 r 方向的辐亮度；$L(r)$ 为路径 r 处沿 r 方向的辐亮度。当通过路径 $r=1$ 且 $c=1$ 时，辐亮度衰减到原来的 e^{-1}，则称此路程为水的衰减长度（m），这时 $L(r)$ 为 $L(0)$ 的 e^{-1}。光因在水中受到散射和吸收而衰减，所以 $c=a+b$，a 为体积吸收系数，它表征准直光束通过海洋水体单位路程后吸收的大小，b 为体积散射系数。

体积衰减系数是波长的函数。图 8-16 给出了 0.200～0.800μm 波长范围内的海水光谱衰减分布。通常认为沿岸海水的光谱透射窗口（即在此波段，光在海水中的衰减最小，透射最大）为 0.520μm，体积衰减系数约为 0.2～0.6m^{-1}，其衰减长度约为 1.2～5m。大洋清洁水的光谱透射窗口为 0.480μm，体积衰减系数约为 0.05m^{-1}，其衰减长度约为 20m。

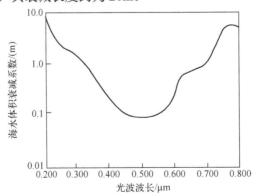

图 8-16 海水体积衰减系数随波长的变化

电磁波在水中传播,海水对电磁波能量的吸收作用很强,但对于不同波长的电磁波吸收作用不同。波长越短,在海水中的衰减就越厉害,因此短波几乎无法穿过海水传播。而波长更长的长波、甚长波、超长波在海水中的衰减程度就要小得多,能够进入几十米至几百米的水中。

超长波通信的波长10000~1000km(频率范围是频率30~300Hz)。它是无线电波中波长很长的一种电磁波,活动于海面下的潜艇,选用的通信频率就为55Hz左右。但超长波的发射天线极其复杂庞大,而且由于频率太低,超长波的容量(信号载量)极为有限。核爆炸时会产生出超长波,所以用超长波能够测出在何处进行了核爆炸试验。

甚长波通信是波长100~10km(频率为3~30kHz)的无线电通信,又称甚低频通信。甚长波在海水中的传输衰减较小,入水深度可达20m,主要用于对潜艇单向发信。甚长波电台由发射机、天线系统、供电设备等组成,主要用于对潜艇和远洋水面舰艇发信,是指挥潜艇最重要的通信设备。甚长波电台的规模都较庞大,其发射机输出功率小者十几千瓦,大者数兆瓦,天线高度多在200m以上,天线场地占地面积一般为数平方千米。其天线系统抗毁能力较差,在战时是敌方打击的重要目标。为此有的国家生产了车载或机载通信用甚长波电台,其天线分别用气球升举或飞机拖拽,以取得较好的通信效果。

8.7.3 海水中光的散射

如上所述,除了海水的吸收外,还有散射,导致水中准直光束能量的衰减。海水中引起光散射的因素很多,主要有水分子和各种粒子,包括悬移质粒子、浮游植物及可溶有机物粒子等。散射的机制主要有两种:瑞利散射和米氏散射。水分子散射遵从瑞利散射规律;粒子的散射遵从米氏散射规律。清洁大洋水主要是水分子散射,沿岸混浊水主要是大粒子散射。当一束光入射到海水的一小体积上发生散射后,它的能量将分布于很宽的角度范围,即散射光的强度随散射角而发生变化。这种变化用海水体积散射函数 $\beta(\theta)$ 来表示。

$\beta(\theta)$ 定义为:在 θ 方向单位散射体积、单位立体角内散射辐射强度与入射在散射体积上辐照度之比($m^{-1}\cdot Sr^{-1}$),可表示为

$$\beta(\theta)=\frac{dI(\theta)}{Edv}=\frac{d\varphi/d\omega}{Edv} \tag{8.57}$$

式中:$dI(\theta)$ 为 θ 方向的散射强度;dv 为散射体积元(图8-17)。

海水体积散射函数 $\beta(\theta)$ 对空间 4π 立体角内的积分,即各散射方向散射的总和,就是海水体积散射系数 b(m^{-1}),可表示为

$$b = 2\pi \int_0^{2\pi} \beta(\theta)\sin(\theta)\mathrm{d}\theta \tag{8.58}$$

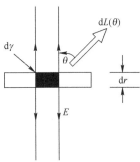

图 8-17 体积散射函数

前向散射系数 b_f，表征在前向 $0<\theta<\pi/2$ 立体角内散射的总和，可表示为

$$b_\mathrm{f} = 2\pi \int_0^{2\pi} \beta(\theta)\sin(\theta)\mathrm{d}\theta \tag{8.59}$$

后向散射系数 b_b，表征在后向 $\pi/2<\theta<\pi$ 立体角内散射的总和，可表示为

$$b_\mathrm{b} = 2\pi \int_{\pi/2}^{\pi} \beta(\theta)\sin(\theta)\mathrm{d}\theta \tag{8.60}$$

海水的散射主要集中于前向散射，一般占总散射的 90% 以上，后向散射只占小部分，通常小于 10%。另外，沿光线前进方向（$\theta=0°$）的散射最强，而垂直方向（$\theta=90°$）最弱；与光前进方向相反的方向的散射强度比 $\theta=0°$ 附近的散射强度小 3~4 个量级。

海为什么是蓝色的？

海水的颜色是由海面反射光和来自海水内部的回散射光的颜色决定的。由于蓝光和绿光在水中的穿透力最强，所以，它们回散射的机会也就最大。所以，海水看上去呈蓝色或者绿色。

日光投射到海面上，部分被反射，其余进入水中。日光垂直射向海面时反射光很少，在平静的海面约有 2%。随着太阳趋向地平线，被反射的日光回逐渐增加。实际上，进入海中的日光量是随着太阳投射角度、天气状况、海面状况和海水的清晰程度等诸多因素而变化的。日光由不同波长的光组成，海水对不同波长光的吸收和散射是有选择性的。海水吸收红光最多，透射蓝光最多。大部分红光仅能射入 2~3m 水层。蓝光穿透最深，超过 500m。

另外，海水中的悬浮颗粒对波长短的蓝光与绿光吸收较多，而对其他光的散射则与光的波长无关。海水的颜色主要由水分子和悬浮颗粒对光的散射所决定,所以混浊程度不同的海水颜色也不同。近岸的海水悬浮颗粒多,而且颗粒也大,所以,从远海到近岸水域,海水颜色依次由深蓝逐渐变浅。在含沙量较多的河口附近,海水中有大量陆地植物分解产生的浅黄色物质,因此海水看上去为淡绿色。

概念区分:水色,海色。

水色。海水的颜色的简称,它是指为了最大限度地减少反射光(白光)的成分而从海面正上方所看到的海水的颜色。

海色。则是指以反射、散射等多种光谱从海面映射出来的色彩,它与太阳高度、天空状况、海底、地质和海洋水文条件等有着密切关系。

8.7.4 水中能见度

水中能见度即水中视程,它比大气能见度低得多,一般水平方向水中能见视程为大气能见视程的千分之一。这主要是因为光在海水中的衰减比大气快得多。描述水下图像的质量主要利用两个参量:对比度和光学传递函数。对比度是描述水中目标与背景之间辐射差别的参量;光学传递函数用于定义图像分辨率的变化。

辐亮度为 L 的物体,相对于一个辐亮度为 L_b 的均匀辐射背景,其对比度为

$$C = \frac{L - L_b}{L_b} \tag{8.61}$$

在水中,由于水对物体辐射的吸收和多次散射,导致物体的对比度降低。若在零距离处观察到物体与背景的辐亮度分别为 L_0 和 L_{b_0},而距离 $\beta(\theta)r$ 处所观察到的相应的辐亮度分别为 L_r 和 L_{b_r},则固有对比度 C_0 和表现对比度 C_r 分别可表示为

$$C_0 = \frac{L_0 - L_{b_0}}{L_{b_0}} \tag{8.62}$$

$$C_r = \frac{L_r - L_{b_r}}{L_{b_r}} \tag{8.63}$$

自身不发光理想黑物体 $L_0=0$ 的固有对比度必定为-1;处于理想背景 $L_{b_0}=0$ 下的目标固有对比度为无穷大。

根据现场实验和海洋中辐射传递方程都可证明,水中目标表现对比度 C_r 随观察距离增加而指数衰减。

8.7.5 水下电视

水下电视是用于探测水中物体,并在水上进行电视显像的光学观测工具,它为实时观察水中目标提供高分辨率的视频图像。水下电视成为进行水下作业所必要的设备之一。尤其在人们无法和难以直接观察的海下空间更是不可少。由于应用的广泛和有效,水下电视有"水下眼睛"之称。

水下电视已普遍用于包括军事目的在内的各种水下作业中,包括用于观察武器试验、舰船修造、探索水雷、鱼雷和检查布雷情况,搜索和识别沉没大海中的潜艇、飞机、导弹弹头、卫星及其运载设备;观察、控制海底工程作业和水下建筑过程,侦察和选择水下施工地址、设备安装以及定期检查工程建筑质量情况;在海洋研究中,用于考察海底地貌形态和海底表层地质结构,观察海中生物的生活习性和活动规律等。

但是,水下电视的使用性能受光在水中传输特性的限制。光在水中传播时,发生吸收和散射,在有悬浮粒子的混浊之中,散射更为严重,吸收和散射的产生,使光能在水中衰减很快,致使水下电视的观察距离减小。同时光的后向散射严重地干扰了目标的分辨率,使电视图像对比度降低。提高水下电视的观察距离和图像质量,成了水下电视技术发展中迫切需要解决的问题。

水下电视的光源有两种:一种是一般的光源,另一种是激光。激光是一种光源亮度高、方向性好、单色性强的相干光,可以大大提高水下能见度。利用激光作为光源的水下电视(水下激光电视)充分利用了激光的特点,从解决杂用光对对比度的影响入手,来提高水下电视的性能。

8.7.6 海洋激光雷达及其应用

海洋激光雷达已被广泛应用于海洋科学研究,如浅海水深、海洋叶绿素浓度、海表油污、海洋污染以及海浪特征等测量研究。在激光雷达 LIDAR(Light Detection And Ranging)的应用中,一般是发射单色激光,根据不同探测机制接收不同的返回光,从而获取海洋信息。

海洋激光雷达的测量机制主要包括:海水的粒子(Mie)散射、喇曼(Raman)散射、而里渊(Brillouin)散射、荧光(Fluorescence)、海水吸收等。也正是由于不同的探测机制,才出现了各种类型的激光雷达。其中,用飞机运载的机载海洋激光雷达系统典型的工作方式见图 8-18,该系统的基本组成如图 8-19 所示。

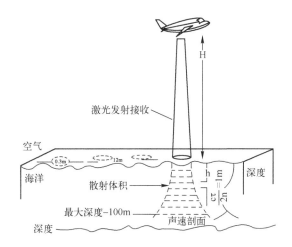

图 8-18　机载海洋激光雷达系统典型的工作方式

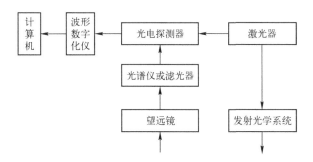

图 8-19　海洋激光雷达系统的基本组成

海洋激光雷达系统,由激光发射系统、信号接收系统、光电转换系统和数据采集处理系统等四部分组成,如图 8-20 所示。激光发射一般采用脉冲倍频激光器(532 nm),因为它具有技术成熟、发射功率大、体积小等优点。系统的工作过程为:海表或水中返回的光被望远镜接收,通过光谱仪或滤光器滤除背景杂散光;信号光通过光电探测器接收转化成电信号,波形数字化仪把探测器输出的电信号变成数字量。计算机分析数字量,得到所需的测量参数。接收光学系统与发射光学系统同轴、同步扫描;另外要求激光脉冲的发射和数据采集同步进行,以确保接收足够精确的数据。

在海洋激光雷达的各种应用下,浅海水深和叶绿素浓度测量一直是各国研究的热点。浅海水深测量又与水下目标探测密切相关,因此发达国家的军方对此研究十分感兴趣,并投入大量资金。据报道,美国军方已研制了这种系统,用于水下目标探测。叶绿素浓度测量与估计海洋初级生产力、全球通量和众多海洋现象研究相关，也是海洋学家十分关注的问题。

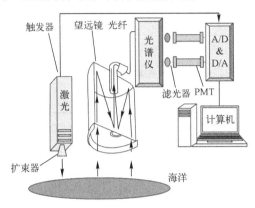

图 8-20　海洋激光雷达硬件系统组成

8.7.7　海洋光学浮标

海洋浮标是一种现代化的海洋观测设施。它具有全天候、全天时稳定可靠的收集海洋环境资料的能力，并能实现数据的自动采集、自动标示和自动发送。海洋浮标与卫星、飞机、调查船、潜水器及声波探测设备一起，组成了探测海洋奥秘的主体监测系统。海洋浮标技术是在传统技术的基础上发展起来的海洋监测新技术。

海洋浮标，一般分为水上和水下两部分。水上部分装有多种气象要素传感器，分别测量辐照度、风速、风向、气温、气压和温度等气象要素；水下部分有多种水文要素传感器，分别测量波浪、海流、潮位、海温和盐度等海洋水文要素。

各种传感器将采集到的信号，通过仪器自动处理，由发射机定时发出。地面接收站将收到的信号经过处理后，就得到了人们所需要的资料。通过对这些资料的掌握，会给人们的生产和生活带来极大的便利。如知道了海流流向，航海时便尽可能顺流而行；知道了风暴区域，航海时则可避开绕行；知道了潮位的异常升高，便可及时防备突发事件。

2005年国家海洋局北海分局"中国海监22"船将我国第一个海洋光学遥测浮标，成功布放在青岛浮山湾海域，标志着我国对海洋水色卫星数据的应用处理达到了新的水平。海洋光学遥测浮标是与我国2001年发射的海洋水色卫星相配套的，是专门用于对比卫星所观测的光谱数据。

海洋光学遥测浮标由一套锚系、两个标体组成，总重近3t，价值500万元。

其中一个标体缩携仪器用于测量可见光在海水表层的透光量，另一个标体测量不同深度海水中的可见光和海底反射光的数据，所有数据定时自动观测并通过无线电信号传输回地面进行分析处理，这个浮标可大大提高进行实测观测对比的效率和准确性。

我国将在不同的海域布放海洋光学遥测浮标，使海洋水色卫星所覆盖的区域均获取对比数据，从而提高水色卫星的应用技术，及时观测到我国大范围海域内的变化，更好地为海洋管理、海洋环境监测、赤潮监测、渔业生产等活动服务。

习题和思考题

1. 为什么说声学方法是开发海洋和研究海洋最有效的技术？
2. 试用射线声学解释声在海中传播规律。
3. 声音在海洋中会出现哪几种损失？
4. 水下声道形成的原因和它的作用如何？
5. 辐射传递方程衰减量各为哪一项？其物理机制是什么？

第 9 章　卫星海洋遥感与海洋调查

9.1　海洋调查的定义、历史及科学作用

9.1.1　海洋调查的定义

海洋调查是用各种仪器设备直接或间接对海洋的物理学、化学、生物学、地质学、地貌学、气象学及其他海洋状况进行调查研究的手段。海洋调查一般是在选定的海区、测线和测点上布设和使用适当的仪器设备，获取海洋环境要素资料，揭示并阐明其时、空分布和变化规律，为海洋科学研究、海洋资源开发、海洋工程建设、航海安全保障、海洋环境保护、海洋灾害预防和海上军事活动的应用提供基础资料和科学依据。海洋调查一般分为综合调查和专业调查两大类。一般情况下，海洋调查应该包括以下内容：海洋观测（原位测量或者遥感测量）、采样、实验室分析测量和数据处理分析。

9.1.2　海洋调查简史

史前、上古时期的中国海洋先民就促成了"环中国海"海洋文化圈的形成。汉代的《尔雅》和《说文解字》就记载了各种海洋鱼类，对风力、潮汐等也有一定的认识，东汉王充的《论衡·书虚》篇中提出"涛之起也，随月盛衰"，对潮汐和月亮的关系进行了论述。唐代李淳风《海岛精算》给出了求海岛高度和船距离的方法，对后世航图的测绘及航程的推算具有深远影响。明朝的"郑和下西洋"所绘《郑和航海图》，比较准确地绘有中外岛屿 846 个，并分出岛、屿、沙、浅、石塘、港、礁、映、石、门、洲等各种地貌类型。

同一时期的欧洲处于大航海时代，1542 年哥伦布奉西班牙国王之命，横渡大西洋，寻找通往印度的航线；1547 年葡萄牙人达·伽马，率领船队绕过好望角，循印度洋北上，到达印度，开辟了东方航线；1615 年，西班牙人麦哲伦开始了环球航行，历时三年完成了环球航行的壮举；英国人库克在 1768—1779 年间进行了三次世界航行，在航行中已经开始注意和航线有关的一些科学考察，

第一次航行期间，他在悉尼的托列斯海峡一带，测量了水深、水温、海流和风，考察了珊瑚礁，绘制了发现的岛屿与大陆海岸线，以及具有水深、海流、潮流、风的正确海图。但是作为有目的的海洋科学考察是从"挑战者"号开始的。近代以来，海洋调查经历了单船调查、多船联合调查、海洋遥感、多平台多手段综合调查等几个主要时期，其调查成果极大地促进了海洋科学的发展。

1. 单船调查时期

20世纪60年代前为单船调查时期，基本上是以单船走航方式获得海洋水文资料。18世纪8次，19世纪133次，20世纪166次，总共300多次。比较著名的有：

1831—1836年英国"贝格尔"号南半球环球探险，进行了地质和生物的考察，1859年发表了《物种起源》一书，提出生物进化论，引发生物科学的巨大革命。

1856—1860年英国北大西洋海洋测深调查，大西洋海底电缆铺设成功。

1872—1876年英国的"挑战者"号的环球科学考察，称为"近代海洋学的奠基性调查"。"挑战者"号是由一艘载重2000吨的英国军舰改装而成的。自1872年12月至1876年5月，历时三年多，游弋于太平洋、大西洋和南极冰障附近，全部航程127650km，在362个点上进行了测深和生物采集。航行中海测量了世界各地海域的地磁值；海底地形、地质；海洋深层水温的季节变化；发现世界大洋中盐类组成具有恒定性的规律；测量了海流、透明度、海洋动植物等，奠定了现代海洋物理学、海洋化学、海洋地质学的基础。

1925—1927年及1937—1938年德国"流星"号的调查，以物理海洋学为主，观测准确度高，其资料被海洋学界认为是"海洋调查的代表性资料"。

1947—1948年瑞典"信天翁"号的调查，填补了三大洋无风带观测的空白。

1950—1952年英国"挑战者Ⅱ"号的调查。

成果：海水组成恒定性，海洋生物的分类，海底地貌、沉积物有了初步了解，海洋潮汐、海浪、海流的研究，"风生漂流理论"。

2. 多船联合调查时期

早在1950—1958年间，美国加利福尼亚大学斯克里普斯海洋研究所发起并主持了包括北太平洋在内的一系列调查，最初由秘鲁和加拿大参加，后来又有美、日、苏等十余艘调查船参加。多船联合调查的作用是可以使不同空间点的观测资料达到时间同步，提高观测资料的数量和质量。比较典型的联合调查有：

1955年，美国加里福尼亚大学斯克里普斯海洋研究所，北太平洋联合调查计划（NORPAC），大大缩短了一个海域调查所需要的时间，增加了调查资料的数量，提高了调查资料的质量。

1959—1962 年国际地球物理合作（IGC）的联合海洋调查，规模空前庞大。

1960—1964 年国际印度洋调查（IIOE），迄今为止对印度洋最大规模的海洋调查。

1963—1965 年国际赤道大西洋合作调查（ICITA），调查目的是验证海流理论和海洋环流模式，特点是多船同步和浮标阵观测。

1965—1970 年黑潮及其毗邻海区的合作调查（CSKC），目标是探索海洋水文变化及其对日本南岸的影响。

大洋海流现象：赤道潜流，湾流中存在着弯曲、流环、涡旋。

1986—1990 年的中美西太平洋热带海气相互作用联合调查，为这一海域的科学研究提供了必要科学数据。

1986—1992 年的中日黑潮合作调查，对台湾暖流、对马暖流的来源、路径和水文结构等提出了新的见解，对海洋锋、黑潮路径和大弯曲等有了进一步的认识。

20 世纪 90 年代，世界大洋环流实验计划（WOCE），中国"向阳红 05"承担了西太平洋海域多学科综合科学考察。热带海洋与全球大气——热带西太平洋海气耦合响应实验（TOGA），旨在了解热带西太平洋"暖池区"（Warm Pool）通过海气耦合作用对全球气候变化的影响。

南极科学考察：1984 年 11 月至今，我国已经有 15 次南极科学考察，获得了三大洋的水文、化学、物理和重力等资料。

北极科学考察：1999 年 7 月，我国开始了第一次北极科学考察，考察目的是探讨北极在全球变化中的作用和对我国气候的影响等，重要成果是发现海洋是 CO_2 的源区海域。

3．海洋遥感时期

所谓遥感是指在一定距离以外获取目标的信息，通过对信息的分析研究来确定目标物的属性以及目标物之间的相互关系，这个过程被称为遥感。而海洋遥感是指从卫星或其他空间平台，利用不同的传感器接收或者发射并接收来自海洋的电磁波信息，通过电磁波与大气和海洋的互相作用实现对海洋环境参数或海洋现象的观测和进行分析研究的综合技术。海洋遥感主要包括有航空遥感（以飞机为主要平台）和航天遥感（以卫星为主要平台）。

早在 20 世纪 30 年代，人们就开始利用飞机进行海上气象观测和海岸带摄影测量，几十年以来，这已为海洋环境研究积累了大量的历史资料。但是，航空遥感直接用于海洋水文物理研究，一般认为是从 20 世纪 50 年代开始的。当时美国海军水文局在一次系统的、大规模的湾流考察中,首次使用飞机和多艘调查船进行协同调查。这次考察的成功,促使美国海洋研究机构进一步制订了发展航空海洋学的计划。从那以后,便出现了"航空海洋学"这个新概念。各国利用飞机从事海洋调查研究者日益增多,观测方法和仪器也不断得到改进。航空遥感和航天遥感有许多共同点,也各有所长和不足,它们是相辅相成的。就海洋遥感来说,飞机可以使用一些遥测仪器,进行直接的海洋测量。例如,用空投 XBT 测量海温垂直剖面,进行海水取样;用专门的浮标装置直接测量海流和海浪;投弃式声学浮标探测海水声学特性和进行水下声学监测;机载气象传感器可直接测量大气参数等,这些是卫星遥感目前做不到的。同时,飞机上的海洋遥感器受大气和其他环境因素影响小,测量结果比航天遥感器准确可靠,是卫星遥感器试验、发展和地面校准所必不可少的。

20 世纪 60 年代以来,由于空间科学的蓬勃发展,遥感技术飞跃到一个崭新的阶段,而遥感技术特别是航天遥感在海洋上的应用,使海洋调查观测手段和方式发生了革命性的变化。卫星海洋遥感是 20 世纪后期海洋科学取得重大进展的关键技术之一。所谓卫星海洋遥感是指利用电磁波与大气和海洋的相互作用原理,从卫星平台观测和研究海洋的分支学科。它属于多学科交叉的新兴学科,其内容涉及物理学、海洋学和信息学科,并与空间技术、光电技术、微波技术、计算机技术、通信技术密切相关。例如,从 1960 年起,美国"泰罗斯"计划开始实施(TIROS=美国气象卫星计划),以后又陆续发射了一系列科学卫星,人们利用卫星遥感技术,可以观测大面积海洋参数,从而发现在大洋弱流区域内(平均速度为 1cm/s)存在着速度达到 10cm/s,相关尺度约为 100km,时间尺度为几个月的形形色色、大小不一的中尺度涡旋。有人甚至把大洋称为"涡旋的大观图"。例如,1973 年 5 月 14 日,美国发射的"天空实验室"中的宇航员,对地球进行了多次拍照。从照片上发现,墨西哥尤卡坦半岛东岸外的水流中也存在着一个卷动的大涡旋,直径约为 60~80km,中间有一股冷水向上涌升,带来了许多营养物质,形成了一个富饶的渔场,并对海气交换起着重要作用。同样的涡旋,在第三、第四批"天空实验室"宇航员拍摄的照片中发现得更多,如南美洲东西海岸,澳大利亚、新西兰、非洲和夏威夷群岛的法兰西护航舰浅滩等地区,都有涡旋的存在。涡旋的中心有冷的也有暖的。卫星遥感的出现,开创了空间海洋学的新时代。

4. 多平台多手段综合调查

随着对海洋了解的深入,传统的观测方法已无法满足对许多重要海洋过程在时空尺度上进行有效的采样,不能进行深入的研究。随着卫星遥感技术、水声探测技术、雷达探测技术、各种观测平台技术、传感器技术、通信技术(包括水声通信技术)和水下组网技术的进步,海洋观测技术向自动、实时、同步、长期连续观测和多平台集成、多尺度、高分辨率观测方向发展,形成从空间、水面、沿岸、水下、海床的立体观测。例如:自主式海洋采样网络(Autonomous Ocean Sampling Networks,AOSN)。

传统的海洋调查与观测作业,通常高度依赖海洋研究船的支援,利用船上大型声学探测仪器,或从船上施放仪器进行取样与分析,或从系泊浮标悬垂仪器进行测量,这类方法难以有效掌握海洋水体参数变化的时空历程。而利用飞机或卫星的遥感技术,虽然对海洋表面的监测十分有效,却难以穿透水体有效进行较深的监测。自 1990 年开始逐渐成熟的自主式水下运载器技术,以及 2000 年后逐渐发展成熟的自主式水下滑翔机技术,配合卫星定位及通信技术的商用化和普及化,使得海洋监测得以建立崭新的技术与构架,如美国海军研究署自 1990 年开始赞助发展至今的自主式海洋采样网络技术。

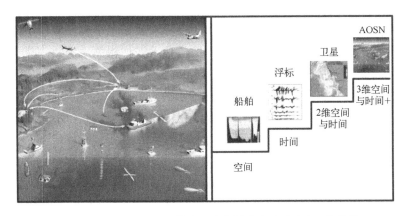

图 9-1 AOSN 的平台、传感器和综合模式及观测系统 4 维特性

9.1.3 海洋调查的科学作用

1. 与海洋科学时代的关系

海洋科学时代从"挑战者"号环球海洋考察开始。它在 362 个站位上进行了探测和生物采集,测量了世界各海域的地磁值,采集了海底地质样品,观测

了海洋深层水温的季节性变化（首先采用颠倒温度计），发现了世界大洋中盐类组成具有恒定性的规律（这是海洋学中的一个最基本的发现），测量了环流、透明度等，奠定了现代海洋物理学、海洋化学、海洋地质学的基础。

2．与海洋科学理论的关系

漂流理论是从冰山运动得到启示而发展起来的。挪威海洋学家南森发现冰漂移方向与风向不一致，埃克曼经过研究和计算，提出了风漂流理论。以埃克曼理论为基础，20世界50年代初，海洋科学家共同研究提出了世界大洋环流的理论模式——风生漂流理论：海洋上层是由一个风生流涡（Gyre）所构成，这个流涡在北半球作顺时针方向运动，在南半球则反之；深层环流则分别由南极区域威德尔海和北极区域挪威海形成的底层水团缓慢运动形成的。

3．与海洋科学革命的关系

每一次先进仪器的问世与使用，都将引起深刻的海洋学理论的革命。

声学浮标测流仪，向漂流理论提出了挑战。深层海水基本静止的观念在采用声学浮标测流（20世纪50年代）后被改变，赤道潜流和湾流区域底层流的测量，挑战了漂流理论。

遥感技术给世界大洋环流的研究带来革命。卫星遥感技术的出现，科学家看到海洋并不只存在一个风生流涡，而且存在大量的中尺度涡旋，这个发现是海洋学的一件大事，即可以对海洋水文进行"天气分析"，即将结束海洋水文物理的"气候时代"。

CTD问世发现了温盐的阶梯状结构，双扩散理论应运而生。20世纪60年代以来，XBT、CTD、热敏电阻测温链、声学剖面仪和自由沉降微结构记录仪等新型仪器问世，海洋调查能准确又快速地观测到海洋水文要素场的铅直结构细节。

9.2 海洋调查平台及仪器

海洋调查平台是指携带海洋调查仪器和设备的载体，如海洋调查船、飞机、卫星和气球等；海洋调查仪器指对海洋物理学、化学、生物学、地质学、地貌学、气象学及其他海洋状况测量的设备，如CTD、ADCP等。平台仪器指海洋调查的平台和仪器一体化的设备，如海洋浮标、潜器等。

9.2.1 海洋调查船

海洋调查船是专门从事海洋科学调查研究的船只,是运载海洋科学工作者亲临现场,应用专门仪器设备直接观测海洋、采集样品和研究海洋的工具。海洋调查船按其调查任务可分为综合调查船、专业调查船和特种海洋调查船。

海洋调查船的主要特点有:

(1)装备有执行考察任务所需的专用仪器装置、起吊设备、工作甲板、研究实验室和能满足全船人员长期工作和生活需要的设施,要有与任务相适应的续航力和自持能力。

(2)船体坚固,有良好的稳定性和抗浪性。较好的海洋调查船还要尽量降低干舷缩小受风面积,增装有减摇板和减摇水舱。

(3)具有良好的操纵性能和稳定的慢速推进性能。海洋调查船经济航速一般为12~15kn,但常需使用主机额定低速以下的慢速进行测量和拖网。大多采用可变螺距推进器或柴电机组(即用柴油机发电、电动机推进)解决慢速航行问题。为了提高操纵性能,大多在船首与船尾安装侧向推进器,或者安装"主动舵",或者两者兼有。

(4)具有准确可靠的导航定位系统。现代海洋调查船多装有以卫星定位为中心,包括欧米伽、劳兰A/C和多普勒声纳在内的组合导航系统。该系统使用电子计算机控制,随时可以提供船位的经纬度,精确度一般为±0.1n mile,最佳精度可达±0.4m。

(5)具有充足完备的供电能力。船上的电站要能满足工作、生活的电气化设备、精密仪器、计算机等所需要的电力和不同规格的稳压电源。仪器用电需与动力、生活用电分开,统一采取稳压措施。水声专业调查船,尚需另设无干扰电源。

中国第一艘海洋调查船"金星"号,是1956年用一艘远洋救生拖轮改装而成的,适用于浅海综合性调查。60年代开始,中国先后建造和引进了大批大、中、小型调查船。经过多年发展,目前我国已经拥有世界上最先进的科学考察船,如"科学"号、"东方红3"号等。

"科学"号长99.6m,宽17.8m(图9-2),排水量近5000t,采用吊舱式电力推进系统,驾驶室为360°可环视驾驶室,实验室总面积670m^2,船底安装有可放探测仪器的升级鳍板,以及测量海底地貌的多波束深海探测系统;船左侧搭载可潜4500m水深的ROV水下机器人,右侧可吊潜水采样器材,船尾可布放各种海底探测设备,可谓"十八般武艺样样俱全"。

第 9 章 卫星海洋遥感与海洋调查

图 9-2 "科学"号综合调查船

9.2.2 海洋卫星

从 1957 年苏联发射第一颗人造卫星，人类进入卫星时代开始，卫星就成了海洋观测和研究的一种崭新的技术手段，1960 年 NASA（美国宇航局）发射了第一颗电视与红外观测卫星 TIROS-1（泰罗斯），随后发射的 TIROS-2 卫星开始涉及海温观测。1978 年美国的 NASA 相继发射了 3 颗卫星，分别是由喷气动力实验室研制的 SeasatA 卫星，God-dard 空间飞行中心研制的 TIROS-N 和 Nimbus-7（雨云 7 号）卫星，这三颗卫星分别携带了微波传感器、红外传感器、可见光传感器，奠定了海洋遥感的微波技术、红外线技术和可见光技术的基础，因而 1978 年也被称为海洋遥感具有里程碑意义的一年。经过几十年的发展，卫星已充分展现其对海洋的强大的监测能力，通过所携带的各种传感器，可提供的海洋信息包括：海表温度、海面高度、海面风场、海浪、海冰、海底地形、风暴潮、水汽和降雨等。并可以开展这些海洋信息的业务化预报。

1. 卫星轨道

海洋卫星在空间运行的轨道主要分为静止轨道和极轨轨道。

1）静止轨道

地球同步轨道。离地面高度 36000km，覆盖范围固定（事先设定），一般观测范围小于 45°。对某地扫描时间间隔短，可认为时间连续。传感器主要是被动式。分辨率低，主要为气象服务。海洋观测卫星都是采用极轨轨道。

2）极轨轨道

与太阳同步轨道。每次过这个地方时间固定，一天两次。离地面高度 600～1000km，可变轨（在轨机动），技术上一段时间进行轨道修正。其相邻轨道间隔由轨道倾角和轨道高度决定，在赤道上存在某些空白区。观测范围基本覆盖全球。同一地点采样间隔长，TOPEX 是 9 天两次，ERS-1、2 为 35 天两次，NOAA 和 TERRA 每天两次。

2. 卫星传感器

目前用于海洋观测的所有卫星传感器，均根据电磁辐射原理获取海洋信息。采用的电磁波包括可见光、红外、微波。其中，可见光谱范围在 0.4～0.7 μm，红外光谱在 1～100 μm，微波光谱在 1.8cm～6m（对应波段：0.3～100 GHz）。

传感器工作方式分为主动式和被动式。主动式有微波高度计、微波散射计、合成孔径雷达；被动式有红外扫描辐射计、微波辐射计等。其主要用途为：

（1）海色传感器主要用于探测海洋表层叶绿素浓度、悬移质浓度、海洋初级生产力、漫射衰减系数以及其他海洋光学参数。

（2）红外传感器主要用于测量海表温度。

（3）微波高度计主要用于测量平均海平面高度、大地水准面、有效波高、海面风速、表层流、重力异常、降雨指数等。

（4）微波散射计主要用于测量海面 10m 处风场。

（5）合成孔径雷达主要用于探测波浪方向谱、中尺度涡旋、海洋内波、浅海地形、海面污染以及海表特征信息等。

（6）微波辐射计主要用于测量海面温度、海面风速以及海冰水气含量、降雨、CO_2 海气交换等。

9.2.3 浮标和潜标

海洋浮标是一种现代化的海洋观测设施。它具有全天候、全天时稳定可靠的收集海洋环境资料的能力，并能实现数据的自动采集、自动标示和自动发送。海洋浮标与卫星、飞机、调查船、潜水器及声波探测设备一起，组成了探测海洋奥秘的主体监测系统。海洋浮标技术是在传统技术的基础上发展起来的海洋监测新技术。

海洋浮标的种类比较多（图 9-3），有锚定类型浮标和漂流类型浮标。其中前者包括气象资料浮标、海水水质监测浮标、波浪浮标等；后者有表面漂流浮标、中性浮标、各种小型漂流器等。

海洋浮标，一般分为水上和水下两部分。水上部分装有多种气象要素传感器，分别测量风速、风向、气温、气压和温度等气象要素；水下部分有多种水文要素传感器，分别测量波浪、海流、潮位、海温和盐度等海洋水文要素。

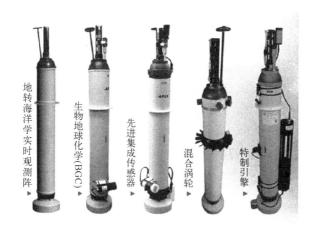

图 9-3 APEX 型浮标

传感器组是测量各种参数的探头,通常安装在浮标体上的有风向、风速、气压、气温、湿度(或露点)、表层水温、盐度(电导率)、流向、流速、波高、波周期、波向等传感器。有些浮标还在系缆绳上安装着测量不同深度水层温、盐、深度的传感器。

1. 海面锚系浮标

将一艘船长时间抛锚在海里观测,显然是不经济的。因此锚定浮标测流逐渐取代有人的船只。其方法是将观测仪器安置在一个浮标体中,浮标既是海流计的载体,又是小型气象站和数据传输的工具(图 9-4)。

图 9-4 锚系浮标

浮标观测站有固定式、自由漂浮式等，其中以锚定在海上的观测浮标为主体（图9-5）。安置在浮标体内ARGOS系统，是全球定位和数据采集系统。可以为分布在地球周围，包括海洋、陆地和空中的数千个活动及固定平台进行定位并完成数据采集的工作，然后将采集的数据传递到岸站的资料接收和处理中心，再分发到用户。当然，这种将观测、传输集于一身的锚系浮标，费用自然不菲，通常在近岸情况下，只用小型测流浮标作为浮动载体，仪器取放、安全监控都由人工完成，这样费用就可大大降低。

图9-5 小型锚系浮标

2. 漂流浮标

漂流浮标是随着全球定位和卫星通信技术的进展而发展起来的一种十分有效的大尺度海洋环境监测手段。自由漂浮式浮标能随波逐流，可测量不同位置的海洋要素，并且其漂流的轨迹反映了海流情况，因此现在广泛应用在大洋。比较典型的漂流浮标如ARGOS浮标。

ARGOS的中文解释可为卫星定位与数据传输系统，ARGOS是借古希腊神话中"百眼巨神"之名。ARGOS系统是法国国家空间研究中心（CNES）、美国国家航空与航天局（NASA）和国家海洋大气局（NOAA）于1978年联合建立的卫星定位与数据传输系统，它覆盖全球，服务于全世界。ARGOS系统由发射机、地球极轨卫星（空间部分）、接收站（地面部分）三部分组成。ARGOS浮标就是ARGOS系统监测仪器的载体即"平台"，浮标上装置的ARGOS发射机通过称"平台发射机终端"（简称PTT），它以一定的格式将采集的数据资料上传给ARGOS卫星（即空间部分），再由卫星传输给地面接收站（地面部分）。

ARGOS 浮标的设计寿命为 4～5 年,一般最大探测深度 2000m(现已可以延伸到更深处),可以每隔 10～14 天自动发送一组剖面实时观测数据,通过 ARGOS 卫星,并经地面接收站将测量数据源源不断地发送给浮标投放者。

3. 潜标

为了减少浮标和仪器的损失,在深海大洋中,通常使用潜标观测海流(图 9-6)。图中支持整个观测系统的浮标,位于水下 100m,海流计和温盐传感器位于 500m 以下,观测系统定于水下 3000m。潜标系统的主要关键技术包括系留技术、应答释放技术、定位和寻找技术、布放回收技术、防护技术等。机械故障是释放器失效的主要形式之一。在深海高被压状态下,耐压密封及防腐性能良好的释放结构是大深度释放器可靠工作的基础。设计动作灵活、可靠,同时结构紧凑、体积小的释放机构也是释放器研制的难点之一。另外,水声换能器也是实现声学指令传输的关键部件,必须通过优化换能器结构设计,筛选换能器压电陶瓷及封装材料、填充介质,高换能器在工作带宽、接收灵敏度、发射声源级、发射与接收指向性、耐压性能等方面的技术指标。潜标系统常用的电池有铅酸电池、锂电池,以及海水电池。如我国自行研发的铝海水电池以水中溶氧作为氧化剂,使铝不断氧化而产生电流。有很高的能量比和性价比。发电量受外界影响小,可以在海洋中的任何深度使用。

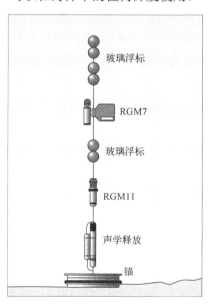

图 9-6　潜标测流

4. 坐底式潜标

海床基是放置在海底的观测系统，主要采用各种仪器探测海底附近的海洋参数，还可以采用声学仪器测量海洋的剖面参数。它是为进行深海观测而发展起来的一种调查辅助设备。可以长期放于海底或大洋底部进行连续观察的三脚架系统，可以根据不同目的进行不同设计。如为了研究多金属结核生成与洋底所发生的化学与生物过程之间的关系，特研制了一种能够放在洋底的很大的三脚架形组合仪器系统，这种仪器组合可在洋底 6000m 水深处放置一年。为了查明海底沉积物的运动过程，也设计了一种三脚架，可放于海底进行为期半年的连续观测。为了回收，海床基系统有声学释放装置。以美国为首的西方国家近几年比较重视水下长期无人监测站的建设，相继建成了多个深水和浅水海底观测站，主要用于长期监测海洋生态系统环境变化的趋势。在浅海中，通常使用坐底式 ADCP 观测全层海流。例如，AWAC IMHz ADCP、WHS600 kHz ADCP 都是适合几十米水深测流的。坐底式测流有许多方式，但是，大多是小异而大同。给出的两种方式，ADCE 基本概括了当前经常使用的形式：第一种，ADCP 海浮球流计和锚系装置分开，这样可以避免上层浮标的晃动对 ADCP 的影响；第二种，是表层标识浮标，直接系于声 ADCP 顶端环扣，ADCP 下端通过重物沉于海底，简化了释放观测装置的过程。有的为了避免人为破坏，表层浮标沉没于水下，到观测结束，专用船只到释放地点，用特定频率的超声波作用于 ADCP 下端声学应答器。这个应答器接收到船上的超声波信号之后，与下面重物脱钩，在浮标的浮力作用下，浮出水面。

9.2.4 水下自航式海洋观测平台

水下自航式海洋观测平台是 20 世纪 80 年代末 90 年代初在载人潜航器和无人有缆遥控器（ROV）的技术基础上迅速发展起来的新型海洋观测平台，主要用于无人、大范围、长时间水下环境监测。典型的水下自航式海洋观测平台有如下几种。

1. 水下滑翔机

水下滑翔机一种新型的水下监测平台，它是一种将浮标技术与水下机器人技术相结合、依靠自身静浮力驱动的新型水下机器人系统，具有浮标和潜标的部分功能。水下滑翔机可以应用于长时间且大范围收集水下水文资料（水温、盐度、压力等）的任务，可以长达数十天甚至数月续航，航程上千千米。水下滑翔机的滑翔原理为利用"内部浮力引擎"来控制进水或排水以及浮心重心距离的改变,使机体产生上升或下沉以及倾角,并配合"内部移重装置"或"外部尾舵"来改变浮心重心距离以及入流角度的改变,导致倾角产生变化(俯仰、翻滚、偏摆),水下滑翔机利用"上升或下沉的速度"与"倾角变化所产生的角度",使装置于机体两侧的机翼产生升力,并产生前进的推力,因而达到水下滑翔机水下滑航的运动,水下滑翔机滑航原理流程可参考图9-7。

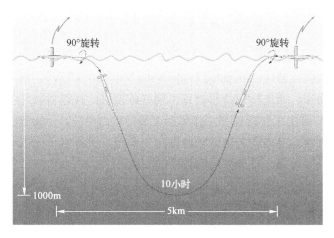

图9-7 水下滑翔机滑航原理流程示意图

2. 无人水面艇

无人水面艇是一种可通过遥控模式或者自主模式在水面航行,并可同步开展军事对抗、环境调查、人员搜救、巡逻侦察等活动的智能化水面机器人。在军事领域,无人水面艇可用于执行海洋战场环境调查、关键海域灭扫雷、海上反潜追踪、海上防护/拦截/打击等任务;在民用领域,无人水面艇可用于执行浅水区海洋环境要素调查、极地冰区海洋环境调查、海上事故应急响应、海上污染区环境监测、海上重要人工构筑物安防巡逻等任务,是未来军民两用的核心装备之一。

海洋调查常面对风高浪急、暗礁丛生等恶劣环境,传统作业手段劳动强度高、安全风险大、作业效率低。与大型水面船舶相比,无人水面艇体积小、重量轻、吃水浅,具备无人、高效等特点,非常适合在浅水区、污染区、极地等复杂海域环境中作业,有助于减轻强度、降低风险、提高效率和节约成本,具有广阔的应用前景(图9-8)。

图 9-8　水面无人艇进行海洋调查作业

3. 水下无人航行器

水下无人航行器（Unmanned Underwater Vehicle，UUV），指不需有人在潜器内驾驶或操控，通过搭载传感器和不同任务模块，执行多种任务的水下自航行装备。UUV 可由工作人员在工作母船上施放，由电缆、无线电波或声波直接遥控，或由潜器本身搭载的电脑软硬件自主操控，又称水下无人运载器、无人潜器、水下机器人等。目前应用比较广的 UUV 有：

（1）水下遥控机器人（Remotely Operated Vehicle，ROV），通过电缆线连接，提供动力和操控的潜水器，通常机体是开放式机架，通过水下摄像机、成像声纳等专用设备进行水下观察，或者通过机械手臂等工具进行水下作业。ROV 须经由人机界面与人进行大量互动，由人进行遥控，利用电缆线接收来自工作母船的控制信号及电源，并把水下工作所收集的信号传递给工作母船。

（2）水下自主航行器（Autonomous Underwater Vehicle，AUV），应用无人自主技术的水下航行器。这里所说的自主包含感测、判断与行动三个要素，因此 AUV 在执行工作任务时，可以不需要人的介入。依靠自身的人工智能技术和动力执行任务，必要时也可以由工作母船以声波下达有限的人为指令，进行指挥控制。AUV 具有活动范围大、机动性好、安全、智能化等优点，目前广泛应用于军用和民用领域的各项任务中。

4. 无人和载人深潜器

深潜器是具有水下观察和作业能力的活动深潜水装置。深潜器上可以装设如单声波束回音探测系统，多声束回音探测系统、CTD、多普勒音响洋流轮廓扫描器、水下摄影机等各式各样的海洋探测仪器，就像一艘小型的海洋研究船。主要用来执行水下考察、深海勘探、海底开发和打捞、救生等任务，并可以作为潜水员活动的水下基地。深潜器分为载人深潜器、无人深潜器和遥控深潜器等。比较著名的深潜器有美国伍兹霍尔海洋研究所的"阿尔文"

号深潜器，我国的"蛟龙"号载人深潜器以及最新研制的"奋斗者"号载人深潜器（图9-9）。

图9-9 "奋斗者"号载人深潜器

9.2.5 海洋调查仪器

1. 温盐深仪（CTD）

温盐深仪（CTD）全称温盐深仪剖面仪，是一种利用不同的探针测量海水的导电率、温度及压力的仪器设备，CTD分别是电导率、温度、深度的首字母（Conductivity Temperature Depth）。由海水的导电率可以计算出海水盐度，由海水的压力可以计算出海水深度，因而CTD可得到海面下不同深度的海水温度、盐度、导电率资料。CTD所探测的资料与电脑连线，给使用者提供基本的海洋水文资料。

另外，配合不同研究者的需求，CTD可加挂各类其他探针，例如荧光探针、透光度探针、溶氧探针、PH探针等，可以在很短的时间内得到各种海洋水文数据，提供对海水成分全面性的了解，是海洋研究船上重要且不可或缺的测量仪器。目前国内外广泛使用的CTD有Neil/Brown Mark Ⅲ型和SBE911-Plus等。

2. 声学多普勒流速剖面仪（ADCP）

声学多普勒流速剖面仪（Acoustic Doppler Current Profilers，ADCP），它的工作原理是通过测量声波在流动液体中的多普勒效应来测量海流。可用于测量海流的深度剖面。其优点是不干扰流场、测验历时短、测速范围大等特点，其可测湍流和弱流，还可测量多层海流，精度较高。

3. 多波束测深器

多波束探测技术在海洋地貌研究中得到广泛应用,它探测迅速、测绘详细、经济效益高。多波束测深仪与一般测深仪的不同之处在于,当船沿一定航线行驶时,它可以测出几十个平行的深度剖面,与计算机相接可直接绘出海图。典型的多波束探测系统包括:

(1) 深/浅海单声束回音探测系统:如同多声束回音探测系统,但单声束系统一次只能发射一条声波,一次探测海底一个点的地形,借以核对多声束回音探测系统所测量数据的精确度。

(2) 深/浅海多声束回音探测系统:可以测量海底深度和地形的声纳系统,功能就像是拍摄海底地形的照相机,只不过它是利用声波反射原理,而不是像照相机利用光的传递及感应形成影像。它可以同时发射多条声波,由声波反射回来的情形,同时探测海底数个不同地点的地形。探测深度可以从数米到数千米,并可直接绘图显示海底的深度及地形。

(3) 海底层轮廓扫描器:可以发射高功率、高能量,能穿透海底地层的声波,以探测海床底下地形构造和岩石侵蚀声纳系统,可以在水深数千米内,探测海床底下数百米深度的地形构造。

4. 旁侧声纳

旁侧声纳是利用回声测深原理探测海底地貌和水下物体的设备。又称侧扫声纳或海底地貌仪。其换能器阵装在船壳内或拖曳体中,航行时向两侧下方发射扇形波束的声脉冲。波束平面垂直于航行方向,沿航线方向束宽很窄,开角一般小于 2°,以保证有较高分辨率;垂直于航线方向的束宽较宽,开角约为 20°～60°,以保证一定的扫描宽度。工作时发射出的声波投射在海底的区域呈长条形,换能器阵接收来自照射区各点的反向散射信号,经放大、处理和记录,在记录条纸上显示出海底的图像。回波信号较强的目标图像较黑,声波照射不到的影区图像色调很淡,根据影区的长度可以估算目标的高度。

9.3 海洋调查的分类及内容

海洋调查的主要任务是研究海洋现状的基础,是对海洋物理过程、化学过程、生物过程等及海洋诸要素间的相互作用所反映的现象进行测定,并研究其测定办法。其主要任务是观测海洋要素及与之有关的气象要素,编制观测报表,整理分析观测资料,绘制各类海洋要素图,查清所观测海域中各种要素的分布状况和变化规律。因此,可以将海洋调查视为一个系统。

海洋调查系统包含 5 个主要部分：调查对象（即被测量对象）、传感器和仪器、平台、施测方法和数据信息处理。

9.3.1 调查对象

海洋调查系统中的调查对象主要指各种海洋学过程以及决定它们的各种特征量的场。例如海岸线、海底形状和底质、世界大洋环流、中尺度涡、水团边界（锋）、海水的温度、盐度、海浪、潮汐、海色等调查对象的分类方法也有多种，如以调查对象变化快慢来划分，大致可划分为以下五类。

1．基本稳定的调查对象

基本稳定的调查对象即被测对象随着时间的推移变化过程极为缓慢。例如各种岸线、海底形状和底质分布，它们在几年或几十年的时间里通常不发生显著变化。因此对于基本稳定的要素调查可以几年进行一次。

2．缓慢变化的调查对象

这类被测对象一般对应海洋中的大尺度过程，在空间上跨越几千千米，时间上可以有季节性的变化。例如世界大洋环流，其中比较典型的有湾流、黑潮等。黑潮是北太平洋的西边界流，具有流速大、高温、高盐等水文特征，且黑潮的流轴、流核、流量等都有季节性变化。因此，对黑潮等这类被测对象最好进行季节性观测。

3．变化的调查对象

这类被测对象一般对应海洋中的中尺度过程，它们的空间尺度在几十到几百千米间，时间尺度约几天到几个月。典型的如大洋的中尺度涡，浅、近海的区域性水团，以及大尺度过程中的中尺度振动（如湾流、黑潮的扭曲等）。

4．迅变的调查对象

这类被测对象一般对应海洋中的小尺度过程。它们的空间尺度在十几到几十千米，时间尺度在几天到十几天。典型如水团边界（锋）的运动等。以入海河口的羽状锋为例，它随着径流入海的多少、涨落潮流速和流向的变化而变化。

5．瞬变的调查对象

这类被测对象一般对应海洋中的微细过程，其空间尺度在米的量级以下，时间尺度在几天到几小时甚至分、秒的范围。典型的如海洋中的湍流运动和对流运动以及近地面风的脉动等。

以研究内容来划分，可以分为：海洋水文要素观测、海洋气象要素观测、海洋声、光等物理要素观测、海洋生物调查、海洋化学调查、海洋地质调查、海洋渔业调查和海洋资源调查等。其中水文要素的观测内容主要有：温度、盐度、潮汐、海流、波浪、水色、透明度等；水文要素的观测内容主要有：气温、气压、湿度、降雨量、风速、风向、云量、云状、海气边界层等。

也可以用研究对象来划分，而且以研究对象来命名调查的分类法是海洋界最常用的方法，例如深海钻探计划、大洋多金属结核调查、南极及南大洋调查、北冰洋观测、近海海洋调查等。

9.3.2 传感器和仪器

传感器和仪器是开展海洋调查所必须的设备。国家标准 GB 7665—87 对传感器的定义是：能感受规定的被测量并按照一定的规律转换成可用信号的器件或者装置，通常由敏感元件和转换元件组成。狭义而言传感器指感知物理参数的探头。传感器是一种检测装置，通过它可以满足信息的传输、处理、存储、显示、记录和控制等要求。根据不同的角度可以对传感器进行不同分类，如按工作原理分，传感器可以分为物理传感器、化学传感器和生物传感器。按传感方式分又可以分为点式传感器、线式传感器、面式传感器。

1. 点式传感器

点式传感器，感应空间某一点被测量的对象。例如，用水银温度表观测海面温度，悬挂的多层颠倒温度表观测不同层次温度验潮仪、测波仪、安德拉海流计等都属于这类传感器。美国的海洋地质调查手段，一直向着深、精、直观和综合方向发展。所谓深，就是探测的深度越来越大。所谓精就是对沉积层、地壳甚至上地幔探测的精度越来越高。所谓直观，就是通过各种仪器和潜艇直接观察海底现象，并通过深海钻探可以直接取得较老沉积和洋壳的资料。

2. 线式传感器

当传感器沿某一方向运动，或者传感器不动，但是传感信号可以穿透一定水层，从而获得某种海洋特征变量沿这一方向的分布，如温盐深自动记录仪（CTD）、ACP 声学传感器等。现在，各种仪器也朝着组合使用和长期连续观测的方向发展。如斯克里普斯海洋研究所的深拖，就是把各种水下仪器，如采样（包括水样和生物样）设备，深度、能见度、温度、差异压力和磁力等测定仪器，照相机、电视、声纳（包括上视、下视和旁视）等设备综合组装于一个能用船拖着走的架子上。在调查船行进时，此仪器系统距洋底很近，可记录并观察到洋底及其附近的许多真实情况。

3. 面式传感器

近代航空和航天遥感器能提供某些海洋特征量在一定范围内的海面上分布。高频地波雷达（HF Surface Wave Radar）是当今国际上海洋观测的先进设备，利用海洋表面对高频电磁波的一阶散射和二阶散射机制，可以从雷达回波中提取风场、浪场、流场等海况信息，实现对海洋环境大范围、高精度和全天候的实时监测。

随着技术的不断进步传感器将逐渐向着微型化、多功能化、智能化、无线网络化发展，在海洋调查中将继续发挥关键作用。但传感器毕竟不是仪器，它只是仪器的重要组成部分。只有将传感器进行组装，再配以外壳防水、防腐、防压和信息输出等部件组装成海洋仪器后，才能进行实地测量。

9.3.3 平台

海洋调查的平台包括海洋调查船、飞机、卫星、浮标、以及水下运载器/机器人。本章已着重介绍了水下运载器/机器人和浮标。

9.3.4 施测方法

1. 随机方法

随机调查是早期的一种调查方法，组成随机调查的测站（站点）是不固定的。这种调查大多是依次完成，如著名的"挑战者"号的探险考察。虽然一次随机调查很难提供关于海洋中各种尺度过程的正确认识，但是大量的随机观测数据可以通过统计给出大尺度（甚至是中尺度过程）的有用信息。

2. 定点方法

定点方法是指测站固定的定点方法，这种方法是至今仍然大量采用的海洋调查方式。定点调查通常采取测站阵列或固定断面的形式，每月一次或者根据需要的时间实测。定点调查的观测数据在时间、空间上分布合理，从而有利于提供各种尺度过程的认识，特别是多点同步观测和观测浮标阵列可以提供同一时刻的海况分布。

3. 走航方式

随着传感器和数据信息处理技术的现代化，走航实测方式成为可取的方式。根据预先设计合理的航线，使用单船或多船携带走航式传感器（如 XBT，ADCP 等）采样海洋要素数据，然后用现代数据信息处理方法加工，可以获得被测海区的海洋信息（图 9-10）。

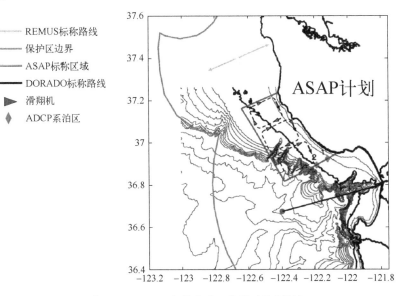

图 9-10 MB06 走航线路示意图（见彩插）

4. 轨道扫描方式

航天和遥感技术的发展，现在已为海洋调查提供了一种全新的施测方式——轨道扫描，即利用海洋业务卫星或资源卫星上的海洋遥感设备（面式传感器）对全球海洋进行轨道扫描，大面积监测海洋中各种尺度过程的分布与变化。它几乎可以全天候地提供局部海区的良好的天气式数据信息，但是遥感技术在监测项目、观测准确度和空间分布等方面还有待进一步拓展和提高。

9.3.5 数据信息处理

数据信息处理大致分为四类。

（1）初级数据处理，将最初始的观测读数修订为正确数值，例如颠倒温度计和海流的读数订正等。某些传感器提供的某些海洋特征连续模拟量，也应该按需要转换成数字资料。

（2）进一步的数据处理，对初级数据处理进一步加工，如空缺数据的补缺、各种统计参数的计算、延伸的资料的求取。例如，从水温、盐度计算密度、比容、声速，从特征量的垂直分布来求取跃层的各项特征值等。

（3）初级信息的处理，从观测或进行计算出来的延伸资料中提取初步的海洋学信息。如，根据海水温度、盐度等的离散值用空间插值方法绘制水温和盐度的大面、断面分布图或过程曲线图等。

（4）进一步的信息处理，从处理的数据或信息中提取海洋信息。例如，从水温、盐度的实况分布可以用恰当的方式估计出水团界面的分布（锋）。从海流数据和实况恰当的分布处理得出被测海区的环流模型等。

9.4 海洋水文观测

海洋水文观测是海洋调查的重要组成部分，海洋观测与其他观测最大的不同是海洋观测的实现必须要有观测平台，没有平台就不能实现观测。而观测平台的特征决定了观测的方式和方法，另外被观测要素的特征也对观测平台提出特定要求，并且海洋观测平台除了要满足这些要求，还要能抵抗恶劣的海洋环境和人为破坏。

9.4.1 海洋水文观测的分类

1. 海滨观测

在海滨的固定点所进行的水文观测，它是海洋水文观测的基本方式之一。海滨观测站叫海滨水文站，各海滨水文站组成总体叫海洋水文站网，或称为海洋水文站网。随着自记仪器和海洋浮标站以及今后的自主航行运载器的发展，海洋站网有了新的含义。海洋站网可分为三种形式：（1）临时观测站，这类有临时潮位和波浪站等；（2）单要素观测站，多数是指潮汐观测，也有海浪台站；（3）综合性观测站。

2. 海上观测

指以空间位置固定和活动的方式进行的水文观测。常称为海上观测点(站)。

1）大面观测

为了解一定海区环境特征（如水文、气象、物理、化学、地质和生物）的分布和变化情况，以及彼此间的联系，在该海区设置若干观测点，隔一定时间做一次巡回观测称为大面观测。每次观测应争取在最短时间内完成，以保证资料具有较好的代表性。为此，一般船只到站不抛锚，一次性观测完成后，即向下一站航行。观测时的测点称为"大面观测站"。

按其操作方式又可分为走航式、投弃式、自返式、拖曳式等。走航式，指随着传感器和和数据信息处理技术的现代化，走航实测成为可取方式。根据预先设计合理的航线，使用单船或多船携带走航式传感器（如 XBT，ADCP 等）采样海洋要素数据，然后用现代数据信息处理方法加工，可以获得被测海区的海洋信息。投弃式仪器使用时将其传感器部分投入海中，观测的数据通过导线或无线电波传递到船上，传感器用后不再回收。自返式仪器观测时沉入海中，完成测量或采样任务后卸掉压载物，借自身浮力返回海面。拖曳式仪器工作时从船艉放入海中，拖曳在船后进行走航观测。

2）断面观测

在调查海区设置由若干具有代表性的测点组成的断面线，沿此线由表到底进行观测。设置方式有固定式（设置在海岸边、岛屿和灯塔上）、浮动式（设置在船舶或浮动平台上）。按观测规范或特殊要求的观测方式定时进行水文和气象观测，并按规定时间将观测的水文气象要素报告水文气象中心。

同样，在调查海区内设置由若干个具有代表性的测点所组成的断面线，沿此线由表到底进行的季度观测，也属于定点观测。这是为进一步探索该海区各种海洋要素的逐年变化规律所采用的一种观测方式。每次观测都要在既定点上进行这里所说"季度观测"，即在冬、春、夏、秋的代表月2月、5月、8月、11月各进行一次水文、化学和生物要素重复的观测，至少要进行冬、夏季代表月的观测。其目的是对测区的主要海洋现象，实施长期调查观测，以了解和掌握其相互关系和变化的基本规律，为生产、科研、军事、预报和环境保护等部门提供海洋基础资料。

3）连续观测

连续观测是为了解水文（特别是海流）、气象、生物活动和其他环境特征的周日变化或逐日变化情况所采用的一种调查方式。在调查海区选具有代表性的某些测点，按规定的时间间隔连续进行25个小时以上的观测。观测项目包括海流、海浪、水温、盐度、水色、透明度、海发光、海冰、气象、生物、化学、水深和研究所需的特定项目等。观测时的测点称为"连续观测站"。

4）辅助观测

辅助观测就是为补充大面观测或连续观测的不足，更真实掌握水文气象要素的分布情况，利用非专业性调查船如商船、军舰等在执行自己主体任务过程中，顺路对一些海洋科学要素进行测定。这是海洋部门为广泛搜集现场资料，按统一要求组织的一些常规的、不定期的海洋观测活动，其内容偏重于海洋水文与气象观测。我国选择了大约120艘商船装备自动观测仪器，进行志愿船测报工作，主要进行表层海水温度，以及海面上空气温、气压、湿度和风速风向的观测（表9-1）。其中，对在航率高、船舶性能好和主要在国内航线上航行的30艘志愿船装备了海事卫星通信设备，在青岛、上海和广州建立了三个海事卫星接收站，实现了观测数据的卫星通信。其他志愿船仍由船上通信部门向岸台传输数据。三个海区的船舶测报管理站负责非实时志愿船测报数据的搜集、处理、存档及通信工作。一些渔船在捕鱼过程中也附带温度和盐度观测，国外的商船还安装 ADCP 进行海流观测。

表 9-1　志愿船测报系统的测量要素、测量范围、测量精度

测量要素	测量范围	测量精度
风速	0～75m/s	当 v≤5m/s 时：±0.5m/s 当 v>5m/s 时：±10%×读数
风向	0～360°	±10°
气压	150～1050hPa	±1hPa
气温	−25℃～+45℃	±0.2℃
相对湿度	0%～100%	当相对湿度≤50%时：±5% 当相对湿度>50%时：±2%
表层水温	−4℃～+35℃	±0.5℃

9.4.2　水文观测的内容

1. 深度测量

深度测量指固定地点从海平面至海底的垂直距离。深度测量的水深分现场水深（瞬时水深）和海图水深，现场水深指现场测得的自海面至海底的垂直距离；海图水深指从深度基准面起算到海底的水深。目前我国采用的是"理论深度基准面"来作为海图起算面的，所谓理论深度基准面一般是指最低低潮面。

水深测量的手段主要有：①钢丝绳测深；②回声测深仪（多波束测波仪）；③卫星 SAR 图象；④其他如压力计与开闭端温度表。目前主要采用回声测深仪进行深度测量。

回声测深仪测深的基本原理是利用声波在海水中以一定的速度（平均声速 1500m/s）直线传播，并能由海底反射回来的特性。发射超声波的装置，称为发射震动器，接收海底回声的装置，称为接收震动器。仪器安装在船底，设超声波由发出到反射回来前后经过的时间间隔为 Δt，那么，由船底到海底的距离 S 为

$$S = (1500 \times \Delta t)/2 , \quad H = S + h \tag{9.1}$$

式中：h 表示船吃水深度；H 表示真实水深。在实际使用中，可直接在回声测深仪指示器上读取深度数据。

回声测深仪船只使用比较广泛，它记录迅速，而且停航和航行中均可进行，并能把连续测得的结果记录下来，能得到整个海区的深度、地形分布轮廓和固定站位的潮汐情况。

2. 水温测量

水温观测分为表层水温观测和表层以下水温观测。对表层以下各层的水温观测，为了资料的统一使用，我国规定了标准观测层次如表 9-2 所列。

1）观测层次

表 9-2 标准观测层次

水深范围/m	标准观测水层/m	底层与相邻标准水层的距离/m
<10	表层，5，底层	2
10～25	表层，5，15，20，底层	4
25～50	表层，5，15，20，25，30，底层	4
50～100	表层，5，15，20，25，30，50，75，底层	5
100～200	表层，5，15，20，25，30，50，75，100，125，150，底层	10
>200	表层，10，20，30，50，75，100，125，150，200，250，300，400，500，600，700，800，1000，1200，1500，2000，2500，3000（水深大于3000m 每1000m 加一层），底层	

2）观测时次

沿岸台站（海滨观测）只观测表面水温，观测时间一般在每日的 2 时、8 时、14 时、20 时进行。海上观测分表层和表层以下各层的水温观测，观测时间要求为：大面或断面站，船到站就观测一次；连续站每 2 小时观测一次。

3. 盐度测量

1）观测要求

盐度与水温同时观测。大面或断面测站，船到站观测一次，连续测站，一般每 2 小时观测一次。根据需要，有时每小时观测一次。

海上水文观测中盐度准确度分为三级标准（表 9-3）。

表 9-3 测量范围、准确度、分辨率

准确度等级	准确度	分辨率
1	±0.02	0.005
2	±0.05	0.01
3	±0.2	0.05

2）测量方法

（1）化学方法。

化学方法又简称硝酸银滴定法。基本原理为，在离子比例恒定的前提下，采用硝酸银溶液滴定，通过麦克伽莱表查出氯度，然后根据氯度和盐度的线性关系，来确定水样盐度。

（2）物理方法。

电导法是利用不同盐度具有不同导电特性来确定海水盐度的。

实用盐标解除了氯度和盐度的关系，直接建立了盐度和电导率比的关系。但由于海水电导率是盐度、温度和压力的函数，因此，通过电导法测量盐度必须对温度和压力对电导率的影响进行补偿。采用电路自动补偿的这种盐度计为感应式盐度计。采用恒温控制设备，免除电路自动补偿的盐度计叫电极式盐度计。

最先利用电导测盐的仪器是电极式盐度计。由于电极式盐度计测量电极直接接触海水，容易出现极化和受海水的腐蚀、污染，使性能减退，这就严重限制了在现场的应用，所以主要用在实验室内做高准确度测量。加拿大盖惠莱因（Guildline）仪器公司采用四极结构的电极式盐度计（8400 型），解决了电极易受污染等问题，于是电极式盐度计得以再次风行。目前广泛使用的 STD、CTD 等剖面仪大多数是电极式结构的。

4．海流观测

1）浮标漂移测流法

根据自由漂移物随海水流动的情况来确定海水的流速流向。漂移法测流是使浮子随海流运动，再记录浮子的空间—时间位置。浮标有表面浮标、中性浮标、带水下帆的浮标、浮游冰块等。可用无线电测向和定位系统跟踪浮标的运动；测深层流则采用声学追踪中性浮标方法。

2）定点观测海流

定点观测有固定台架、锚定浮标、锚定船测流方式。在浅海海流观测中，若能用固定台架悬挂仪器，使海流计处于稳定状态，则可测得比较准确的海流资料并能进行长时间的连续观测。

3）走航测流

在船只航行的同时观测海流称之为走航测流（图 9-11），如 ADCP 测流。其测流原理是：测出船对海底的绝对运动速度和方向或利用高精度 GPS 求出船的绝对运动速度和方向，同时测出船对水的相对运动速度和方向，再经矢量合成得出海水对海底的运动速度和方向，即可得出海流的流速、流向（图 9-12、图 9-13）。

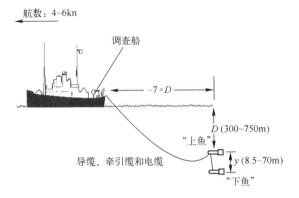

图 9-11　走航测流示意图

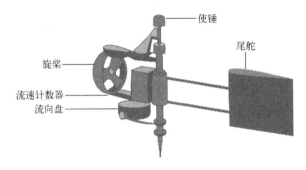

图 9-12　埃克曼海流计

图 9-13　安德拉海流计

4）声学多普勒海流剖面仪（ADCP）

该仪器是目前观测多层海流剖面的最有效的方法，其特点是准确度高、分辨率高、操作方便。现已被海委会（IOC）正式列为几种新型的先进海洋观测仪器之一（图 9-14）。

图 9-14 骏马牌声学多普勒海流剖面仪

ADCP 测流原理：如果一束超声波能量射入非均匀液体介质时，液体中的不均匀体把部分能量散射回接收器，反向散射声波信号的频率与发射频率不同，产生多普勒频移，它和反射/接收器与反向散射体的相对运动速度为等比关系。

一定质量的水质散射单元以速度 v 运动，根据多普勒效应接收信号频率是

$$f' = \frac{c + v\cos\theta}{c - v\cos\theta} f_0 \tag{9.2}$$

式中：f' 为接收信号频率；c 为声波在海水中的传播速度；f_0 为发射频率；v 为散射单元运动速度（海流速度）；θ 表示发射波束或接收波束与海流速度方向夹角。

则多普勒频移为

$$f_d = f' - f_0 = \frac{2v\cos\theta}{c - v\cos\theta} f_0 \tag{9.3}$$

由于 $v\cos\theta \ll c$ 所以，$f_d = \dfrac{2f_0 v\cos\theta}{c}$。由式（9.3）得 $v = \dfrac{c \cdot f_d}{2f_0 \cos\theta}$。

若 $f_0 \cos\theta$ 为已知，则测出的 c 和 f_d 即可求得海流的速度 v_0。

由于声速在一定水域中，在一定深度范围内的水体中的传播速度基本上是不变的，根据由声波发射到接收的时间差，便可以确定深度。利用不断发射的声脉冲，确定一定的发射时间间隔及滞后，通过对多普勒频移的谱宽度的估计运算，便可得到整个水体剖面逐层段上水体的流速。

5. 海浪观测

海浪观测的主要观测对象是风浪和涌浪。观测地点一般选择在海滨，观测应面向开阔海面，避免障碍物影响；如需进行海上观测则选择离岸较远的开阔海域。观测主要内容为风浪和涌浪的波面时空分布及其外貌特征。具体的观测项目有海面状况、波型、波向、周期和波高。同时利用上述观测值计算波长、波速、1/10 和 1/3 大波的波高和波级。海浪观测基本要求如下：

1）观测时间

海上连续测站，每 3 小时观测一次（目测只在白天，单波个数不少于 100

个），观测时间，2 时，5 时，8 时，11 时，14 时，17 时，20 时；大面测站，船到即测；岸站测站与连续观测同，目测的时间为：8 时，11 时，14 时，17 时。观测海浪时，还应同时观测风速、风向和水深。

表 9-4 海况等级表

海况等级	海面征状
0	海面光滑如镜，或仅有涌浪存在
1	波纹或涌浪和小波纹同时存在
2	波浪很小，波峰开始破裂，浪花不显白色仅呈玻璃色
3	波浪不大，但很触目，波峰开始破裂；其中，有些地方形成白色浪花，俗称白浪
4	波浪具有明显的形状，到处形成白浪
5	出现大波峰，浪花占了波峰上很大面积，风开始削去波峰上的浪花
6	波峰上被削去的浪花，开始沿着波浪倾斜面伸长成带状，波峰出现风暴波的长波形状
7	风削去的浪花布满了波浪的斜面，海面变成白色，只有波谷某些地方没有浪花
8	稠密的浪花布满了波浪的斜面，海面变成白色，只有波谷某些地方没有浪花
9	整个海面布满了稠密的浪花层，空气中充满了水滴和飞沫，能见度显著下降

2）观测仪器

目测、光学仪、浪高仪、加速度测波仪和雷达回波散射仪等（图 9-15、图 9-16）。其中加速度测波仪是利用加速度原理进行波浪测量。当浮标随波面做升沉运动时，安装在浮标内的垂直加速度计输出一反映波面升沉加速度变化的电压信号。对该信号做二次积分处理后，即可得到与波面升沉高度变化成比例变化的电压信号。

图 9-15 加速度测波仪

图 9-16 浪高仪示意图

6．潮位观测

最初人们用人工设置的标杆——水尺进行潮位观测，自 1831 年美国研制成功自记验潮仪以来，世界各国相继研制了不同型式的验潮仪。水尺观测方法简单方便，但它不能连续自记，而且还需要较多的人力，因此多用于在临时观测站进行潮位观测或永久观测站上的自记水位计的潮位校核。自记水位计观测法具有记录连续、完整、节省人力等优点，因而被一般永久性测站所普遍采用。

现行的潮位观测方法主要有透明度、水色、海发光观测。

观测透明度的透明度盘是一块漆成白色的木质或金属圆盘，直径 30cm，盘下悬挂有铅锤（约 5kg），盘上系有绳索，绳索上标有以分米为单位的长度记号。绳索长度应根据海区透明度值大小而定，一般可取 30～50m。

水色观测是用水色标准液进行的。通过福莱尔水色计目测确定。水色计由蓝色、黄色、褐色三种溶液按一定比例配制了 21 种不同色级。

海发光观测指根据海发光的征兆，目测判定（图 9-17）。

图 9-17　透明度盘和水色计

表 9-5　海发光强度等级表

等级	发光征象		
	火花型（H）	弥漫型（M）	闪光型（S）
0	无发光现象	无发光现象	无发光现象
1	在机械作用下发光，勉强可见	发光勉强可见	在视野内有几个发光体
2	在水面或风浪的波峰处发光，明晰可见	发光明晰可见	在视野内有十几个发光体
3	在风浪、涌浪的波面上发光显著，漆黑夜晚可借此看到水面物体的轮廓	发光显著	在视野内有几十个发光体
4	发光特别明亮，连波纹上也见到发光	发光特别明亮	在视野内有大量的发光体

7. 海洋内波调查

海洋内部混合与海洋内波动力学的研究明显地依赖于直接的海洋观测。由于海洋内波在两个水平方向和铅直方向以及时间上有着特定的结构，并且海洋层结状况的铅直变化及大尺度水平剪切流动均能对内波产生强烈的影响，因此海洋内波测量方案的正确设计和实施需要相当高的技术和先进测试仪器。自从 20 世纪 60 年代以来，许多先进的海洋观测仪器和方法的研制与发展是与内波观测密切相关的。

到目前为止已有的内波观测方法如下 6 种：锚定测量（图 9-18）、水平拖曳测量、铅直投抛测量、浮子测量（图 9-19）、声学测量、遥感测量。

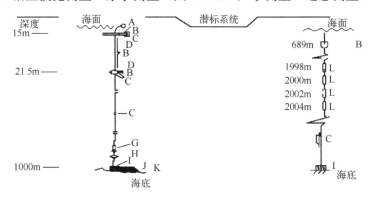

图 9-18　内波锚系阵列观测

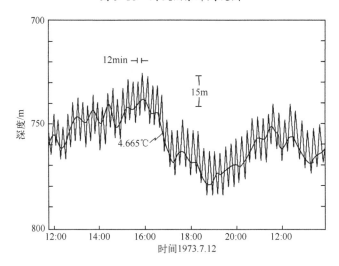

图 9-19　中性浮子测得的一段等温面随时间起伏的曲线

8. 海洋要素极值求取

在海洋工程的规划与设计中，需要掌握海洋水文气象要素的多年一遇极值问题，即 50 年、100 年或更长时间的潮汐、波高、波长、最大风暴增减水、最大风速等的极值是多少，这对工程安全、投资经济性非常重要。

对于此类问题，通常情况是从已有的海洋水文气象资料中按概率方法来估计出不同年限内可能出现的最大值（波高、风速、水位、气温等）。具体而言，确定所要估计的水文气象要素符合哪种概率分布，然后用已经具有的资料估计具体的概率密度曲线或频率图线，由此而得到所需要的估计。常用的有皮尔逊 III 型和耿贝尔曲线两种方法。

9. 海洋调查实例（南部战区海军海洋调查的主要兵力及主要辅助设备）

目前南部战区海军执行海洋调查任务的船只主要有：南调 350 船、南测 11 号船、南测 12 号、南测 429 船。

调查船只装备的作业辅助设备主要有水文绞车（包括 3540 型液压水文绞车、HQD 电动绞车、HYJ-2 型液压水文绞车、210 型液压水文绞车，3 吨液压门吊系统）、GPS 定位系统，万米测深仪等。

1）主要设备情况

1990 年以前所用的海洋水文调查仪器装备主要有：颠倒采水器、颠倒温度计、直读式海流计、电传海流计、印刷海流计、埃克曼海流计、盐度计、透明度盘、水色计等。从 1991 年起，先后新增装备有：

船载声学多普勒海流剖面仪（ADCP）、声学 SACM 海流仪、超声波测流仪（UCM-60）、温盐深探测仪（MKIII CTD、SBE19 CTD、SBE19 CTD PLUS、XBT、XCTD）、海洋潜标系统（深海型和浅海型）、温度链系统以及声速剖面仪等。

其主要用途及性能指标简叙如下：

（1）船载 ADCP 声学多普勒海流剖面仪。

该仪器固定安装在调查船只上，利用海水的声学多普勒原理测流，可在走航、漂泊及锚泊状态下进行测流，多用于一定海域内的流场分布分析，可同时测量一个剖面多层次的流速流向，观测深度根据仪器型号不同，从 300m 到 1200m 不等。该设备的使用，彻底改变了以前单点锚泊测流的方式。所获取的资料一般做一个海区的流场的定性分析，而不做为定量的依据。

（2）SBE19 CTD 温盐深剖面仪。

该仪器为自容式温度、电导率、深度观测系统。塑料外壳的 SBE19 温盐深剖面仪最大投放深度为 600m，铝合金外壳的压力传感器最大工作深度为

1000m。其 128K 的内部存储器可容纳 3 小时的采样数据，电池最少可以支持保存数据 2 年。它摒弃了传统测量温盐的工作方式，克服了传统测量只能一点一层的观测，而是一次投放实现一个剖面的观测，资料具有实时性、连续性。

（3）UCM-60 超声波测流仪。

该仪器利用超声波发射接收时差原理进行测流，可同时测量温度、声速、流速、流向、压力等。与传统的旋桨式海流计相比，投放回收方便，测量准确。因其无转动部件，所以该仪器机械磨损小并且不怕海洋生物附着。一次投放即可观测一个剖面，通过内置存储器存储数据资料，存储器容量大，电池工作时间长，可实现连续站连续自动工作，在长期的使用中优点突出。

（4）MKⅢ CTD 温盐深探测系统。

该仪器系统为国际上普遍使用的经典 CTD 观测系统，与 SBE19 CTD 相比，具有测量精度更高、投放深度更深、同时可采集多层水样的特点，主要用于中远海区大深度温度、盐度、深度等要素的测量，是比较理想的温盐深观测仪器。

（5）SBE25 CTD 剖面仪及 SBE32 多瓶采水器系统。

该系统从美国进口，2002 年开始装备我军。

SBE25 为自容式温度、电导率、深度观测系统。观测最大深度依据压力传感器类型及仪器外壳的耐压指数而确定，目前使用的类型最大观测深度为 3400m。

SBE32 采水器是一种通用、可靠的水样采集系统。每个采水瓶都有自己的释放系索，并由磁性释放钩来控制。当微处理器收到释放采水瓶命令时，它将释放相应位置的磁性释放钩。采水瓶可以顺序或随机释放。具有快速、安全、方便、可靠的特点。

（6）HWJ-1 型温度链系统。

该设备由一串连接在电缆上的温度传感器及甲板接收设备构成，主要用于一定深度的海水剖面温度连续变化的观测，可观测 150m 内的一个剖面的温度，同时绘制温度剖面图，由此推算声速剖面的时间分布。

（7）Starmon mini 型温度链系统。

该系统从冰岛 Star-Oddi 公司进口，2002 年装备我军。

该系统是由 Starmon mini 温度自记仪和系留系统组成的，是用于测量固定水层的温度随时间变化规律的温度测量系统。Starmon mini 温度自记仪和系留系统相互独立，同原有的国产通信电缆连接的温度链相比，该温度链系统具有体积小、质量轻、携行方便、操作简单等优点，尤为突出的是自记仪同系留系统配合可以任意选择测量层次，这样就可以方便地将自记仪配置在我们特别关注的水层，达到最好的观测效果。

（8）XBT 及 XCTD 系统。

两者均为调查船只在航行状态下一次性抛弃式投放观测设备：XBT 用来测量海水温度及深度，在盐度恒定且已知的海域，可计算出声速；XCTD 用来测量与深度对应的海水电导率和温度，这些测量的数据可用以计算近乎实时的水的盐度、密度及声速。

该设备的优点是：在海况恶劣情况下，可在船只航行时快速实现 CTD 项目的观测。

（9）声速剖面仪 SVPLUS。

声速剖面仪是一个多参量、设备齐全、智能化的设备，专为测量声速、温度和压力而设计，主要用于海洋声速剖面的观测，观测深度达约 4000m。

（10）气象仪器装备。

主要为空盒气压表、干湿球温度计、轻便风速风向仪、数字气象仪等传统型的观测仪器，自动化程度较低。

2）大气波导观测设备

（1）XZC5-1 型温湿梯度船舶自动测量系统。

该设备于 2001 年 10 月装备，分别在南调 350 船、南测 11 号船各安装 1 套，主要用于大气波导项目中的近海面温湿梯度观测。该设备由国家海洋局海洋技术研究所引进国外先进部件研制而成。整个系统由安装在船甲板面以上三个不同高程的温、湿度精密传感器和安装于工作室内的数据采集、存储系统构成，可连续自动采集存储三个不同高程的温、湿度数据以及海平面气压和风向风速。

（2）RK91 低空火箭探空仪。

该设备主要用于大气波导项目中的 1000m 低空范围温、湿度廓线的观测。整个系统由装载了温、湿度、气压传感器的火箭、火箭发射装置以及数据无线接收设备构成。

3）海洋潜标系统利用

海洋潜标系统获取海洋环境资料，是海洋调查的另一种有效手段。其主要用途是：对水下海洋环境要素进行长期、定点、连续、多要素同步观测。主要特点是：不易受海面风浪的影响，不易受人为破坏，可在恶劣海况和相对隐蔽条件下实施测量。可根据测量任务不同，在系统上挂接不同仪器，获取不同的参数资料。目前所配备的海洋潜标系统分浅海型和深海型两种型号，浅海型适用于400m以上浅海区,深海型适用于400～4000m深海海区。该仪器系统为国家海洋局海洋技术研究所引进国外先进仪器配件设计而成。

9.4.3 海洋水文调查资料处理

根据海军海洋调查资料管理的有关规定,在海上获取的原始调查资料必须经过检查、误差订正、格式转化、相关参数计算、标准格式存储等一系列处理,方可上交海军海洋环境数据库使用。通过该数据库的综合利用及各部队的联网,为一线作战部队提供可靠的实时和现场保障所需要的海洋水文环境资料。比如:海水温度、盐度、密度和声速的垂直分布直接影响潜艇水下航行的安全性、隐蔽性和水下武器的有效使用;水面舰艇的反潜能力、水下目标的探测和水下信息的传输也必须建立在对水下流场、声场环境了解的基础上。

9.5 卫星海洋遥感

海洋遥感是指从卫星或其他空间平台,利用不同的传感器接收或者发射并接收来自海洋的电磁波信息,通过电磁波与大气和海洋的互相作用实现对海洋环境参数或海洋现象的观测和进行分析研究的综合技术。卫星海洋遥感是海洋遥感的重要组成部分,也称为卫星海洋学或空间海洋学,它是专指以卫星为平台的海洋遥感。其内容涉及物理学、海洋学和信息学科,并与空间技术、光电子技术、微波技术、计算机技术、通信技术密切相关,是一门交叉性很强的科学。同样,海洋卫星遥感在军事上的用途十分广泛。

9.5.1 海洋环境条件保障

1)海洋基本环境要素的实时监测

目前,利用卫星平台已经能够观测几乎所有可以用遥感器观测的海洋环境要素,包括:海面温度、海面(动力)高度、海面风场、海面盐度、海面流场、海浪有效波高和方向谱、海洋水色参数、海洋潮汐参数等海洋基本环境要素,在美欧等国家均已达到业务化应用保障的能力。

2)海洋中尺度现象的实时监测

现有资料表明,海洋中尺度现象在中国海及西北太平洋海域常年存在,分布比较广泛。海洋中尺度现象可以引起海洋水下三维声场的严重畸变,影响声纳作用距离的预报结果,从而直接影响军事行动的效果。海洋中尺度现象存在的广域性和变化性,使得常规的海洋调查难以实时获取其全貌信息,而发挥卫星海洋遥感优势，可以实现对海洋中尺度现象的实时探测以及定量分析。

3）海洋内波的实时监测

由于海洋内波振幅大，受内波运动影响的潜艇随波起伏摇摆产生大幅度的升降和纵摇，这对潜艇状态控制、隐蔽性以及武器发射精度都产生很大影响。另外，内波还是产生"声闪烁"现象的主要原因，因此，内波的运动会直接影响声纳的探测效率。

9.5.2 海洋目标监视

1）导弹预警

舰艇发射导弹尾焰的辐射，可被星载红外成像仪、可见光摄像机获取。一旦发现目标，由可见光摄像机跟踪拍摄导弹的运动状态和尾焰形状，红外成像仪获取目标位置数据，地面站根据传回的图像信息判断导弹的类型、发射方向和速度，提供相关的预警信息。

2）水面舰船目标监测

利用各种星载传感器探测海洋目标的辐射、反射、散射或发射的电磁波，可以获取其位置、尺度、类别等多种重要的信息。舰艇在海面航行的波浪尾迹，改变了海面粗糙度，利用可见光/红外成像仪、合成孔径雷达等遥感器也可以对其进行探测，根据尾迹图像提取舰船的速度信息。

9.5.3 水下潜艇探测

1）SAR 探测潜艇

在层化的海洋中，潜艇水下航行将产生内波。如果航行深度不太大，在海面上，潜艇内波波流场对表面张力波和短重力波产生一定的调制作用，使它们的分布发生幅聚、幅散变化，导致局部海面微尺度波的分布发生变化。利用 SAR 可以进行潜艇内波尾迹的探测。

2）红外探测潜艇

在层化的海洋中，潜艇水下航行产生的内波流场的幅聚、幅散作用还会导致海面表层和次表层水体的混合，在海面上产生相应的温度变化。此外，潜艇在海洋混合层中航行时，排出的大量高温冷却水上升到海面，使海面的局部温度升高，也会导致海面温度的异常。这两种由潜艇内波引起的海面温度的异常现象可以统称为潜艇热尾迹。潜艇热尾迹会改变海面红外辐射的分布，因此，利用红外成像仪可以进行潜艇热尾迹的探测。

9.6　全球海洋观测系统简述

1. GOOS 计划

GOOS 计划即全球海洋观测系统（Global Oceanography Observational System）。

1）研究方法

（1）研究气候季节至年际变化，尤其是厄尔尼诺现象。

（2）开展海洋生物资源调查：观测浮游生物的生物量、分布及组成的大尺度变化。

（3）开展海洋环境调查：调查富营养化、水华、赤潮及有机物污染调查。

以上三方法及其物理参数重点在沿海、近海区域集成，进行业务化服务。

2）研究目的

进行中长期气候预测；发布台风、大风警报——风暴潮及大浪；为港口、湾区的管理提供服务；进行水质监测、赤潮预报；为捕捞、养殖管理提供科学依据；提供海洋旅游条件预报、航线保证和海冰预报；优化海洋工程设计及使用。该计划提出之后，迅速得到澳大利亚、加拿大、法国、德国、日本、韩国等十多个国家的响应和支持，并已成为全球气候观测系统（GO）、全球海洋观测系统（GOOS）、全球气候变异与观测试验（CLIVAR）和全球海洋资料同化试验（GODAE）等大型国际观测和研究计划的重要组成部分，也得到 2000 年在法国巴黎召开的国际海委会（IOC）的认可。GOOS 计划的系统设计就是海洋高技术的大规模集成，包括海洋遥感遥测、自动观测、水声探测和探查技术，以及卫星、飞机、船舶、潜器、浮标、岸站等制造技术，相互连接形成立体、实时的海洋环境观测及监测系统。

2. 近海洋观测系统（NEAR-GOOS）

许多国家和地区正在陆续制订和执行各自的区域性海洋观测计划，例如，美国的 Coast Watchi 计划，德国等国家发展的河口和近海地区的一体化遥控监测系统的 MERAIDi 计划。为了响应 GOOS 计划，中国、俄罗斯、日本和韩国联合组成东北亚区域 GOOS 计划（North-East Asian Regional GOOS），即全球海洋实时监测中全球海洋观测系统的东北亚地区性示范系统，中国为该系统参加国、计划的策划者和组织者。数据库是由日本气象局（JMA）运作，它搜集全球气象组织通过远程通信系统传来的资料，也有日本气象局自己搜集的资料和来自四国的观测资料，这些资料在参加的四国之间可以交换使用。

3. ARGO 计划

全球海洋观测正面临一场新的革命：它将从少量的定点浮标或船只走航的非同步方式，发展到一种由高技术组成的、全新的、自动沉浮的浮标阵系统（称为全球观测站网（Array for Real-time Geostrophic Oceanography，ARGO）。这种新型的沉浮式浮标，如同气象观测中的探空气球，可以获得海水内部不同层次的海流、温度、盐度等资料，从而了解海洋水文的立体特征、空间结构和依时的运动状态。这既是海洋观测方法划时代的革新，又是海洋科学必然的发展方向。ARGO 全球观测系统，是由美国等国家的大气和海洋科学家于 1998 年提出的，旨在快速、准确、大范围搜集全球海洋上层的海水温度、盐度剖面资料，从根本上解决目前天气预报中对海洋内部信息缺少了解的局面，以提高气候预报精度，防御和减少日益严重的气候灾害（如飓风、龙卷风、台风、冰雹、洪水和干旱）。该计划用 3～4 年时间（2000—2004 年），在全球大洋中每隔 300km 布放 ARGO 浮标，总计 3000 个，组成全球海洋观测站网。这种新型沉浮式浮标，每年可在全球提供多达 10 万个剖面（0～2000m 水深）的海水温度和盐度资料，如同气象观测中使用的探空气球一样，可以帮助人们了解全球海洋各层的物理状态，也如同气象学上可以画出同时的天气图那样，监视海洋各个时刻的运动状态。帮助人们加深对海洋过程的了解，并揭示海气相互作用的机理，从而提高对较长周期天气预报和短期气候预测的能力，有效防御全球日益严重的气候和海洋灾害（如台风、龙卷风、冰暴、洪水和干旱以及风暴潮、赤潮和海洋异常现象等）给人类造成的威胁。改善模式的初始场，进一步完善海气耦合模式，提高长期天气预报和短期气候的预测能力，其中包括与 ENSO 有关事件（如洪水、干旱等）的预报能力和对太平洋十年涛动等的再认识。

习题和思考题

1. 简述海洋调查几个历史阶段的特点。
2. 简述海洋调查的主要组成部分。
3. 试提出一个卫星海洋卫星遥感技术在军事中应用的课题建议和设想。
4. 试论卫星海洋遥感基本概念。

第10章 全球海洋环境特征

全球海洋环境特征是各个海洋环境要素在具体海域表现出的总体性质和特点。本章系统归结了我国与世界重点海域，特别是重点军事海域的海洋环境要素特点。

10.1 中国近海海洋环境特征

本节主要介绍我国近海海区和重点军事海域的自然环境与气候特征、海水物理性质以及海洋动力学要素。

10.1.1 中国近海海区

1. 渤海海区

1）自然环境及气候特征

渤海是深入中国大陆的近封闭型的浅海。南、北、西三面环陆，东面以渤海海峡与黄海相通，其间以北起辽东半岛南端的老铁山角、南至山东半岛北端的蓬莱角一线与黄海分界。渤海东北—西南向纵长约 555km，东西向宽约 346km，面积为 7.7 万 km^2，平均深度为 18m，最深处位于老铁山水道西侧仅 70m。渤海是中国近海面积最小、深度最浅的海区。

渤海属温带季风气候，冬季干寒而夏季湿暖。冬季，主要受亚洲大陆高压和阿留申低压活动的影响，多偏北风，平均风速 6~7m/s。1 月，6 级以上大风频率超过 20%。强偏北大风常伴随寒潮发生，风力可达 10 级，同时气温剧降，间有大雪，是冬季主要灾害性天气。春季，受中国东南低压和西北太平洋高压活动的控制，多偏南风，平均风速 4~5m/s。夏季，大风多随台风和大陆出海气旋而产生，风力可达 10 级（24.5~28.4m/s）以上，且常有暴雨和风暴潮伴生，是夏季的主要灾害性天气。渤海气温变化具有明显的"大陆性"，1 月平均气温为-2℃，4 月为 7~10℃，7 月为 25℃，10 月为 14~16℃，年温差达 27℃。平均年降水量为 500mm 左右，其中一半集中于 6—8 月。

2）海水物理性质

（1）温度、盐度及密度。

渤海的水温分布受周围陆地、水文和气候的影响十分显著。冬季，水温在垂直方向呈均匀分布。在水平方向上，等温线分布略与海岸线平行，自中部向四周逐渐递减，同时因受黄海暖流余脉的影响，东部水温高于西部。1月水温最低，三大海湾的水温均低于-1℃，且于每年1—2月出现短期冰盖，此时深水区表面水温为0~2℃。夏季，表面水温分布较均匀。8月，莱州湾和渤海湾水温最高，沿岸区可达28℃，而辽东湾东南部一些海区水温可以低于24℃。表层水温的年变幅达28℃左右。夏半年，出现明显的海水分层现象，特别在海峡附近的深水区，上层充满高温低盐水，下层为低温高盐水所占据，两者之间出现温跃层。

渤海盐度最低，表层盐度年平均值为29.0~30.0。渤海沿岸受沿岸水控制，中央及东部则受外海水支配。冬季的等盐线分布趋势基本上与海岸平行，盐度值由岸向外、自西向东递增，渤海海峡北部又高于南部。夏季除表层盐度降低外，冲淡水的范围也扩大；渤海东部和中央盐度为30.0，其余3个海湾的表层盐度均低于29.0，尤其是黄河口附近，黄河水的低盐水舌向渤海中央伸展，最低盐度在24.0以下。

渤海的密度分布为沿岸小，外海大，夏季小，冬季大，密度等值线大致与海区等深线走向基本一致，江河口，受淡水影响，密度值较低。海区东部高，西部低，渤海湾最低为13.0。密度跃层，于4—5月开始出现，6—8月最盛，整个渤海区均有跃层出现，在渤海中央区最强，9月份开始消衰，11月至次年3月为无跃期。

（2）海水水团。

渤海的水团主要包括渤海沿岸水和渤海混合水。其中渤海沿岸水又可分为辽东湾沿岸水和渤南沿岸水。辽东湾沿岸水主要由辽河、大凌河等淡水入海后混合而成，分布在辽东湾内，而渤南沿岸水则主要由黄河、海河、滦河等入海的淡水混合而成，分布在渤海湾、莱州湾至山东北部沿岸海域。两者受沿岸径流的季节性变化影响显著，温度、盐度年变化较大，冬季低温、夏季高温。渤海混合水由渤海沿岸水和黄海外来水混合而成，相对沿岸水盐度较高，年变幅较小。冬季，表、底层温度均匀；夏季，表层迅速增温、降盐，深、底层水基本保持冬季遗留下来的低温高盐性质，在辽东湾和渤海湾形成两个冷中心——辽东湾冷水和渤中冷水。

（3）海水透明度及水色。

渤海因有黄河、海河、辽河及滦河等河流注入大量泥沙，温度又比较适宜，浮游生物丰富，是中国近海透明度最小、水色低的海区。近岸一带海水浑浊，多呈淡黄色或褐黄色，渤海海峡为绿色。渤海的透明度，冬季最小，夏季较大。渤海湾西部和辽东湾北部透明度终年在 2m 左右。在黄河口附近，浮游生物含量较高，海水似泥浆水，海面多呈黄色，透明度只有 1～2m，有时甚至不足 0.5m。

3）海洋动力学要素

（1）环流系统。

渤海环流主要由黄海暖流余脉和渤海沿岸流组成。黄海暖流余脉是指由黄海进入渤海的高盐水，通常是指从北黄海进入渤海的盐度大于 31 的高盐水舌，在冬季较为强盛，而在夏季则不明显。黄海暖流余脉从海峡北部一直向西延伸到渤海西岸，受海岸阻挡而后分成南、北两股；北股沿辽西近岸北上，并且与沿辽东沿岸南下的辽东沿岸流构成顺时针方向的弱环流；南股在渤海湾沿岸转折南下，汇入自黄河口沿鲁北沿岸东流的渤海沿岸流，从海峡南部流出渤海。

渤海沿岸流由两部分组成：一是辽东湾沿岸流，由辽河、双台子河、大凌河等径流流入混合形成，主要分布在辽东湾 20m 等深线以浅的沿岸水域；二是渤海—莱州湾沿岸流，由滦河、黄河等径流入海后混合形成，主要分布在河北东部、天津和山东北部沿岸。渤海环流的变化受制于气候条件，通常流速只有 0.2kn 左右，冬季比夏季稍强，有时可达 0.4kn 左右。

（2）海浪。

海浪以风浪为主，随季风的交替具有明显的季节性。10 月至次年 4 月盛行偏北浪，6—9 月盛行偏南浪。渤海风浪以冬季为最盛，波高通常为 0.8～0.9m，周期多半小于 5s。1 月平均波高为 1.1～1.7m，寒潮侵袭时可达 3.5～6.0m。夏秋之间，偶有大于 6.0m 的台风浪。海浪以渤海海峡和中部为最大，辽东湾和渤海湾较小。渤海年平均波高 0.5～1.0m。冬季常受寒潮的侵袭，风浪为全年最大，平均波高 1.5～1.7m，最大 3～5m。其他季节风浪较小，如夏季平均波高为 0.7～0.8m；春、秋季为 1.0～1.3m。

（3）潮汐。

渤海大部分地区属不规则半日潮类型，但渤海海峡为全日潮潮波波节和半日潮潮波波腹所在地，该处出现正规半日潮。秦皇岛附近为全日潮类型，因该地处于半日潮潮波波节与全日潮潮波波腹带的缘故。黄河口附近也有一小块为不规则全日潮。渤海中央的潮差一般为 1.5m 左右,岸边为 2~3m;辽东湾及渤海湾顶端的潮差可达 4m 以上。渤海大部分地区潮流类型为不规则半日潮流。半日潮和全日潮分潮流的最大流速分别为 30~40cm/s 和 10~20cm/s。渤海潮流流速一般在 2kn 以内,但在渤海海峡及辽东湾湾顶,潮流很强,有时达 5kn 左右。渤海海峡附近全日潮流大于半日潮流,所以带有全日潮流类型。

2. 东海海区

1)自然环境及气候特征

济州岛东端至日本九州岛长崎野母崎角连线为界,与朝鲜海峡相通,并与日本海相邻。东由日本九州岛、琉球群岛和中国台湾岛环绕,与太平洋分隔。南以中国福建、广东两省海岸交界处至台湾岛南端猫鼻头连线为界,与南海毗连。西依上海、浙江、福建海岸。海区东北至西南长约 1300km,东西宽约 740km。面积 77 万 km^2,平均深度约为 370m,最大水深 2719m。东海居中国海区的中部,扼太平洋西部边缘海南北航路要冲,战略地位十分重要。

东海海区纵跨副热带和温带,冬季主要受亚洲大陆高压的控制,夏季主要受中国东南部低压和太平洋西北部高压的影响,重要的天气系统有冷空气、温带气旋和热带气旋。影响东海的温带气旋,大部分生成于台湾以东和以北海面,多循琉球群岛、日本东南侧向东北方向移动,以冬、春季出现最频。东海平均每年通过强台风和台风 5、6 个,最多年可达 14 个。一般在 4—11 月都有通过,但以 6—9 月最频。台湾、福建、浙江等省沿岸是热带气旋频繁登陆的地区。冬季平均气温北部 8~12℃,南部 10~20℃;夏季全区 26~29℃。气温年变幅南小北大,分别为 10℃和 20℃。年降水量为 1000~2000mm。琉球群岛附近可达 2000mm 以上。冬季,台湾东北及济州岛附近海域多雨,东海西半部少雨。春季,台湾东北部多雨区逐渐消失,5 月琉球群岛西侧多雨,6 月江浙沿海多雨,7 月后至年底为东海的少雨期。冬季,大部分海面以北风为主,平均风速 9~10m/s,北部济州岛附近是强风速区。南部盛行东北风,风向稳定,风速也强,特别是台湾海峡,风速更大。受寒潮侵袭时,冷锋过后常出现 6~8 级北到东北大风,并伴有明显降温。夏季,整个海区以南风和偏南风为主,平均风速较弱,仅 5~6m/s。此时,影响中国近海的热带气旋多取道东海北上。春、夏两季为雾期,以 6 月雾日最多。西部近海为西太平洋多雾海区之一,多平流雾,舟山群岛到长江口以及济州岛附近海域为多雾中心,济州岛附近雾日可多达 12 天以上。东部和东南部少雾,因这里终年有暖水流经,底层大气不稳定,不利于海雾的形成与持续。闽浙沿岸为多雾区,年平均雾日可达 60~80 天。琉球群岛附近雾日较少,仅 10 天。

2）海水物理性质

（1）温度、盐度及密度。

东海水温分布与海流关系极为密切。表层水温的年变幅，南部较小，为7～8℃；北部较大，为17～18℃。冬季，西部浙闽沿岸是南下东海沿岸流和北上台湾暖流的交汇处，温度较低。西北部常低于10℃，为7～14℃，水平梯度大。东部表层水温为19～23℃，黑潮流域为高温区，暖水舌轴处水温可达20～22℃。东北部对马暖流的暖水舌伸向西北，来自黄海的冷水舌则伸向东南，形成明显的对比。浅水区和深水区的上层，水温垂直分布均匀。深水区的下层，则呈现层状分布。夏季，沿岸水温急剧上升，除长江口外有时有一低盐高温水舌伸向东北外，整个海区海面温度分布几近均匀，大致在27～29℃。自20～30m层起，温度水平梯度开始变得显著，层化亦较强。由此至海底各层的温度分布趋势基本相同。

东海冬季和夏季盐度分布主要决定于长江入海径流量的多寡和黑潮外海高盐水的盛衰。总的趋势为：表层盐度自岸向外海递增，但水平梯度则自岸向外海递减。冬季，近岸处盐度最低可在31.0以下，黑潮水域高达34.7以上，垂直均匀层厚约100m。北部对马暖流—黄海暖流的高盐水舌与黄海低盐水舌，西部浙闽沿岸低盐水与台湾暖流高盐水，分别构成了明显的锋面。夏季，在长江径流量洪峰期，河口附近最低盐度可低到5～10，水平梯度极大，冲淡水舌可延伸到济州岛附近，但冲淡水仅存在于近表层，厚度约10m，越往东北，水层越薄，故其扩展范围很广，其影响不仅遍及东海西北部，还可远及南黄海西部。此外，由于台湾暖流高盐水和黄海低盐水的前锋可分别自南、北方楔入到冲淡水之下，使长江口大沙滩及济州岛西南附近盐度分布极为复杂。东海沿岸均在低盐水系控制之下，故盐跃层占主导地位。长江口外附近，一年四季均有盐跃层存在，而以夏季强度大，但深度较浅。

海区的密度特点是：沿岸密度小，外海密度大，在长江口至钱塘江口的密度最小。密度的季节分布为：冬季密度大，为24.5～25.5g/cm^3；夏季密度小，为20～21g/cm^3。春、夏两季整个海区都有密度跃层出现，在长江口与舟山岛东南海区较强，到夏季强度达最大，中心强度为0.02～0.03kg/m^4，深度在0～15m之间。秋、冬季节，除长江口和舟山岛附近还出现很弱的跃层外，其余海区跃层均已消失。但在台湾以东和台湾海峡以南，水深大于200m的深海区终年存在着跃层，上界深度在100～150m，强度较小为0.015～0.0500kg/m^4，厚度较大为50～100m。

（2）海水水团。

东海水团主要包括沿岸水、黑潮水和陆架混合水。沿岸水盐度一般低于30.0‰，并从近岸向外海递增。温度随季节而改变，冬季温度最低，垂直分布均匀；夏季温度最高，层化作用明显。黑潮水可分为黑潮表层水、黑潮次表层水、黑潮中层水和黑潮深层水。其中表层和次表层水对东海影响较大，而且季节变化较小。陆架水由沿岸水和黑潮水混合形成，典型特征为温度4~6℃，盐度 30.00~34.50‰。此外，在长江口外海区还存在东海高密水，一般形成于冬季，典型特征是温度10~17℃，盐度33.5‰~34.5‰，条件密度高于25.0‰。

（3）透明度与水色。

东海的透明度及水色分布与渤、黄海不同，等透明度线分布呈东北—西南向（与海流、水系的分布有关）。大致以台湾—济州岛线为界，把东海分为两个明显不同的透明度区。以西为低透明度区，一般为3~15m，水色多呈绿色，尤其长江口附近水色最低，透明度不到3m；以东为高透明度区，主要受黑潮及对马暖流影响，悬浮物质少，透明度较高，约20~30m，水色呈蓝色。黑潮主干区透明度最大，高达40m左右，海水呈深蓝色。台湾海峡及南海北部近岸的等透明度线分布趋势与海岸平行，也呈东北—西南向，透明度较低，在5~15m，水色为黄绿色。

3．海洋动力学因素

（1）环流系统。

东海环流由东西两部分组成：东部有黑潮主干、对马暖流、黄海暖流，以及位于黑潮主干和琉球群岛之间、流向西南的黑潮逆流；西部有台湾暖流、东海沿岸流等。

流经台湾东岸和东海的黑潮是整个黑潮流系（包括日本以南和以东部分）的起源和上游部分。流径约占黑潮总流径的一半，是黄东海流系的主干，其影响还通过巴士海峡深入到南海。黑潮主干大致沿着陡峭的东海大陆坡向东北向流动，厚度约800~1000m。黑潮流轴比较稳定，常位于海底坡度最陡处，即温度水平梯度最大处。在进、出东海及其中部处，流轴上的最大流速可达3kn以上，平均流速约2kn。平均流量可达 $2.5×10^7m^3/s$，约相当于长江年平均径流量的1000倍。东海黑潮的流向和流幅变动不大，但流速流量的季节性变化却较为明显，春季最强，夏、冬季次之，秋季最弱。黑潮流速流量的这种变化，与北太平洋副热带中心区域（即夏威夷群岛附近海域）的海面风应力涡度场的相应变化有着较显著的关系。

台湾暖流是出现在东海沿岸流东侧和长江口以南的一支海流。除冬季表层易受偏北季风影响流向可能偏南外，表层以深的流向几乎终年沿着闽浙海岸的方向指向东北，流速约为 0.5kn。它在接近深底层时，爬坡和趋岸迹象相当明显，海水易产生上升运动。对马暖流是黑潮主干在九州西南海域分离出来，向北流动的一个分支。平均流速约 0.5～0.6kn，最大流速约 1kn，平均流量约（2～4）×$10^6 m^3/s$。它大部分通过朝鲜海峡进入日本海，夏秋季强而冬春季弱。东海沿岸流主要分布在长江口以南的浙、闽沿岸。其水文特征是：盐度低，水温年变幅大、水色混浊，透明度小。它与台湾暖流交接地带形成锋面。

（2）海浪与风暴潮。

闽、台、浙、沪沿海海面是世界发生风暴潮频率最高、强度最大的地区。冬季盛行偏北浪，夏季以偏南浪占优势，年平均波高约 1.3m。寒潮及台风来临时，波高常在 2.0～6.0m，有时可达 6.1～11.0m。特别是强寒潮侵袭时，东海中心区域的最大波高可大于 11.0m。风浪较大区域有济州岛附近、长江口外和嵊泗列岛附近、闽浙交界沿岸海区和台湾海峡等，台湾海峡地区大风、大浪多见，年平均波高 1.3m，冬季平均波高 1.7m，最大 7m，为东海南部东北浪频率最高的地区。涌浪的出现较风浪要频繁，但波级较低，波高一般为 0.4～1.2m，寒潮和台风侵袭时可出现 2.0～6.0m 的涌浪。东海沿岸曾在台风季节观测到 10m 以上的波高。

（3）潮汐。

东海的潮汐主要受太平洋潮波的影响，太平洋潮波经琉球群岛进入东海，其支流绕过台湾北端，向南进入台湾海峡，与另一支流经巴士海峡绕台湾南端，向北进入台湾海峡的潮波在平坛至台中一带相汇合，形成了东海的潮汐特点。东海的潮汐性质一般为规则半日潮，其分布从长江口到福建沿海，整个海区内只有杭州湾、宁波附近、舟山岛西岸和南岸的定海港一带，福建的东山港和台湾海峡的马公以南，为不规则半日潮。台湾岛的西岸为规则半日潮，东岸为不规则半日潮。台湾沿岸潮差分布，西岸比东岸大，西岸平均小潮差为 0.4～2.4m，大潮差为 2.5～5.5m。台湾东岸的平均小潮差为 0.5m 左右，大潮差为 1.5m 以下。海区中的杭州湾、三都澳潮差为最大；澉浦的平均潮差为 5.54m，最大潮差为 8.87m，三都澳的平均潮差为 5.35m，最大潮差为 8.54m。

东海沿岸属规则半日潮流，外海属不规则半日潮流。由于浙江、福建沿海岛屿较多，所以流向复杂。在港湾、水道为往复流，在外海、苏北沿海和象山浦之间为顺时针方向的回转流。流速外海弱，沿岸强。外海大潮时为 1～1.5kn，小潮时为 0.5～1kn 左右。沿海一般为 1～3kn。佘山地区为 2～4.5kn，杭州湾、舟山、三都澳及闽江口附近，最大可达 6～8kn，杭州湾在涌潮时可达 10kn 以上，是我国的强流区。台湾海峡北口一般不超过 2kn，澎湖以南为 3~5kn。

4. 黄海海区

1）自然环境及气候特征

黄海是全部为大陆架所占的浅海。位于中国大陆与朝鲜半岛之间，西面和北面与中国大陆相接，西北面经渤海海峡与渤海相通，东邻朝鲜半岛，南以长江口北岸的启东嘴与济州岛西南角连线同东海相连，东南至济州海峡西侧并经朝鲜海峡、对马海峡与日本海相通。山东半岛深入黄海之中，其顶端成山角与朝鲜半岛长山串之间的连线，将黄海分为南、北两部分。黄海面积约 38 万 km^2，平均深度 44m，最大深度位于济州岛北侧，为 140m。黄海东部和西部岸线曲折、岛屿众多。山东半岛为港湾式沙质海岸，江苏北部沿岸则为粉砂淤泥质海岸。主要海湾西有胶州湾、海州湾，东有朝鲜湾、江华湾等。主要岛屿有长山列岛以及朝鲜半岛西岸的一些岛屿。注入黄海的主要河流有淮河水系诸河、鸭绿江和大同江等。

黄海气候受季风影响，冬季寒冷而干燥，夏季温暖潮湿。10 月至翌年 3 月，盛行偏北风，北部多为西北风，平均风速为 6~7m/s，南部多北风，平均风速为 8~9m/s。常有冷空气或寒潮入侵、强冷空气能使黄海沿岸气温下降 10℃~15℃。4 月为季风交替季节，风向不稳定。5 月，偏南季风开始出现。6—8 月，盛行南到东南风，平均风速 5~6m/s。常受到来自东海北上的台风侵袭，大风主要随台风而产生。黄海海区 6 级（10.8~13.8m/s）以上的大风，四季都有出现，但以冬季强度大，春季次数多。大风区多位于渤海海峡至山东半岛顶端成山角一带、千里岩和济州岛等附近海域。黄海平均气温 1 月最低，为-2~6℃，南北温差达 8℃；8 月最高，平均气温全海区 25~27℃。年平均降水量南部约 1000mm，北部为 500mm。6—8 月为雨季，降水量可占全年的一半。冬、春季和夏初，沿岸多海雾，尤以 7 月最多。黄海西部成山角至小麦岛，北部大鹿岛到大连，东部从鸭绿江口、江华湾到济州岛附近沿岸海域为多雾区。其中成山角年均雾日为 83 天，最多一年达 96 天。最长连续雾日有长达 27 天的记录，有"雾窟"之称。

2）海水物理性质

（1）温度、盐度及密度。

黄海的温度地区差异显著，季节变化和日变化较大，具有明显的陆缘海特性。由南向北，由海区中央向近岸，温度几乎均匀降低。海区东南部，表层年平均温度为 17℃；北部鸭绿江口，表层年平均温度小于 12℃。冬季，随着黄海暖流势力加强，高温高盐水舌一直伸入黄海北部，温度水平梯度较大，近岸区域温度较低,水温 0～5℃;中部较高,水温 4～10℃,济州岛附近最高,水温 10～15℃。温度的垂直分布从上到下均匀一致。夏季,上层水的温度升至最高,表层水温南部略高于北部,近岸区域,如济州岛—木浦、仁川、成山角和江苏北部沿岸多出现孤立的弱低温区,水温 23～26℃。

黄海是中国近海温跃层最强的区域。温跃层主要是由海面增温和风混合造成的季节性跃层,有时也出现"双跃层"现象。黄海的温跃层,4—5月开始普遍出现,跃层深度多在 5～15m,厚度大部分小于 15m;6月以后,它的强度和范围逐步增大,至 7—8月达到最强,系统明显,深度最浅(一般小于 10m),厚度最小;9月以后开始衰退,到 11 月则基本上消失。跃层持续时间达 8 个月。跃层以下至海底,基本上被黄海冷水团盘踞,使各层水温分布趋势一致,呈现出四周高中央低的低温特性。深层冷水受黄海冷水团控制,与跃层之上的暖水形成明显的对照,其温差可达 15～20℃之多。北黄海和南黄海东西两侧的深层都存在这样的冷中心。

黄海因入海的江河较少,盐度的分布主要取决于黄海暖流高盐水的消长。除鸭绿江口附近表层盐度值较低外(年平均值为 27.0～29.0‰),黄海的盐度比渤海要高,年平均表层盐度为 30.0～32.0‰。冬季等盐线分布大致也与海岸平行,高盐水舌由南向北伸展,并向西伸至渤海海峡附近。北黄海表层盐度为 29.0～31.0‰,南黄海东侧为 31.0～32.0‰,西侧为 30.0～31.0‰,中央为 32.0～34.0‰。夏季除黄海北岸呈现为低盐区外,其他水域的盐度分布形势与冬季相似,但高盐水舌的控制范围比冬季要小。高盐水舌的位置也稍有不同,冬季偏西,夏季偏东。这表明夏季黄海暖流在表层,并紧贴朝鲜半岛西岸北上;而冬季黄海暖流的流向则偏西。黄海最高盐度出现在 2—4 月,为 32.0～32.6‰;最低盐度发生在 7—8 月,为 30.6～31.4‰。

冬季,黄海的表层密度值与渤海差不多,黄海中央为 25.0‰～25.5‰,鸭绿江口及西朝鲜湾分别为 23.0‰及 22.0‰,成山角附近为 24.0‰。朝鲜半岛西岸表层密度大于中国的鲁、苏沿岸,前者为 25.0‰～25.5‰,后者为 24.5‰左右。夏季,黄海东部仍为高密区,表层密度为 20.0‰～20.5‰,西部相对低密,表层密度为 19.0‰。鸭绿江口和西朝鲜湾为 18.0‰。

(2)水团。

黄海水团主要包括黄海沿岸水、黄海暖流水、黄海混合水和黄海冷水团。黄海沿岸水由江河入海径流与近岸海水混合形成,可分为辽南沿岸水、黄海东岸沿岸水、苏北沿岸水,其特点是盐度较低,一般低于 30.0。黄海暖流水来自外海,具有相对高温、高盐特征。黄海混合水是黄海暖流水和黄海沿岸水在北上途中不断与沿岸水混合,并受气候条件的影响而逐渐变性形成的。黄海混合水具有明显的季节性变化,冬季散布于黄海暖流水的周边,而夏季则占据了黄海表层的绝大部分海域。黄海冷水团从春季开始形成,到夏季盘踞于黄海深、底层的广大海域,秋季向黄海槽区收缩。黄海冷水团以相对低温为其特征。在夏季,与北黄海冷水团中心部分对应的表层水温高达28℃以上,而底层最低水温仅4~5℃,表、底层温差达20℃以上。

(3) 水色。

黄海的水色,在北部鸭绿江口和苏北沿岸水色浑浊,为黄色及褐黄色,其他海区水色较清,一般为天蓝绿色。透明度大于渤海,冬季一般在4~10m,近岸小于4m。夏季透明度为10~20m,如石岛至青岛一带7、8月最大为10m。黄海中部9—10月透明度最大可达25~30m。

3) 海洋动力学要素

(1) 环流系统。

从整体来看,黄海海流微弱,流速通常只有最大潮流速度的十分之一左右。表层流受风力制约,具有风海流性质。在盛行偏北风季节,多偏南流,在盛行偏南风季节,多偏北流。黄海海流主要由黄海暖流及黄海沿岸流组成。

黄海暖流是对马暖流在济州岛西南方伸入黄海的一个分支,它大致沿黄海槽向北流动,平均流速约0.2kn(在源地也不超过0.5kn)。它是黄海外海水的主要来源,具有高盐(冬季兼有高温)特征,但在北上途中逐渐变性。当它进入黄海北部时已成为余脉,再向西转折,经老铁山水道进入渤海时,势力已相当微弱。

黄海沿岸流具有低盐性质,水色混浊,流速小于0.5kn,包括西黄海沿岸流、辽南沿岸流和东黄海沿岸流。西黄海沿岸流接渤海沿岸流,沿山东半岛北岸东流,在成山角附近转向南或西南流,绕过成山角后大致沿40~50m等深线的走向南下,在长江口北(约北纬32°~33°附近)转向东南,越过长江浅滩侵入东海。西黄海沿岸流在山东半岛北岸一带流幅较宽,夏季最宽时可达50余千米;在成山角一带,流幅变窄,流速增大。辽南沿岸流指辽东半岛南岸自鸭绿江口向西南流动的海流,流速和流幅具有明显的季节性变化,夏季流速大、流幅窄;冬季流速小、流幅宽。东黄海沿岸流冬季沿朝鲜半岛西测(20~40m等深线)南下,流至34°N附近海域后转向东或东南进入济州海峡,其流速从北向南递增。夏季则转为北向,平均流速22.4cm/s。

黄海暖流和黄海沿岸流的基本流向终年比较稳定,流速皆有夏弱冬强的变化。黄海暖流及其余脉北上,而黄海沿岸流南下,形成气旋式的流动。夏季,特别是在北黄海,此气旋式的流动因黄海冷水团密度环流的出现而趋于封闭。

与此同时，黄海环流的流速也得到加强。

（2）海浪。

黄海北部一般以风浪为主，南部则多见涌浪。从9月至翌年4月，北部多西北浪或北浪，南部以北浪为主。6—8月，北部多东南浪或南浪，南部以南浪为主。风浪秋冬两季最大，浪高常有2.0~6.0m，当强大寒潮过境时，浪高有时达3.5~8.5m。春、夏季风浪稍小，一般为0.4~1.2m。如有台风过境，浪高则可达6.1~8.5m。夏季台风来临时在南黄海西部沿岸曾观测到8.5m的波高。大浪区出现在成山角和济州岛附近海区。黄海的涌浪，夏、秋季大于冬季，浪高一般多为0.1~1.2m，受台风侵袭时，可出现2.0~6.0m的涌浪。

（3）潮汐。

自南部进入黄海的半日潮波与山东半岛南岸和黄海北部大陆反射回来的潮波互相干涉，在地转偏向力的影响下，形成了两个逆时针向旋转的潮波系统。无潮点分别位于成山角以东和海州湾外。黄海大部分区域为规则半日潮，只有成山角以东至朝鲜大青岛一带和海州湾以东一片海区，为不规则半日潮。潮差东部大于西部。东部（朝鲜半岛西岸）潮差一般为4~8m，仁川港附近最大可能潮差达10m，是世界闻名的大潮差区之一。西部（中国大陆沿岸）潮差一般为2~4m，成山角附近，潮差尚不到2m，为黄海潮差最小的区域。但江苏沿海，弶港至小洋口一带海域，潮差较大，平均潮差可达3.9m以上；最大可能潮差，在小洋口近海达6.7m，长沙港北为8.4m。黄海东岸潮差大于西岸的原因：一是朝鲜半岛西岸岸线曲折，岛屿众多，地形复杂，海湾逐渐缩窄；二是受地球偏转力影响，使潮波前进方向的右岸潮差增大。

黄海为中国近海潮流最强的海区，其潮流类型大致以124°E划界，以东为半日潮流，以西为不规则半日潮流。在成山角—大连线以西，因全日潮潮波的节点和半日潮潮波波腹处位于烟台附近，该区为不规则全日潮流。苏北沿岸海区也属半日潮流类型。黄海潮流的流速分布东部强，西部次之，中央弱。最大值出现在朝鲜半岛沿岸的海湾顶端，如仁川港外，潮流为2~3kn，有的水道甚至达10kn。成山角至长山串一带是黄海另一个强潮流区，成山角附近为2kn，长山串附近达5kn。黄海西部潮流一般为2kn左右，黄海中央潮流较弱，约1kn。黄海潮流大部分地区为旋转流，长轴与岸线或等深线趋势一致，尤以近岸最明显。

5. 南海海区

1）自然环境及气候特征

南海是太平洋西部亚洲东岸最大的边缘海。北靠中国华南大陆，东邻菲律宾群岛，南接加里曼丹岛和苏门答腊岛，西接马来半岛和中南半岛。东北部经台湾海峡与东海相通,又经巴士海峡、巴林塘海峡和巴布延海峡与太平洋相连,东南部经民都洛海峡、巴拉巴克海峡与苏禄海相通。南部经卡里马塔海峡、加斯帕海峡与爪哇海相接,西南经马六甲海峡与印度洋相通。南海面积约 350 万 km^2,平均深度约 1212m,最大深度为 5559m。

南海属热带气候,最南部属赤道气候,终年高温。1 月平均气温为 15℃～26℃,7 月均为 28℃左右。气温年较差较小,北部海面为 12℃左右,南部海面仅 2℃左右。降水充沛,年降水量一般为 1000～2000mm,区域差异较大。北部有干季和雨季之分,11 月至次年 3 月为干季,蒸发量超过降水量约 600mm;5—10 月为雨季,降水量超过蒸发量约 800mm。海区南端无真正的干季,一年各月的降水量均超过蒸发量。10 月至次年 1 月为明显的雨季,降水量超过蒸发量约 750 毫米。冬季盛行东北季风,夏季盛行西南季风,春秋季节风向多变。大致在 9 月东北季风到达台湾海峡,12 月至次年 4 月全海区均为东北季风所控制,4 月西南季风出现于马六甲海峡,6 月遍及整个海区,7—8 月则为最盛期。海雾主要出现在北部湾和北部沿岸区域,时间在 12 月至次年 4 月间,以 3 月为最盛,对能见度有显著影响。

2)海水物理性质

(1)海水温度、盐度及密度。

除了北部沿岸以外,表层水温终年很高,分布比较均匀,水平梯度较小。年平均表层水温,粤东近海约 22.6℃,邦加岛近海达 28.6℃,南北相差较大。冬季,由于受来自台湾海峡的沿岸冷水入侵的影响,北部粤东海区最低月平均表层水温曾下降到 15℃左右,水平梯度亦较大。其余大部海区表层水温仍高达 24～26.5℃,南部大陆架区可高达 27℃以上。陆架浅水区对流混合可及海底,水温垂直分布均匀一致。但在深水区,温跃层仍较强,上均匀层厚度约 80～100m。南海东北部的有些区域,如陆坡附近,上、下温跃层的走向相反,中间存在着等温线自此向上下发散的水层,也可能存在着流速为零处,从而出现上下层流向相反的现象,这是南海北部冬季温度垂直结构的一个重要现象。夏季,全海区表层水温分布几乎均匀一致,水平梯度甚小。海区北部约为 28℃,南部约为 30℃。只在海南岛东部,粤东以及越南沿岸,存在着几个低温区,这是受西南季风引起的上升流的影响而形成的。大部分海区海水层化现象显著,并出现厚度较大的温跃层。

南海近岸和外海的盐度分布有明显的区域性差异。近岸区多处在低盐的沿岸水控制之下,盐度较低,季节变化较大,一般为 2‰～3‰。外海深水区的盐度分布为季风环流所控制,盐度较高,水平梯度较小,年变幅小于 1。冬季,来自太平洋的高盐水舌，从巴士海峡顺着季风漂流的路径一直伸向海区西南部。同时，在南海中部低盐水舌顺着季风漂流的逆流方向向东北扩展。夏季西南季风时，南海南部的低盐水舌沿季风漂流的路径向东北扩展，海区北部的高盐水被压向北方，而在加里曼丹北岸，则有高盐水舌向西南部移动。因此，无论在冬季还是夏季，高盐水舌和低盐水舌的同时并存、进退和消长，都是环流及其变化所造成的结果。这也导致了外海区盐度发生明显的季节性变化，海区中部年变幅更大。此外，由于上升流的作用，在越南沿岸、粤东及海南岛东岸，下层高盐水升达海面附近，形成若干局部性的表层高盐区。南海的跃层，近岸区以盐跃层占优势，深水区则以温跃层为主。前者，主要是由于近岸冲淡水存在于外海水之上形成的。后者，主要是由于性质不同的水团互相叠置和垂直环流形成的。

南海密度分布的特点：冬季高夏季低，下层高表层低，自近岸向外海逐渐增大。冬季表层密度的分布，从台湾海峡起，沿广东及越南中部沿岸向南伸展，有一条高密度带，最高密度值在粤东近海一带，为 24.0‰～24.5‰。低密度区在南部沿海及河口区，小于 20.0‰。深水区的表层密度值在 21.5‰～23.5‰，呈南低北高分布。夏季表层密度降至一年中的最低值，沿岸浅水区小于 20.0‰，深水区为 21.0‰左右。南海密度跃层具有大洋密度跃层的分布特征：跃层强度较弱，厚度很大。沿岸近海区跃层的季节变化大，强度较大，厚度较薄。深水区的跃层季节变化不明显，强度小，一般为 0.03‰左右。

（2）水团。

南海的水团主要包括近岸水、混合水和外海水。近岸水由江河入海径流与近岸海水混合形成，主要分布在河口附近，如珠江口、湄公河口、红河口等，低盐是其主要特征。外海水主要由北太平洋各层次水的侵入与扩散形成，可分为表层水、次表层水、中层水和深层水。表层水广泛分布在 120m 的水层，具有高温、低盐、季节变化显著的特点；次表层水分布在 100～350m，在垂直向盐度达到最高；中层水几乎盘踞了整个南海海盆区域，位于 350～900m，突出的特点是低盐；深层水位于 1000m 以下，温盐性质较为稳定，变化较小。混合水由沿岸与外海水混合而成，呈狭长的混合带。

（3）透明度及水色。

南海水色、透明度的特点是：深水区的水色高（蓝色）、透明度大（40m），季节变化较小。沿岸近海的水色低，透明度小，季节变化大。水色、透明度等值线与海岸线基本一致。冬季，广大深海区的水色为蓝色，透明度大于 25m。在台湾海峡西侧，广东沿海及北部湾沿岸，海水混浊，水色低，为黄绿色，透明度小于 5m。在泰国湾湾口及其他陆架南部，水色为天蓝色，透明度在 10~15m。夏季，水色、透明度都有增高，深水区的水色为蓝色，透明度为 30m 左右，巴士海峡以西海区透明度大于 30m，南海个别海区甚至大于 40m。

3）海洋动力学要素

（1）环流系统。

南海环流复杂、多变，流场多涡旋存在，具体形式至今尚未定论。南海环流受季风影响显著。西南季风期，盛行东北向漂流；东北季风期，西南向漂流发展旺盛。黑潮对南海环流也有重要影响，主要通过吕宋海峡，影响南海北部。目前较为确定的主要有南海暖流和广东沿岸流。

南海暖流是指在广东沿岸的外缘，自海南岛东南沿等深线走向流向东北的一支终年存在盐度较高（一般高于 33）的暖流。其流轴大致沿 200m、300m、400m 等深线的走向，由西南流向东北，流向稳定，流速夏强冬弱，结构呈 V 字形，强流一般出现在表层。广东沿岸流以珠江口为界，又可分为粤东沿岸流和粤西沿岸流。粤东沿岸流冬季流向西南，其东部与闽浙沿岸流相接，流幅较窄，距岸仅 10~20km，流速 15~30cm/s；夏季流向东北，进入台湾海峡，流幅较宽，可达 130~150km。粤西沿岸流基本上终年由东北流向西南，只有在强盛的西南季风持续期间才会出现西北流。其流幅也是冬窄夏宽。此外，南海沿岸广泛存在着上升流。尤其是在夏季西南季风期，越南东部的陆架边缘、海南岛东海岸和粤东沿岸等，都是上升流现象显著的海区。冬季，越南中部沿岸、粤东沿岸和台湾浅滩一带也有上升流出现。

（2）海浪。

南海冬季盛行偏北浪，夏季盛行偏南浪，9 月为过渡季节。10 月偏北浪遍及北纬 10° 以北，11 月至次年 4 月，全海区盛行偏北浪。5 月北纬 5° 以南偏南浪，浪向多变。6 月偏南浪盛行。除广东沿岸、北部湾、暹罗湾及南部靠赤道附近海浪较小外，大浪、大涌经常出现在南海北部和中部，且涌浪波高大于风浪波高。南海北部年平均风浪波高 1.4m，涌浪波高 2m。在台风和寒潮影响下，巴士海峡、巴林塘海峡及吕宋以西海域最大波高达 8~10m。南海中部年平均波高 1.3m，涌浪波高 1.7m，台风入侵时最大波高可达 10m 以上。南海南部，年平均风浪波高 1.0m，涌浪波高 1.3m。暹罗湾是南海海浪最小的区域，年平均风浪波高仅 0.8m，涌浪波高仅 1.1m。至于北部湾，因四周几乎被陆地、岛屿环抱，涌浪少，海浪以风浪为主，年平均风浪波高为 1.2m，最大 3~4m。该湾南部海浪大于北部，西部比东部略大。5—6月和9—10月为南海海浪最小时期，海面比较平静。

（3）潮汐。

南海的潮汐性质复杂，日潮、不规则日潮、半日潮、不规则半日潮四种类型都存在，但以日潮和不规则日潮为主。南海的大部分海区为不规则日潮，分布在东沙、西沙、中沙及南沙群岛，马来半岛东海岸的北部及苏禄海南部等海域。日潮分布在北部湾、泰国湾及其他陆架南部，吕宋岛西部等海区。不规则半日潮分布在巴士海峡，台湾海峡南部，珠江口至广州湾，海南岛东北部，湄公河口，马六甲海峡东部及加里曼丹岛西北角海域。另外苏禄海北部亦属于不规则半日潮性质。半日潮分布在越南顺化河口、泰国湾湾口南侧、加里曼丹岛的达士角及吕宋岛的东北部海区。大部分海区，特别是南海中部，以日潮或不规则日潮为主。北部湾、吕宋岛西岸中部、加里曼丹的米里沿岸、卡里马塔海峡和泰国湾附近海区为日潮。

10.1.2 中国近海重点军事海域

1. 台湾海峡

1) 自然环境

台湾海峡是中国台湾岛与福建海岸之间的海峡，属东海海区，南通南海。其南界为台湾岛南端猫鼻头与福建、广东两省海岸交界处连线；北界为台湾岛北端富贵角与海坛岛北端痒角连线。呈北东—南西走向，长约370km。北窄南宽，北口宽约200km；南口宽约410km；最窄处在台湾岛白沙岬与福建海坛岛之间，约130km。总面积约8万km^2。

海峡大部水深小于80m，平均水深约60m。西北部较平坦，东南部坡度较大，中间有岛屿和浅滩构成弧形起伏带。东西两侧各有20m和50m水深的两级阶地。东侧阶地较窄，50m等深线距岸一般为10~20km；西侧阶地向外延伸，宽度较大，50米等深线距岸达40~50km，并在几处河口外有横切的峡谷。南口有台湾浅滩，与西南阶地相连，由900余个水下沙丘组成，呈椭圆形散布，东西长约140km，南北宽约75km，水深10~20m，最浅处8.6m，滩上有急流，水文情况复杂。台湾岛台中以西有台中浅滩，与东部阶地相连，东西长100km，南北宽18~15km，水深最浅处9.6m。两浅滩之间为澎湖列岛岩礁区，南北长约70km，东西宽46km，由岛屿、礁石和许多水下岩礁组成，北部岛礁分布较集中，水道狭窄；南部岛礁分散，水道宽阔。澎湖岛与台湾岛之间为澎湖水道，南北长约65km，宽约46km，为地壳断裂形成的峡谷，水深由北部 70m 向南渐深至 160m；再往南延伸，水深达约 1000m，为海峡最深处，连通南海海盆。澎湖水道为台湾岛西岸南北之间和台澎之间联系的必经通道。另一峡谷为八罩水道，东西走向，宽约 10km，水深约 70m，把澎湖列岛分为南北两群，为通过澎湖列岛的常用通道。

除隔澎湖水道有澎湖列岛外，近岸岛屿很少。仅在高雄南 30km 处有琉球屿，面积 6.8km^2，海拔 90m。另在海口泊地外有海丰岛，面积很小，为沙洲岛。澎湖列岛位于海峡南部，由 64 个岛屿和许多礁石组成，岛屿总面积约 127km^2，为火山喷出熔岩凝结而成的玄武岩台地，最高海拔 79m。澎湖、白沙、渔翁三岛面积最大，它们围成了澎湖湾和马公港，为舰船提供了良好的驻泊地。列岛位于台湾岛与福建南部中途，扼海峡南口，形势险要。

海峡西岸为福建中、南部海岸，自海峡北口西端（长乐县南）至闽粤海岸交界处，大陆海岸线长约 1900km，岸线曲折。濒海陆地为闽东山地，向东南延伸的山丘分支直逼海滨，形成较多半岛、海湾、岩岸和近岸岛屿。在木兰溪、晋江、九龙江下游入海处形成莆仙、晋江和漳厦等平原。良好的港湾有兴化湾、湄州湾、泉州港、厦门港、东山湾等。近岸岛屿 500 个，重要岛屿有海坛、南日、湄州、金门和东山等。

2）气候特征

海峡中部气温平均最高 28.1℃，最低 15.9℃。西北部受大陆影响，气温年差较大；东南部受海洋影响，年差和日差较小。10 月至翌年 3 月多东北季风，风力达 4～5 级，有时 6 级以上；5—9 月多西南季风，风力 3 级左右。7—9 月多热带气旋，每年受热带风暴和台风影响平均 5～6 次，中心通过平均 2 次。阴雨天较多，但降水量较两岸少，年降水量 800～1500mm，东北季风期、西南季风期多，秋季较少。海峡中雾日较少，澎湖列岛年平均 3～4 天；两侧近岸雾日较多，东山岛、马祖列岛和高雄一带，每年超过 30 天，其余在 20 天以下。

3）水文要素特征

受黑潮影响，水温较高，盐度和透明度也较大。年平均表层水温 17～23℃，1～3 月水温最低，平均 12～22℃；7 月最高，平均 26～29℃、平均盐度 33.0，西北侧 30.0～31.0，东南侧 33.0～34.0。透明度东部大于西部，平均 3～15m。水色东部蓝色，西部蓝绿色，河口或气候不良时呈绿黄色。

4）海洋动力学要素

台湾海峡是东海西部的强流区，流速流向均较稳定，包括台湾暖流和大陆沿岸流两个系统，但主要受台湾暖流的控制。夏季为东北流，流速较大，平均流速多在 0.2～0.8kn，其中 7 月最大，可达 0.7～3.5kn；冬季为西南流，平均流速多在 0.1～0.6kn，澎湖水道终年为偏北流，流速较大。

台湾海峡内的季风主要有东北季风和台风，其中东北季风的高度通常只达到 1500m 左右。多数情况下，在 1500～2000m 经常是东西风转换层，在 2000m 以上通常已经变为西风或西南风。而袭击台湾海峡的台风为时最长的不超过 48 小时，大多从东南趋向西北，经过台湾岛屿及其附近海面，然后到达大陆东南边缘部分，最后消失或转向日本列岛，由于受季风的影响，台湾海峡终年海浪较大，并随风呈季节性变化。总的特征是：涌浪大于风浪，冬季大于夏季；浪较大，4 级浪占 42%，5 级浪占 28%，大于 5 级的占 8%；受台风和寒潮影响，亦常出现 8～9 级以上的狂浪；5 级以上的海浪，主要集中在东北季风期，约占 72%；7—9 月无台风影响时，浪一般较小。

台湾西海岸的潮汐比较复杂，主要有半日潮、不正规半日潮和不正规日潮，其中富贵角至海口泊地一段为半日潮；布袋泊地至冈山一段为不正规半日潮；冈山至材察一段为不正规日潮，来自太平洋的潮流，几乎同时从台湾南北涌入海峡，汇合于中港至平潭岛一线附近，使台中港附近的潮差最大可达 4.6m；台湾北部和西南部海岸潮差最小，一般不足 5m。潮差以农历初二、十七前后最大，初八、二十三前后最小；农历 8 月最大，5、6 月最小。

台湾海峡潮流较为复杂。以台湾西海岸的潮流为例，台中港以北海面，涨潮时，自北向南，最大流速为 2kn；落潮时，自南向北，最大流速为 5kn。台中港以南至曾文溪口海面则相反，涨潮时，自南向北，最大流速为 2.8kn；落潮时，自北向南，最大流速为 1.5kn。曾文溪口至鹅銮鼻海面潮流虽然不规则，但流速一般不超过 2 节。台湾海峡北部海面，涨潮时，流向西北，最大流速为 4.3kn；落潮时，流向东南，最大流速为 5.3kn。

2．台湾以东海域海洋环境特征

1）自然环境

台湾岛以东，直临太平洋，海底地质构造复杂，为现代西太平洋与亚洲大陆接触边缘带，发育有一系列岛屿—海沟构造带，其中台湾岛弧即属于该构造带。这里海底地形起伏变化大，琉球海脊向东北方延伸，将琉球海沟与东海分开。海沟的深度达 7000m 以上。台湾岛北部深度为 200m 以内，也处在大陆架上。总之，这里大陆架、大陆坡与大洋盆地等地貌类型齐全。台湾东南部海域有两列水下岛链：其一为处在西部的由台湾山脉向海延伸抵达吕宋岛以西，并呈南北走向的海岭。其二为处在我国的火烧岛、兰屿等向南延伸到吕宋岛以东的马德里山。东、西岛链之间为一呈南北走向、谷坡陡峭、深达 4000m 以上的深海槽，谷底深度在5000m以上。而南部的巴士海峡中海栏深度达2600m，系太平洋水进入南海的主要通道，属深海区。

台湾以东海域与上述各海域不同，海域开阔，无明显的自然边界，并具有大洋性特征。这里海底地形复杂，既有大陆架，又有大陆坡和深海盆，但陆架（岛架）很窄，大陆坡较陡，距岸不远即为深海盆。黑潮终年流经这里，使其海洋水文状况与渤、黄、东、南海有很大差异。

2）气候特征

台湾岛受季风影响，冬夏地面风场截然不同，10月至翌年3月为东北季风期，风向较为稳定，尤以台湾西海岸及海峡最显著，各月最多风向频率大多在30%以上。6—8月为西南季风盛期，最多风向频率比冬季风小。4、5月和9月为季风转换期，风向多变，但频率仍以偏北风为主。风速也具有明显的季节差异。东北季风期风速较大，月平均风速一般在3～7m/s。西南季风期间风速为一年中之最小，月平均风速为2～4m/s。4、5月和9月为季风转换季节，平均风速介于冬季风和夏季风之间，一般为2～6m/s。台湾以东海域几乎无雾，年雾日仅2～4天。该海区降水十分充沛，年降水量东北部均在1700mm以上，基隆最多，可达2903mm。年降水日数均达165天以上，基隆可达215天之多，有"雨港"之称。该海区位于西北太平洋热带风暴源地的西北缘，因此经常遭受热带气旋侵袭。平均每年将近8个热带气旋影响该海域，这种影响通常始于4月，终于12月，其中7—10月最多。

3）水文特征

台湾以东海域水温较高，表层水温终年皆在23～24℃以上。除夏季外，冬、春、秋三季表层水温分布的共同特点是，有一高温水舌沿台湾东岸北上伸入东海，温差很小，仅2℃左右。夏季水温高，水温的舌状显不出来。百米以下至深层水温的平面分布紧靠台湾东岸，等温线密集，呈南北走向，这显然是黑潮流轴所在之处。往东便分别出现一个中尺度的暖水块和冷水块，暖、冷水块的中心，有时为一个，有时为多个。这样的温度分布格局，大约延深到1000m左右。有些年（月）份，在吕宋海峡附近，还有一冷水块伸入黑潮的左侧。水温垂直分布的总趋势是随深度增加而减小（图10-1），但在断面分布上（图10-2），西侧等温线密集，存在温跃层，并由西向东急剧下倾，深层等温线上翘，出现爬坡涌升现象，这正是黑潮流经之处，流向向北，流速很强。

台湾以东海域盐度较高，一般皆在34.50以上；水平分布均匀，地区差异很小，盐差仅为0.20‰～0.30‰。盐度的垂直分布却比较复杂，在1000m以浅水域，盐度随深度分布基本上呈一倒"S"状，出现一个最大值和最小值

(图 10-1)。在断面分布（图 10-2）上，于 100～300m 和 500～700m，分别存在一个高盐水舌和一个低盐水舌，由东向西伸展，尤其是前者，西伸势力很强，几乎伸至台湾东岸岛架附近。高、低盐水舌中央，还分别出现闭合的高、低盐核，盐度分别为 35.00 和 34.20。从上述盐度的垂直分布看出，从表层到底层，台湾以东海域存在四种类型的海水：①表层水；②次表层水；③中层水；④深层水。

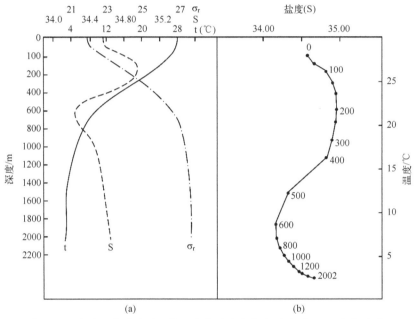

图 10-1　台湾以东海域温、盐、密度的垂直分布（a）与 T-S 曲线（b）

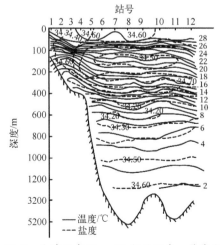

图 10-2　台湾以东 T_{K4}—K_4 断面温度、盐度分布

表层水，位于 80m 以浅的深度，易受外界影响，具有高温、次高盐特点；温度为 27.5~29.0℃，盐度为 34.2‰~34.6‰。次表层水，位于表层水之下至 400m 左右深处，特点是盐度高，核心盐度值超过 35.0‰；温度为 14.3~27.4℃，盐度为 34.7‰~34.9‰。中层水，位于 400~1200m，特点是盐度低，具有多个低盐核，东侧盐度又低于西侧，最低盐度为 34.2‰；温度为 4.3~13.5℃，盐度为 34.25‰~34.40‰。深层水，位于 1200m 以下的深层，特点是温度低，盐度中等，水团稳定；温度为 1.5~4.0℃，盐度为 34.45‰~34.7‰。

10.2 世界海洋环境特征

本节主要介绍世界各大洋和重点军事海域的自然环境、气候特征以及海洋动力学要素。

10.2.1 世界各大洋

1. 太平洋

1）自然环境

太平洋总面积约 17968 万 km^2，占地球表面积的 35.2%，占世界海洋总面积的 49.8%，是世界上第一大洋。太平洋通常以赤道为界，分为南、北太平洋；以东经 160°线为界，分为东、西太平洋。太平洋位于亚洲、大洋洲、美洲和南极洲之间。从白令海峡到南极洲的罗斯海，南北长约 8585n mile；从巴拿马运河至中南半岛的克拉地峡，最大宽度约 10745n mile。西南以塔斯马尼亚岛东南角至南极大陆的 146°51E 与印度洋分界，东南以通过美洲南端合恩角的 67°W 一线与大西洋分界，北经白令海峡与北冰洋连接，东由巴拿马运河、麦哲伦海峡和德雷克海峡沟通大西洋，西经马六甲海峡、巽他海峡和龙目海峡等可通往印度洋。

太平洋主要的附属海有白令海、鄂霍次克海、日本海、中国海、苏拉威西海、爪哇海、班达海、珊瑚海、阿拉斯加湾等。太平洋岛屿众多，主要岛屿有 2600 多个，总面积约 440 万平方千米。岛屿分布是西部和中部较多、东部较少、北部的阿留申群岛和西部自北向南的千岛群岛、日本群岛、琉球群岛、菲律宾群岛、印度尼西亚群岛及新西兰诸岛等，这些岛屿多为大陆岛，面积较大，地形多样，建设军事基地的条件较好。此外，靠近太平洋西岸而沉溺在海里的弧形列岛，北起千岛群岛，经日本列岛、琉球群岛、台湾岛、菲律宾群岛，南至印度尼西亚群岛，形成了大陆的外侧，在军事上有重要的意义。

太平洋是世界上最深的大洋，平均深度约4028m，最大深度达11036m，其深度4000m以上的海域，超过洋区总面积的三分之二；深度5000m以上的海域，接近总面积的二分之一。只有白令海北部、中国近海及爪哇海是浅海，大部分水深在200m以内。太平洋海底地形东部较平坦，倾斜不超过1°，海沟较少，深度大部在5000m以内；西部海底凹凸不平，海岭起伏，倾斜达4°～50°，岛屿及海沟附近更加陡峭。太平洋海沟众多，世界各大洋中海沟共29处，太平洋就占19处；世界大洋中深10000m以上的海沟5处，全部分布在太平洋。

2) 气候特征

太平洋面积广阔，气候条件复杂，各区域变化规律不一，其基本特点为：太平洋气温随纬度而不同，由低纬至高纬气温不断下降。赤道地带气温最高，多数海域常年保持25～28℃，西部夏季可高达30℃以上；中纬度区气温四季分明，一般在5～25℃；高纬度气温较低，冬季西北太平洋部分海域，气温在-15℃以下，是太平洋气温最低的地区。气温的年变化，低纬度海域很小，几乎常年保持不变；高纬度海域较大，西北部是气温年变化最大的地区。在低纬地区西部的气温终年高于东部；在中、高纬地区西部冬季低于东部，夏季差别不明显。太平洋的风以地球大气运行而产生的各个风系为主。在赤道地区为无风带，终年风向稳定，风力微弱，平均风力1级左右。南北纬10°～28°为信风带，海面风向北半球为东北风，南半球为东南风，风力一般在2～4级。南北纬30°～60°为西风带，北半球以西风及西南风为主，冬季风力较大，夏季较和缓；南半球以西风及西北风为主，全年风力强劲。太平洋边缘区域，冬夏季受季风的影响较大，尤其西北太平洋更为显著。冬季，该地区盛行西风和西北风，风力强劲，最大可达8级以上；夏季，盛行偏南风，风力较和缓。

此外，太平洋低纬区经常出现由热带低气压形成的风暴。在菲律宾以东、马里亚纳群岛以西洋面形成的称西太平洋台风，每年平均出现20次以上，约占全球总数的三分之一，是世界上产生台风最多的地方。西太平洋台风全年都可能出现，以7—10月最盛，自发源地形成后向西或西北方向运动，侵袭我国、日本、朝鲜、菲律宾及越南等沿海地区；在南海产生的台风称南海台风，主要出现在7—11月，移动路径主要由源地向北，侵袭我华南及越南北部沿海；发生在澳大利亚以东洋面的台风称为热带风暴，由西向东运动，发生在12月至翌年3月，平均每年发生3次左右；在太平洋东部墨西哥以南洋面上产生的称为飓风，由源地向加利福尼亚半岛运动，大多发生在8—10月，平均每年出现2次。

太平洋的降水量各地分布很不一致，地区性差别很大。不仅高纬区与低纬区有较大的差别，而且同一纬度区也有显著的差别，降水量从不足100mm至4000mm以上的地区都存在。在低纬度洋区，赤道带西部雨量充沛，一般都在2000mm以上，其中伊里安岛及加罗林群岛附近洋面降水量多达4000mm以上，是太平洋最多雨的地区；而东部赤道带以南的洋区附近雨量稀少，一般在1000mm以下，部分为300～500mm，有的还不到100mm，是太平洋降水最少的地区。在高纬度洋区，东部的降水量大于西部，如东部阿拉斯加湾及智利南部沿岸的降水量都在2000～3000mm，而西部的日本北海道、千岛群岛及阿留申群岛一线以北都在1000mm以下。除少数地区外，降水一般都集中在夏季。

在太平洋海区，雾的分布具有明显的季节性和地区性，北纬40°以北和南纬40°以南是多雾区域。6—8月日本北海道及俄罗斯千岛群岛以东洋面，雾区伸展广阔，经常纵横千里，大雾弥漫数日不消，7月份雾日可达26天，成为世界上著名的多雾区。中国海区西北部沿岸，春夏两季海雾也较多，沿着海岸成带状分布，但通常伸出海面不远。太平洋的东岸，自阿拉斯加至洛杉矶，6—10月也是雾季。南太平洋雾区主要分布在南端，以南纬55°以南洋区为最多，太平洋其他地区雾很少，尤其洋区中部，甚至终年无雾。

3）动力学要素

（1）环流系统。

太平洋洋流大致以北纬5°～10°为界，分成南北两大环流：顺时针方向的北太平洋环流以及逆时针方向的南太平洋环流，如图10-3所示。太平洋环流由北赤道流、黑潮即日本暖流（与湾流相似）及其分支——对马海流（它沿日本群岛西海岸向北流入日本海）、以及黑潮继续向东北流而形成宽阔的北太平洋漂流和向南流的加利福尼亚寒流构成。北太平洋漂流的一个分支流入阿拉斯加湾，然后沿着阿拉斯加海岸向西流动，从而使之冬季保持不冻，因为这条洋流温度相对较高。南太平洋环流包括东澳大利亚洋流，它沿着新几内亚北岸流动，然后沿澳大利亚东部继续南流，最后在大约南纬40°处向东流，成为南太平洋洋流，并且沿南美洲西海岸向北流动，成为秘鲁洋流或洪堡洋流而完成循环。两大环流之间为赤道逆流，它由西向东沿大约北纬5°线流动，流速为2km/h。令人难以理解的是尽管印度尼西亚群岛不像南美洲西海岸那样完全阻碍赤道洋流的流动，但这条赤道逆流要比大西洋中的强得多。这可能是由于太平洋在赤道纬度更为宽阔而容纳更多的水的缘故。

图 10-3　太平洋表层环流

与大西洋相比，北太平洋几乎全被陆地包围，因此其北部另外还具有一个小的环流系统。已经提到过的北太平洋漂流的分支——阿拉斯加海流，继续向西流动，成为阿留申海流；来自融冰的冷水补充后向南流动，成为堪察加海流。其中一部分转向东流，与北太平洋漂流的北部水流合并；另一部分得到鄂霍次克洋流寒冷的冰水的补充，继续向南经过萨哈林岛和北海道，成为亲潮，然后像拉布拉多寒流那样逐渐下沉到北太平洋漂流较温暖的水以下。

（2）海浪。

西经 160°以东的北太平洋，大部分海区没有涌浪的观测记录。在美国沿海北纬 20°～35°，有一来自西北方向的涌浪，其波高较低，强度较弱，终年不断。而在北纬 35°以北的海域，夏季，涌浪主要来自西北方向，冬季主要来自于西北偏北的方向。在北纬 50°以北的海区，一年之中，主要是介于西南方与正西方之间的涌浪，但在 10 月、1 月、3 月，也会出现来自西到西北方的涌浪。据观测，从 10 月至次年 4 月，大涌占 20%左右，而其他月份则不到 10%。

西经 160°以西的北太平洋，这一海区有许多岛屿，尤其在北纬 20°以南，阿留申群岛附近，它们阻碍了涌浪的传播。以下结论只适用于那些没有受到干扰的海域。在北太平洋的西南部，涌浪主要由季风引起。在赤道与北纬 20°之间，从 11 月至次年 3 月，有一主要来自东北向的涌浪，通常其波高较低，强度较弱，但仍有大约 10%的涌浪为大涌。在南中国海，每年 6—9 月，主要受来自于西南方向的涌浪影响，通常为中涌。在北纬 20°以北和东经 140°以西的海区，尽管西北向的涌浪比较常见，但总的来说，该海域没有影响较大的涌浪，但其通常强度较大，30%的大涌出现在日本东部海域。

（3）海冰。

北太平洋浮冰在一般的冬季，远离亚洲东海岸方向的航行都会受到阻碍，直到北纬 45°以南。到 11 月中旬，北纬 60°以北都会受到阻碍，而北纬 62°以北不得不关闭所有航线；鄂霍次克海北部和西部所有沿海部分都会结冰，还有鞑靼海湾的北部以及北纬 50°以北的库页岛东部。在 12 月，北纬 60°以北的所有港口都会封闭，北纬 47°以北鞑靼海湾海域几乎要结满了冰，还有库页岛东海岸以及俄罗斯沿海各省，一直到北纬 43°的所有海域。1—3 月，除了较深的中央海域，俄罗斯沿海各省的全部海岸，鞑靼海湾的大部分海域以及北海道北部海岸和 kuril'shiye ostrova 的西南诸岛都不同程度受到海冰的影响，当然库页岛整个海域和鄂霍次克海的大部分海域也是如此。在邻近 kuril'shiye ostrova 东北部、沿着堪察加半岛东海岸的大部分海域以及北部海岸都存在海冰。4 月，海冰的范围开始向北推进，到 5 月中旬，经历过一个普通冬天后，在北纬 52 度以南几乎没有海冰存在。到 6 月中旬，海冰被局限在鄂霍次克海的西南部、penzhinskiy zaliv 北部、proliv litke、zaliv olyutorskiy 以及从 anadyrskiy zaliv 以北。到 7 月末，舰船可以自由通过白令海峡。在 11 月中旬和 3 月末，渤海和辽东湾的浅海海域也会发现海冰；位于海湾最前部的营口港从 12 月到次年 3 月也会关闭。在正常的冬季，阿拉斯加海岸，从 12 月到次年 4 月海冰能够延伸到北纬 56°；在特别严重的时期甚至会影响到阿留申群岛东北部。海冰范围在 10 月、11 月会向南延伸，而到 5 月和 6 月会向北退回，除了在白令海峡附近，7—9 月其他海域一般不会发现海冰。

在海冰存在期间，白令海峡的北半部布满了尚未冻实的浮冰。冰山不是北太平洋所具备的特点，因为阿拉斯加的高温海水会融化任何到此宽阔海域的冰山，这些冰山来自阿拉斯加东南部的冰河或者大不列颠哥伦比亚省海峡，它们仅仅充当一些填充物而已。偶尔会在浮冰中间有个别冰山，尤其是在白令海西部。

2．大西洋

1）自然环境

大西洋位于欧洲、非洲之西，南北美洲之东，北部通过挪威海、格陵兰海和加拿大北极群岛之间各海峡与冰洋相连；南接南极洲，并与太平洋、印度洋的水域汇合。一般把经过南美洲南端合恩角的 67°W 和经过非洲南端厄加勒斯角的 20°E 两线，分别作为大西洋同太平洋、印度洋的分界线。

大西洋形状细长，类似"S"形，两头宽中间窄。东西最宽距离约 3700n mile，赤道附近最窄处只有 1500n mile 左右，南北距离长约 8500n mile，面积约 9336 万平方千米，约占世界海洋总面积的 26%，相当于太平洋面积的一半，为世界第二大洋。其东、西两部分分别经直布罗陀海峡、苏伊士运河和巴拿马运河连接印度洋和太平洋。它的边缘有许多重要的附属海及海湾，如地中海、北海、几内亚湾、加勒比海、墨西哥湾等。

大西洋通常以北纬 5°作为南、北大西洋的分界。北大西洋的海岸很曲折，有许多深入大陆的内海和海湾，如欧洲西岸有北海、波罗的海、地中海、比斯开湾等。北美洲东岸有哈得逊湾、巴芬湾、圣劳伦斯湾、墨西哥湾及加勒比海等。南大西洋除非洲西岸的几内亚湾和邻近南极的威德尔海外，海岸均较平直。

大西洋的岛屿为数不多，总面积约 90 万平方千米（不包括格陵兰岛），大部分集中在北大西洋，沿大陆周围分布，如大不列颠岛、爱尔兰岛、冰岛、纽芬兰岛等。较大的岛群分布在南、北美洲之间，通称西印度群岛，由巴哈马群岛、小安的列斯群岛和大安列的列斯群岛三条岛弧组成。

大西洋的平均深度为 3926m，中部水深较大，近 60%的面积水深在 4000m 以上，最大深度为 9219m。沿岸大陆架也比较宽广，大洋周围的大陆架占大西洋总面积的 8.7%，比太平洋和印度洋所占的百分比都大，尤其是欧洲的北海、波罗的海、南美洲东南和东北沿海，北美洲的纽芬兰岛和佛罗里达半岛附近海域的大陆架最为宽广。

2）气候特征

大西洋的气候，南北差别较大，东西两侧亦有差异。气温的分布与太平洋大致相似，由赤道向南北两端递减，各地区全年的温度变化不大，赤道附近年较差不到 1℃，亚热带地区为 5℃，在南、北纬 60°地区为 10℃，仅大洋西北部和极南部超过 25℃。大西洋北部盛行东北信风，南部盛行东南信风。中纬度地区由于地处寒、暖流交接的过渡区域，因而风力最大，为西风带。

在北纬 40°～60°冬季多风暴，在南纬 40°～60°全年都有暴风活动。在北半球的热带地区，5—10 月经常有飓风，从热带洋面吹向西印度群岛及美国东海岸。大西洋地区的年降水量，高纬度地区为 500～1000mm，中纬度地区大部分为 1000～1500mm，亚热带和热带地区由东向西从 100mm 逐增至 1000mm 以上，赤道地区一般超过 2000mm。大西洋水面气温在赤道附近平均约为 25℃～27℃，在南北纬 30°之间东部比西部冷，在北纬 30°以北则相反。在大西洋范围内,南、北两半球夏季浮冰可分别达南、北纬 40°左右。亚热带和热带地区夏季在纽芬兰岛沿海、拉普拉塔河口附近、南纬 4°~49°地区常有海雾;冬季在欧洲大西洋沿岸,特别是泰晤士河口多雾;非洲西南岸四季都有海雾。

3)动力学要素

(1)环流系统。

大西洋的洋流南北各成一个环流系统:北部环流为顺时针方向,由北赤道暖流、安的列斯暖流、墨西哥湾暖流、加那利寒流组成,其中墨西哥湾暖流延长为北大西洋暖流,流入北冰洋;南部环流为逆时针方向,由南赤道暖流、巴西暖流、西风漂流和本格拉寒流组成。在两大环流之间有赤道逆流,赤道逆流由西向东至几内亚湾,称为几内亚暖流。如图 10-4 所示。在北大西洋,由于陆块将大洋分成若干海盆,使得每一海盆有一个被一条辐合线隔开的环流。信风驱使热带的水向西运动,形成南北赤道流。这两者之间为赤道无风带,其内有向东运动的赤道逆流,它在某种程度上抵消了大西洋西侧水的聚积。这条洋流在 7 月份发展得特别强大,而在 1 月份几乎无法观测到。南赤道流中,经过凸出的圣罗克角使其北转的部分得到加强;北赤道流流向西北,部分进入加勒比海,部分流经西印度群岛以东。湾流从佛罗里达海峡流出,经北赤道暖流的部分得到加强后,沿着美国海岸向北流动远及哈特勒斯角。

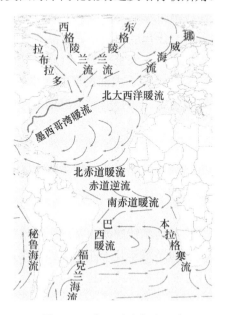

图 10-4　大西洋的表层环流

(2)海浪。

在赤道和北纬 30°之间，浪高大于 4m 的涌浪产生的概率几乎不会超出 2%~4%。最常见的一种涌浪来自于东北方，在加纳利群岛和南美东北海岸之间。在东南方向，远离弗里敦，盛行南向和东向涌浪。在北纬30°~40°，浪高大于4m 的涌浪产生的概率：4 月是 10%；5—8 月是 5%~10%；9—11 月是 10%；12 月到翌 3 月是 20%。主要的浪向在正西方到西北方之间。在北纬40°和60°之间，浪高大于4m 的涌浪产生的概率：4 月是 20%；5—7 月是 10%；8—9 月是 20%；10 月到次年 3 月是 30%。在 12 月到翌年 2 月期间，北纬 55°、西经22°区域出现概率达到最大的 40%。全年的涌浪主要来自于西南和西北之间，而以西向为主。大西洋的涌浪波长一般较小（小于 100m），并在长度上较为平均（100~200m）。尽管大西洋中的长涌要少于太平洋，但时而也会发生。

南大西洋的涌浪观测记录比北大西洋要少。在南大西洋，根据涌浪特征，将其分为三个区域。南纬 0°~20°，主要为中涌，很少出现大涌；在该区域东部为东南方向涌浪，而西部则为介于东南和正东向的涌浪。南纬 20°~40°，主要为中涌，时而也有大涌；该区域东部为南向涌浪，而西部涌浪方向不定，但很大部分为介于东北至正北方向上的涌浪，混合型涌浪出现频繁。南纬 40°~60°，主要为中涌，但在最南端通常为大涌。

纵观全年，海况条件最糟的海域大多集中于南纬40°~50°。低压，其尺度与北大西洋产生冬季风暴的气压尺度相当，通常沿着南纬 50°以南的路径，从西向东连续运动。兴起西北强风，天空昏暗，气压降低；随后是西南风，天空转明，气压上升。在南纬50°~60°，大涌出现的次数占到总量30%~70%。夏季，涌浪出现的频率沿着位于南纬 64°的极地海槽方向而逐渐减小。在该海槽附近尽管相对较小的大风也不时出现，但平均风速要小于北半球同纬度区域。大部分的海浪和涌浪在西风带区域得到加强。另外，组成群波的大量波浪在某一时刻破碎之后形成的异常波，会在当涌浪传至浅水区域以及在群波逆流运动的过程中得以增加。

(3)海冰。

北大西洋地区几乎所有威胁航线的冰山都产生于格陵兰西海岸的冰河，这些冰山从此处滑落的速率大概是每年几千座。大部分都是由西格陵兰流向北漂移，绕过巴芬湾，然后由于加拿大海流和拉布拉多海流而向南运动，在最后到达轮船航线的时候可能都有几年的冰龄了。从格陵兰东海岸滑落的冰山也向南漂移。还有一些全年漂过东格陵兰海流，到达此流系的东侧，从冰岛的西部向西南延伸。其他的可能绕过 Kap farnel，不过由于戴维斯海峡相对较暖的海水，这些冰山不会存在太久，因而也不会对固定航线造成太大威胁。在任何季节，都有可能在积冰范围外发现冰山，不过大部分都是在初夏；冬季大部分冰山都与浮冰冻结在一起。

南半球的主要航海路径不受浮冰影响。但在南大西洋，除了3月、4月、5月以外，海冰的出现阻止了好望角和Cabo de Hornos间的循环运输。8到9月浮冰长期的平均位置，范围极广，从南纬60°、西经60°的海区扩展到位于南纬54°、西经30°的南乔治亚州的东岸。然后向东延伸至南纬58°、东经50°附近。这是几年间浮冰边沿的大致平均位置，它也可以略向北移。对于那些平均变动很少的月份来说（如2—3月），浮冰边沿平均位置为上述边界稍向南移。其中位于南极大陆中的部分浮冰不断的向低纬度地区移动，从西经10°穿越0°经线到达东经160°，这一时期的平均冰界并没有延伸至离海岸100英里以外，相反在有些地方却退至海岸附近。位于威德尔海和罗斯海以外的海冰则迅速扩展，到达最北端，即西经20°~60°与南纬62°线平行的海域。需要说明的是，以上所述均属于平均位置。

南极冰山与北大西洋中冰山不同，不是从冰河中分离出来的冰块，而是从环绕南极大陆的冰川架中滑落出来的部分。它们普遍顶部平坦，体积庞大。在南半球，与其他大洋相比，南大西洋在相对较低的纬度能遇到冰山。在阿根廷和巴西南端沿海附近，可以看到南半球的北向冰山，它位于南纬31°附近。更令人惊奇的是，据报道，有的冰山位于南纬26°、西经26°。而在其他的南大西洋海域，冰山大部分局限于南纬35°以南的海区。

3. 印度洋

1）自然环境

印度洋位于亚洲、大洋洲、非洲和南极洲之间，大部分在南半球。南部开阔，与太平洋、大西洋连成一片，通常以通过非洲南端厄加勒斯角的20°E一线为与大西洋的分界线，以通过澳大利亚东南塔斯马尼亚岛的146°E一线为与太平洋的分界线。印度洋大部分位于南半球，面积7500万平方千米，是世界第三大洋。主要附属海和海湾有阿拉伯海、孟加拉湾、安达曼海、红海、波斯湾及澳大利亚湾等。印度洋的岛屿较少，非洲东南的马达加斯加岛是印度洋最大的岛屿，其次是印度半岛之南的斯里兰卡岛，西部主要有扼亚丁湾口的索科特拉岛、东非的桑给巴尔岛、波斯湾中的巴林群岛等，面积均不大。东北部有一系列中南半岛西部山脉延伸入海所形成的长形群岛，如安达曼群岛、尼科巴群岛、明打威群岛等。洋区中还散布着一些火山和珊瑚岛，如毛里求斯岛、留尼汪岛、塞舌尔群岛、马尔代夫群岛等。印度洋平均深度为3897m，最大深度在瓜哇海沟达 7450m。与其他大洋相比，印度洋的大陆架面积较小，仅占总面积的 4.1%，主要分布在波斯湾、澳大利亚西北部和中南半岛西部沿海。

2）气候特征

印度洋大部分位于热带，水面气温平均在 20～26℃，赤道以北 5 月份水面气温最高可达 29℃以上，洋区南部气温稍低。夏季气温普遍较高，冬季一般南纬 50°以南气温降至零下。印度洋北部是地球上季风最强烈的地区之一，冬季盛行来自大陆的东北风，夏季盛行由海洋吹向大陆的西南风；风力常在 7 级以上，赤道以南风向比较稳定，低纬地区盛行东南信风，中纬地区为西风带；南纬 40°～60°的西风带以及北部阿拉伯海的西部经常有暴风出现。在南、北热带地区即马达加斯加岛以东至澳大利亚西北沿海和孟加拉湾，常有台风侵袭。阿拉伯海和孟加拉湾的东部沿岸地区，印度洋赤道地区降水丰富，年平均降水量为 2000～3000mm；阿拉伯海西部沿岸降水量最少，仅 100mm 左右，印度洋南部的大部分地区，年平均降水量为 1000mm 左右。在西部南纬 40°～50°多海雾，1 月、5 月、7 月下雾频率达 30%。

3）动力学要素

（1）洋流。

行星风系位置的季节变化往往使太平洋和印度洋中主要漂流方向偏转几度。但是，由于气流的季节变化，在印度洋北部存在着方向完全相反的洋流，冬季逆时针方向，夏季顺时针方向，如图 10-5 所示。

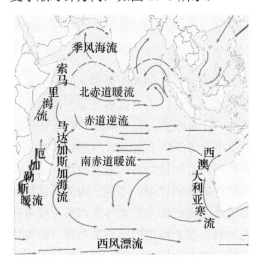

图 10-5　印度洋表层环流

印度洋南部的环流比较稳定，大致与其他大洋的南部类似，为一逆时针方向的大环流，由南赤道暖流、莫桑比克暖流、厄加勒斯暖流、西风漂流、西澳大利亚寒流组成。南赤道洋流由于有相应的太平洋洋流的补充而得到加强，并流经印度尼西亚群岛。南赤道洋流向西流向非洲海岸，并沿马达加斯加岛的两岸转向南流；经过马达加斯加岛和非洲大陆之间的洋流叫做莫桑比克洋流，它在开普省附近的南段有时称为厄加勒斯洋流。然后，它转向东流与南太平洋洋流合并。向北流的西澳大利亚洋流远没有秘鲁洋流和本格拉洋流显著。在南半球夏季时，这条洋流可能会出现，但在冬季，当西风漂流的主体部分完全在澳大利亚以南经过时，其方向即发生逆转，从印度尼西亚群岛附近向南流。在印度洋北部，冬夏之间洋流方向有明显的逆转。冬季，北赤道洋流在斯里兰卡以南向西流，在它与南赤道洋流之间有一明显的逆流。东北季风引起沿印度东岸和沿阿拉伯海岸向东、向北的一条漂流，实际上，它构成热带纬度常见的东西向运动的一部分。但是在夏季，从7月至9月末，西南季风占有优势。北赤道洋流为向东运动的水流所取代，其支流进入阿拉伯海和孟加拉湾，在此形成大致呈顺时针方向的循环。北赤道洋流沿着非洲之角、阿拉伯半岛和印度西部流动；由于表层水流走，便引起了较冷水的上涌。这有助于解释索马里和附近国家的干旱。

（2）海冰。

印度洋夏季浮冰最北可达南纬55°左右；冰山一般可漂到南纬40°，在印度洋西部，有时可漂到南纬35°。在8月到9月，是印度洋积冰最严重的时候，从大约格林威治子午线、南纬55°~58°、东经50度以及南纬60°、东经110°都覆盖着海冰。继续向东，海冰范围一直到南纬61°、东经160°附近。正常有人居住的区域都不受到影响，不过在南非北部港口和澳大利亚之间的环球航行会受到影响。

南印度洋的冰山一般情况下不是从冰河中分离出来的，而是来自于组成南极大陆的边缘冰层。因此，这些冰山山顶扁平，并且体型庞大。11月和12月，冰山的平均范围到达最北部东经20°~70°，此时，它从大概阿加勒斯的纬度（南纬44°）漂移到东经70°、南纬48°。在2月和3月的时候，到达最北端70°子午线的东部，此时在48°和50°纬线之间漂移一直到东经120°，从这时起，最后到达大约南纬55°，也就是塔斯马尼亚岛的纬度。在5月和6月，冰山可能到达50°纬线以南的任何海域、以及120°子午线和塔斯马尼亚岛（南纬55°）以南之间的海域。

4．北冰洋

1）自然环境

北冰洋是格陵兰—冰岛—法罗岛连线以北，由亚洲、欧洲和北美洲包围的大片冰封雪盖的水域。它通过挪威海、格陵兰海和加拿大北极群岛之间各海峡与大西洋相连，并以狭窄的白令海峡沟通太平洋。北冰洋面积1310万平方千米，占世界海洋面积的3.6%，仅是太平洋的1/14。其主要附属海有格陵兰海、挪威海、巴伦支海、喀拉海、拉普帖夫海、东西伯利亚海、楚科奇海和波弗特海等。北冰洋岛屿众多，其数量和面积在各大洋中都仅次于太平洋，除有世界第一大岛格陵兰岛之外，其他主要岛屿还有挪威的斯匹次卑尔根群岛、俄罗斯的法兰士约瑟夫地群岛、新地岛、北地群岛以及加拿大北极群岛中的巴芬岛、埃尔斯米尔岛、维多利亚岛等，岛屿的总面积达400万平方千米。北冰洋的水深远比其他大洋小，平均深度为1296m，最大深度5220m，大陆架几乎占北冰洋面积的一半，尤其是亚洲和北美大陆边缘，宽达约1200km，是世界海洋中大陆架最宽广的地区。

2）气候特征

北冰洋是一个寒冷的海洋，气温终年很低，并且多暴风雪。每年11月至翌年4月，平均气温在-40～3℃，短促的暖季（7—8月）平均气温也都不足6℃。在北极海区寒季常有猛烈的暴风，这是由于格陵兰、亚洲和北美北部地区上空经常出现高气压所造成的。北冰洋降水不多，以降雪为主，年平均降水量仅75～200mm，格陵兰海可达500mm。在北冰洋的北欧海区，暖季多海雾，有时每天都有雾，而且可连续几昼夜。北冰洋寒季浮冰面积可达1100万平方千米，暖季冰雪虽然融化一部分，但仍有2/3的洋面为冰覆盖。冰层厚度一般2～4m，中央地区最厚可达30m。

北冰洋海水温度很低，一般在0℃以下，暖季受陆地气温和大陆河水混合的影响，水温相应提高，最高达8℃，形成沿海融冰带；西部的巴伦支海，因有北大西洋暖流流入，部分海域寒季也不结冰。由于气温低、蒸发弱，北冰洋的含盐量较其他大洋低，表层海水含盐量为30‰～32‰。流入北冰洋的水，除北大西洋暖流外，还有亚、欧、北美三洲的一些河流和太平洋通过白令海峡的海流，这样，北冰洋就产生了过剩的水，它由东西伯利亚海岸和北美洲海岸流向格陵兰海，形成东格陵兰寒流，这支寒流从北冰洋流入大西洋，并将部分冰块带入，对海上航行威胁很大。

3）动力学要素

北冰洋洋流系统由北大西洋暖流的分支挪威暖流、斯匹次卑尔根暖流、北角暖流和东格陵兰寒流等组成。北冰洋洋流进入大西洋，在地转偏向力的作用下，水流偏向右方，沿格陵兰岛南下的称东格陵兰寒流，沿拉布拉多半岛南下的称拉布拉多寒流。另外，似乎有一条缓慢的表层漂流从西伯利亚沿岸穿过极地流向格陵兰岛东海岸。就是这条漂流于 1893 年从新西伯利亚群岛附近推动了牢牢固定于浮冰的南森的"弗雷姆"号，到 1896 年时差不多到达斯匹次卑尔根群岛。这艘船与冰一起摇摇晃晃地漂过高纬度水域，但未能如它所期望的那样穿过北极。一些表层冷水经过加拿大群岛之间的海峡缓慢流入巴芬湾，为拉布拉多洋流补充水源。

北冰洋水文最大特点是有常年不化的冰盖，冰盖面积占总面积的三分之二左右。其余海面上分布有自东向西漂流的冰山和浮冰；仅巴伦支海地区受北角暖流影响常年不封冻。北冰洋大部分岛屿上遍布冰川和冰盖，北冰洋沿岸地区则多为永冻土带，永冻层厚达数百米。

10.2.2 世界重点军事海域

1．亚丁湾

亚丁湾是位于也门和索马里之间的一片水域，与红海相连，是快捷来往地中海和印度洋的必经之路，也是波斯湾石油输运的重要水路。

亚丁湾地区表层水含盐度高，水温在 25～32℃。气候干燥炎热，8 月份表层水温达 27～32℃，是世界上最暖的热带海之一。红海、亚丁湾和阿拉伯海之间海水的大量对流，强烈的蒸发作用和季风的影响，使水体结构十分复杂。亚丁湾表层水流向随季风变换而易，盐度很高。海面以下 100～600m 深度水层水从阿拉伯海流向红海，盐度较低；600～760m 水作反向流，盐度大；1000m 以下又是一层较淡的水。

在 6—9 月间形成西南方向的涌浪，在 11 月到次年 3 月形成介于东方和东北方向的涌浪，而这些一般都是小涌或中涌。在 4 月、5 月、10 月，没有特别明显的涌浪，并且所出现的涌浪主要为小涌。该海域尽管也会出现波长较大的涌浪，但总体来说涌浪波长都比较短。

2．南大洋

南大洋的划分并不是以地理为依据，而是从海洋学的角度进行的划分。具体指太平洋、大西洋和印度洋在南极洲附近连成一片的水域。联合国教科文组织（UNESCO）下属的政府间海洋学委员会（IOC）在 1970 年的会议上，将南大洋定义为："从南极大陆到南纬40°为止的海域，或从南极大陆起，到亚热带辐合线明显时的连续海域。"从亚热带海域到南极大陆存在三个明显的锋区：亚热带锋、亚南极锋和南极锋。这三个锋区分隔了亚热带辐聚区、南极辐聚区和南极辐散区。由此，南大洋还可以分为两个带状水域：亚南极区和南极区。前者的范围北起亚热带辐聚区，南至南极辐聚区；后者从南极辐聚区直到南极大陆（图10-6）。图中STF表示亚热带锋、STF表示亚南极锋、PF表示南极锋、AD表示南极辐散区（虚线部分）、CWB表示大陆水边界，图中黑色部分显示了威德尔海和罗斯海的冰架。

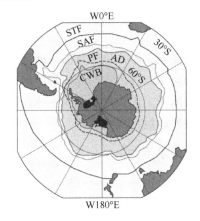

图10-6 南大洋的辐聚、辐散区及锋区

南大洋的环流主要有东风漂流和南极绕极流。图10-7显示了南大洋的辐聚、辐散带和表层环流情况。东风漂流是环绕在南极大陆近岸海域向西流动的沿岸流。但由于岸形的影响，其流向并非总是向西的。例如在威德尔海和罗斯海的西岸，流向即皆向北，从而与其北侧的东向流形成了威德尔海环流及罗斯海环流。东风漂流的流速、流幅和流量都不算大，但是对南极底层水团的形成却有重要的作用。东风漂流以北是受盛行西风影响的强劲而深厚的西风漂流，又称南极绕极流。

南极绕极流环绕南极大陆一周，连绵不断，流程长达 2×10^4 km，是世界大洋流程最长的洋流。其流幅自南亚热带辐聚带直至南极辐聚带，宽约 25×10^2 km，仅在德雷克海峡处收束到 8×10^2 km。其流速具有区域性变化，北侧（南亚热带辐聚附近）表层东向绕极的流速并不大（约0.04m/s），随着向南则流速迅速递增，到南极锋北可增至0.15m/s，而在南极锋带中则常有0.5~1.0m/s急流，其平均流量高达（100~200）$\times10^6$ m³/s以上。南极绕极流在深处的环流与南极各海区的表层水的下沉和水团运动有关，情况较为复杂。

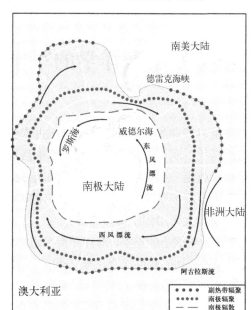

图 10-7　南大洋的环流

习题和思考题

1. 简述渤海、黄海、东海和南海的区划及海底地形特征。
2. 中国近海海域的气候特征如何？
3. 中国近海海域水温、盐度的分布和变化有何特征？
4. 中国近海潮汐与潮流有何特征？
5. 简述太平洋的自然环境和气候特征。
6. 简述北冰洋的洋流特征。
7. 台湾海峡的主要水文特征是什么？

第 11 章 军事海洋学的军事应用

海洋用于军事,在很早以前就开始了,我国早在古代就利用海洋进行海上作战和运输,到了明清两代,利用海洋规律为海上军事活动服务,已达到很高的水平。郑成功收复台湾就是一例。在世界历史上的航行探险、环球航行和海洋调查所取得的资料,很多用于军事。例如,1872—1876 年英国"挑战者"号环球调查所得的海洋资料,大多用到了军事领域。

在两次世界大战中,随着战争的需要,海洋学得到迅速的发展。在第二次世界大战中,航空母舰取代了战列舰和巡洋舰,海空战成为当时海战的特点,同时水雷战、登陆战和潜艇战大规模的开展,海洋环境对海上军事活动的影响显得日益重要,因此,海洋调查和观测的资料就日益受到军事部门的重视。

本章主要介绍军事海洋学在海军作战和海军装备保障中的应用。其中,涉及到的海军作战方式主要包括登陆战、潜艇战和水雷战。涉及的海军装备,主要包括舰艇平台、导弹、鱼雷、水雷、雷达、声纳以及导航通信装备。

11.1 在海军作战中的应用

从海洋对海军作战影响的角度,在战术层面对海军作战方式进行划分,包括传统作战方式,例如登陆作战、水下作战(反潜作战)、水雷和反水雷作战、特种作战;新型作战方式,包括正在快速发展的无人作战方式、信息作战等。本章重点分析军事海洋学在传统作战方式中的应用。

11.1.1 登陆作战中的应用

潮汐、天气、海流等海洋环境对登陆作战的影响很大,甚至会决定登陆作战的成败。因此,在登陆作战中我们必须非常重视海洋环境的影响,为制定正确的作战方案提供支持。

1. 登陆作战的任务和特点

登陆作战,是对据守海岸或海岛之敌实施的渡海进攻战役,包括海上登陆和垂直登陆，通常由海、陆、空军协同进行。其主要任务是突破敌抗登陆防御，歼灭当面之敌，夺占登陆场或具有战略、战役意义的外围岛屿，为后续的行动创造有利条件。登陆战役通常可分为先期作战、集结上船和海上航渡、突击上陆和建立登陆场三个阶段。其中突击上陆和建立登陆场是最主要的作战阶段。

登陆作战的主要特点包括：①先期作战中战役准备困难，登陆准备通常持续时间较长，兵力、舰船等集结与机动目标大，容易遭到敌海、空军及远程火力的打击。②海上航渡时各项保障任务繁重，对登陆部队的航渡输送、海上及空中的支援与掩护、后方补给以及航海保障等提出了很高的要求。③突击上陆后夺占登陆场斗争激烈。守方可利用海区的天然障碍，凭险坚守；而攻方则背水攻坚，逐波上陆，双方将在近海近岸水域、水际滩头和濒海地区展开激烈争夺，夺占登陆场的任务十分艰巨。④战役过程中敌对双方将围绕夺取制信息权、制海权、制空权展开激烈地反复地争夺，实施登陆战役时夺取并保持"三权"的任务艰巨复杂。

登陆战役受到海区地理、水文、气象条件影响大，参战军种、兵种多，组织指挥协同复杂，航渡中容易遭到对方海上和空中的袭击；敌前上陆、背水作战，任务艰巨；物资需求大，后勤保障任务重；登陆战役须充分准备，周密计划，集中优势兵力和充足的登陆工具，选择敌人意想不到的时间和方向，出其不意地发起登陆攻击，实行集中统一指挥，严密组织陆、海、空军的协同动作，以发挥整体威力；保持强大的后续梯队和充足的作战物资，不断增强突击上陆的力量，才能取得登陆战役的胜利。这些都需要对海洋环境有充分的了解和掌握，并合理利用。可以说海洋环境因素是登陆作战能否取胜的关键之一。

2. 登陆作战中的海洋环境效应

军事海洋环境对登陆作战的影响主要体现在对登陆地域和登陆时间的选择，以及在登陆作战过程中的各种环境效应，海岸形态、潮汐、海流、风浪、海洋气象条件等都对登陆作战有影响。下面，我们分别介绍这些海洋环境因素是如何影响登陆作战的。

1）海岸形态对登陆地域选择的影响

登陆地域是登陆作战中登陆兵上陆行动涉及的近海及海岸区域，由海域、暗滩和陆区组成，包括登陆地段和登陆点。登陆地域的岸滩坡度的大小会影响登陆时的涉水深度、涉水距离的大小，也影响到舰艇登滩、退滩的操纵。所以，使用登陆舰艇输送登陆兵时，岸滩坡度最好为 $5\sim10°$，最小 $1°$，最大 $20°$。此外，登陆地域的岸滩底质对登陆工具靠停影响很大。平坦的石底无锚抓力，抛锚的登陆工具不易保持锚位。软泥底锚抓力强，但易下陷，登陆兵和装甲车辆难以通过,影响上陆速度。对上陆较为有利的底质是较硬的沙或泥沙和砾石。

2) 潮汐对登陆作战的影响

登陆地域的潮汐状况直接影响登陆舰艇的抢滩、退滩,登陆兵的上陆和武器装备的卸载,以及登陆兵的涉水距离和涉水深度。在潮差大的地段,利用较高潮位上陆可降低敌水中障碍的威胁,使登陆兵上陆点前伸,可有效减少登陆兵在海滩上的运动距离,利于提高上陆速度。但由于水位变化快,若不能在较短时间内,完成第一梯队上陆,则会造成上陆后续梯队涉滩距离加大,而且增加了水中障碍物的威胁,造成上陆兵力的不连续。对于潮差大的地段或半日潮地区,这种效应更为显著。就登陆日选择而言,由于潮汐变化的周期性规律较强,通常最高潮位时段每月只有1或2次,如若错过,则可能要等待半个月或一个月。

美军在塔拉瓦岛登陆时,就因对潮汐掌握得不准,付出了沉重的代价。上陆部队第一天被搁置在障碍物之外,进退两难,伤亡严重。直至第二天中午,部队才利用高潮逼近海岸登陆。

3) 海流对登陆作战的影响

流速较大的海岸地带,会给登陆上陆行动造成较大的影响。具体表现在:一是影响舰艇保持预定航线,难以准确在预期地点上陆;二是影响舰艇航速而造成协同上的困难;三是影响舰艇抢滩时的稳定性,造成人员、装备下船的困难。沿岸流的影响主要是使舰艇不能准确地在预定地点上岸,在流速较大时,还可能造成舰艇横位而不便抢滩。向岸流可以加快舰艇的相对速度,便于舰艇快速向岸靠近,但有时会造成登陆舰艇抢滩过深而难以退滩;而离岸流虽然影响上岸冲击速度,但便于舰艇的操纵,也便于退滩。因此,在登陆作战中应力争避免沿岸流,同时还应避免在流速较大的地段上岸。

4) 风浪对登陆作战的影响

风浪的大小对舰艇、飞机的航行和飞行以及执行作战任务都有直接的影响。在大风浪条件下,舰船航行和操纵困难,在登陆编队庞大的情况下,易发生碰撞和混乱,直接影响上陆阶段的编队和进攻。此外,大风浪还可造成舰载航空兵起飞着陆的困难。拍岸浪对舰艇抢滩的稳定性和安全有较大影响,不仅会造成卸载和舰艇退滩的困难,较大的拍岸浪还可能造成登陆舰艇的损坏。因此,风浪条件对登陆地域及登陆时间的选择影响较大。由于登陆作战的整个行动时间、空间跨度比较大,要保证自出航到上陆阶段全过程都有良好的风浪条件是比较困难的,应按照"远好近差"的原则综合考虑,以保证在登陆作战的关键阶段有良好的风浪条件。

5）海洋气象条件对登陆作战的影响

海洋气象条件影响航空兵的起飞与着陆，影响水面舰艇的火力准备和火力支援，同时对登陆兵力的编队、组织、协同、指挥具有重要影响。特别是海面大风和低能见度天气，对作战影响尤其明显。在第二次世界大战中，日军就利用阿留申群岛的海雾，实施登陆作战，抢占了阿留申群岛，一度对美国太平洋西北沿岸造成了威胁。

3．登陆作战的典型案例分析

1）登陆成功的案例——郑成功收复台湾

1624年，欧洲的荷兰人趁明王朝腐败无能，侵占了台湾，并修建城堡。1661年3月，郑成功率2.5万名兵将，从金门出发，冒着风浪，越过台湾海峡，在澎湖休整几天后直取台湾。先分析一下敌情，看看荷兰侵略军是怎样布防的。荷兰侵略军集中在台湾城、赤嵌城这两个据点，并在港口沉了很多破船，想阻止郑成功的船队登岸。台湾城、赤嵌城位于今天的台南地区，这里海岸曲折，两城之间有一个内港，叫做台江。荷兰人修筑的城堡台湾城就在台江西侧，而赤嵌城则在台江的东侧，两座城堡互为犄角。从外海进入台江有两条航路：一条是大员港，叫南航道，南航道口宽水深，船只容易驶入，但是该港口有荷兰人的军舰防守，而且在陆上还配备有重炮进行瞰制。另一条是北航道，称为"鹿耳门航道"，该航道迂回曲折，水浅道窄，底部坚石堆积，暗礁盘结，只能通过小船，大船必须在涨潮时才能通过，素有"天险"之称。荷军认为，凭此"天险"，只要用舰船封锁南航道，再与台湾城、赤嵌城的炮台相配合，就可以阻止郑军登陆。

面对这样的敌情，郑成功的舰队如何才能突破防御呢？从南航道的大员港突破，必有一场恶战，敌人占据有利地形，易守难攻。从北航道的鹿耳门进入，郑成功的大型舰船又无法正常通过。怎么办呢？凭借着对台湾周边海域情况的熟悉掌握，郑成功出其不意地选择从鹿耳门港进入。选择从鹿耳门港进入，是因为郑成功掌握了该地的潮汐规律，即每月初一、十六两日大潮时，水位要比平时高五六尺（约2米），大小船只均可以驶入。郑成功从澎湖冒风浪而进，正是为了在初一大潮时抢渡鹿耳门。四月初一中午，鹿耳门海潮果然大涨，郑军大小战舰顺利通过了鹿耳门。台湾城中的荷兰侵略军原以为郑军船队必从南航道驶入，想用大炮进行拦截，未曾料到郑成功却躲开了火力，从鹿耳门驶入台江，在大炮射程之外。荷兰侵略者面对浩浩荡荡的郑军船队，顿时束手无策。郑军船队沿着预先探明好的航路鱼贯而入，切断了台湾城与赤嵌城荷军的联系，迅速于禾寮港登陆，并立即在台江沿岸建立起滩头阵地，从侧背进攻赤嵌城。

赤嵌的荷军在水源被切断,外援无望的情况下,向郑军投降。盘踞台湾城的侵略军企图负隅顽抗,被郑成功围困了 8 个月之后,于 1662 年投降。至此,郑成功从荷兰侵略者手里收复了沦陷 38 年的中国神圣领土台湾。

从军事海洋学的角度分析,郑成功收复台湾取得成功的重要原因是合理地利用了潮汐的规律,出其不意地通过了原为天险的鹿耳门港,使登陆部队顺利地上岸实施攻击,是成功利用潮汐这一海洋环境实施登陆作战的案例。

2)登陆失败的案例——美军血战塔拉瓦

在潮汐的利用方面,有成功的案例,也有失败的案例。美军血战塔拉瓦就是一个与潮汐有关的失败案例。

塔拉瓦原是中太平洋上一个默无名气的珊瑚岛礁,在第二次大战中,它位于美军对日战略反攻的轴线上。1943 年 11 月美军在这里进行了一场十分惨烈的两栖作战。美军在塔拉瓦所获取的经验,对于以后的登陆战具有极其重要的价值和意义,被美国海军战史专家莫里逊誉为"胜利的摇篮",然而这个胜利的代价却是惨痛的。

1943 年 11 月 20 日,美国海军中将斯普鲁恩斯命令海军陆战队第 2 师进攻塔拉瓦岛。在一阵猛烈的炮火准备后,美军登陆艇按照海图所指示的航道向登陆场驶去。奇怪的是,海图仿佛在作祟,在标明通畅宽阔的航道上,竟然布满了暗礁。在登陆艇无法接近登陆场的情况下,海军陆战队只好在离岸六百多米的地方涉水登陆。这时岛上的日军纷纷跳出掩体,用各种火器向暴露在水中的目标射击,到美军占领滩头阵地时,伤亡就达 1 千人之多。

战役后,斯普鲁恩斯责成有关部门对造成严重损失的原因进行调查,原来是美军当时使用的海图早已过时,那张图还是一百多年前测绘的。一个多世纪以来,因岛屿周围珊瑚的繁衍堆积,原来通畅的航道已变得暗礁丛生,而美军领航人员对这些情况事先又未给予充分估计。

潮汐则是另外一个因素。塔拉瓦岛的附近潮汐很不规则,每天涨落几次,人们称之为"捉摸不定潮"。涨潮时水位上升 1.3m,停潮 3 小时;以后 3 小时落 0.3m,停潮两个半小时;到 18 时 15 分水位又下降 0.6m;数小时后复潮到 1.1m,停潮 2 小时。这是一种"高的捉摸不定潮",如果碰上它,登陆艇能幸运爬过礁盘。还有一种"低的捉摸不定潮",涨时水位上升不到 1m。停潮和复涨时间不定,登陆艇无法爬上礁盘。美军冒险登陆,不巧赶上"低的捉摸不定潮"。礁盘水浅,登陆艇无法靠岸,士兵被迫涉水。脚下,珊瑚礁锋利如刀山;礁盘上,日军炮弹咆哮着席卷水面。美军士兵被大批屠杀,鲜血染红了海水。

最终对潮汐等海洋环境的大意导致了这场"可怕的塔垃瓦战役"。从军事海洋学的角度分析，美军塔拉瓦登陆作战中，忽视了登陆作战地点的海洋环境因素，特别是对地形、潮汐的规律没有准确掌握，因而付出了惨痛的教训。

3）诺曼底登陆战中海洋环境效应分析

第二次世界大战末期的诺曼底登陆集中体现了登陆作战中的军事海洋环境效应。诺曼底登陆作战的日期和先头部队的抢滩时间，都是充分考虑了当时的海洋水文、气象要素的影响之后确定的。

登陆作战的海区在大西洋东岸的法国和英国之间，海洋西宽东窄，最宽处有220km，东部的加来地区只有33km。西端的英吉利海峡海水最深处达105m，且风急、浪高、雾多，暗礁林立；东端的多佛尔海峡海水深度为36～54m。该海区比较适合军队大规模登陆的地域有三个：一是康坦丁半岛，这里上岸较为容易，但半岛地形狭窄、复杂，部队登陆后展开困难，不便于纵深发展进攻；二是加来地区，这里是距英国海岸的最近点，便于航渡，但离英国南部港口较远，兵力和物资输送不便，纵深发展不便；三是诺曼底地区，这里沿海地形开阔，且离英国南部港口较近，便于兵力和物资输送，但沿岸地形不利于登陆舰艇停靠。当时德军普遍认为盟军将在加来地区登陆，而盟军最终选择在诺曼底登陆。

诺曼底地区是半日潮区，平均潮差5.4m，海滩的坡度很小，低潮时滩头纵深长达300m。陆军为了缩短通过海滩的时间，要求接近高潮时上陆。海军舰艇为了在抗登陆的障碍物外抢滩，要求在低潮时登陆。按上述要求，6月上旬只有4天适合登陆。盟军对诸多因素进行反复比较后，决定登陆日选择在6月5日。

海洋气象环境对整个登陆作战的决策和实施过程都是至关重要的。在诺曼底登陆战役中，盟军因气候不利而一再推迟进攻，空军也因此受到巨大损失。然而德军对海洋及气象变化关注不够，认为整个6月的恶劣海洋气象状况使盟军的登陆难以实施，导致了德军抗登陆作战的失利。总之，盟军诺曼底登陆，是充分利用海洋环境效应取得登陆作战胜利的典型案例，是值得我们认真地研究和分析的，虽然此战已经距今已有80年，但是仍然对军事海洋学在海军登陆作战中的应用有重要的参考意义。

11.1.2 水下作战中的应用

海洋环境对水下作战的影响很大，对水下攻防作战、反潜作战、航母编队水下防护、海上特种作战、水雷及反水雷作战等主要作战方式，以及水下封锁、前沿攻击、商船护航等辅助作战方式的作战效果都有很大的影响，甚至会决定作战的成败。因此，美国海军从 20 世纪冷战时期开始就非常重视海洋环境信息保障在水下作战中的作用。随着我海军水下力量的发展，以及相关海洋环境保障设施的建设，对水下作战的海洋环境信息保障能力也越来越强。

　　海洋环境对水下作战的影响主要涉及温度、深度、盐度的时空分布及其对声速剖面的影响、内波对水下平台及水下武器声探测和航行安全的影响、水团和中尺度涡、风浪及海况等对声传播及背景噪声的影响、海底地形地貌及底质情况对水下航行和声传播的影响、海流对航行及导航的影响、重力场、磁场等物理场对导航、非声探测的影响等方面。目前，水下平台及水下武器主要探测手段依赖声传播，因此影响最大最受重视的是海洋环境对声传播的影响问题，体现在声纳系统的设计和运用、水下平台的水下机动、水下武器的使用等方面。美国海军环境信息保障经费主要投入到水下被动和主动反潜战的保障中，从冷战时期到现在都是这种情况，但是重点有所变化，不再集中在深海，而是集中在沿海水域。而且，美国海军的任务由深海向濒海转换，保障重点集中于反水雷系统和鱼雷上。海洋环境保障的建设与各国海军的战略任务是密切相关的，随着我国海军战略的调整，南海等海域的水下防御都需要我们不断加强海洋环境保障的建设，提高我海军的水下作战能力。

　　海军水下作战的兵力并不仅限于潜艇，与水下作战联系紧密的平台包括：潜艇、水面舰艇、飞机和监视系统，如图 11-1 所示。各平台承担的任务包括：

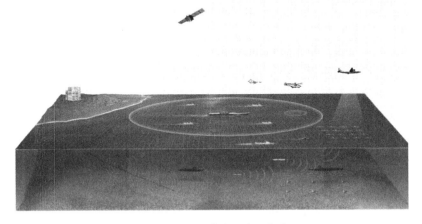

图 11-1　水下作战兵力示意图

　　（1）潜艇，水下作战的主要兵力，负责自身防御、反潜作战、反舰作战、ISR（情报、监视及侦察）、配合航母战斗群作战、海上特种作战、兵力部署、前沿攻击（水下发射巡航导弹）、确保任务海域的航行安全、为商船护航等；

（2）水面舰艇，执行水下作战任务的主要是驱逐舰和护卫舰，也包括部分巡洋舰，担负自身防御、反潜战、航母战斗群的防护任务；

（3）飞机，包括海上巡逻机（主要是反潜机）和直升机，仅担任反潜任务；

（4）综合水下监视系统，以美国海军为例，包括固定式水下监视系统，例如音响监视系统（SOSUS）的一部分、先进的可展开系统（ADS）和拖曳式阵列监视系统（SURTASS），主要承担反潜战和其他船只的监视任务。

这些任务中的重点是反潜战，同时反水雷探测和水下武器的使用也是重要的任务，需要为这些行动提供环境支持。濒海地区或浅海水域由于其海洋环境的复杂性，对保障要求最高。

1．水声环境

水下作战中的海洋环境主要是水声环境，会受到海洋中温度、深度、盐度、海底地形、海底底质、海水中的生物悬浮物以及气泡和海面涌浪、海流、内波、中尺度涡及气象条件等环境要素的影响，主要体现在两个方面：①海洋水文环境的复杂性、随机性和时变性使得水声信号传播产生衰变和畸变；②海洋中的内波、洋流、中尺度涡以及复杂的海底地形等给声传播增加了不确定性。

1）水声对抗

根据声波在海水不同层中的传播特点，利用海洋环境，合理选择潜艇等水下作战平台的航速、航向、深度及路径，进行有效地机动规避，降低敌方声纳和鱼雷等反潜兵力的探测、搜索和攻击效果，取得机动、规避的主动权，是水下作战的一个重要方面，属于水声对抗的范畴。其中，影响较大的海洋环境因素包括跃变层、声速梯度、海况等。

2）风浪

在大风大浪的恶劣天气下，潜艇的航行噪声很难被声纳正常探测到，主要原因为：①反潜兵力的探测效果受风浪影响而降低；②潜艇自身噪声受到了风浪引起的环境噪声的掩护。实验表明，在6级以上海况，舰载直升机将难以起飞，声纳浮标、舰壳声纳、磁探仪等工作性能会大幅度下降。有资料显示，3.04m高的波浪会使声纳浮标传输信息损失75%，4.57m高的波浪会使声纳浮标的传输信息完全损失。因此，反潜兵力的探测效果受风浪影响很大，降低了潜艇被探测到的概率。此外，大风大浪天气的海洋噪声谱级很高，往往能掩盖潜艇的潜航噪声，利用这种环境可完成设伏、规避、攻击、通过防潜封锁区等作战任务。例如我海军潜艇在突破岛链封锁的作战任务中，往往会选择恶劣天气进行突破。随着海况等级的增加，海洋环境噪声会迅速增加，如图11-2所示。这时会导致声纳接收机输入端的信噪比减小,从而使声纳的作用距离随之降低,对潜艇的探测概率降低。海洋环境噪声的增加随频率变化是不同的,如图 11-3 所示。

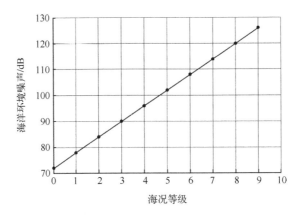

图 11-2　海洋环境噪声和海况等级的关系图（f=0.1kHz）

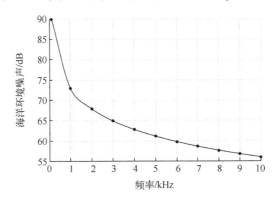

图 11-3　海洋环境噪声和频率的关系图（海况 S=3 级）

需要注意的是,随着频率的增加,海洋环境噪声会迅速减小。对于主动声纳来说,其频率通常比被动声纳高很多,其探测性能受海况的影响相对要小一些。因此,借助大风大浪掩护的潜艇,在突破带主动探测手段的水下监视系统封锁的海域时,其突破的成功率会受到影响。

3）时空尺度

时间和空间尺度是水下作战所需环境数据的一个十分重要的方面,确定精确预报所需的时空尺度是一项基础工作,也是非常重要的研究课题。按照通常的论断,缺少高分辨率的环境数据是制约声纳性能预报的主要因素,但是,获取大范围高分辨率的数据需要很大的花费和时间。在水下作战中，只有真正弄清楚时间和空间尺度问题，才能得到可靠的预报结果。

2. 水下作战平台——潜艇

水下环境对水下作战的潜艇行动有决定性的影响。现场的声速剖面和局部水深等环境特征，对潜艇声纳的探测效果以及潜艇自身防御、反潜作战、航母战斗群护航等，都是至关重要的。一艘潜艇可使用多个声纳进行探测和跟踪，包括艇艏声纳、舷侧声纳、拖曳声纳以及导航、避碰声纳等，例如美国海军"弗吉尼亚"级核潜艇采用的声纳：球形主动/被动阵列（BQQ-10型声纳，频率为 1.5～7.5kHz）、舷侧被动阵列（BQG-5A 轻型宽孔径）、龙骨与艇艉高频主动阵列，被动拖曳阵列声纳（TB-16、TB-23/29）、WLY-1 声学侦听系统。

随着潜艇隐身技术的发展，水下作战的探测范围已经迅速缩小到数十千米以下（特别是针对不依赖空气推进的 AIP 潜艇，这一范围更小），很难再维持冷战时期对潜艇数十千米到上百千米的探测范围，从而使敌方潜艇有大量的时间进行机动。如此短的发现距离使很多问题变得更加显著，包括：①舰船的安全性（避免碰撞）；②反探测（对自我防护至关重要）；③为保持战术优势需要提高潜艇的机动性，降低了拖曳声纳的性能。越短的发现距离表明，越少依赖远距离的声波折射—反射和表面发射的折射路径，会更多地依赖海底的反射路径。这就需要更多的海洋环境支持。

对于潜艇所担负的情报、监视及侦察（ISR）行动、特种作战和先行打击等其他任务来说，环境信息对潜艇的航行、安全和保持隐蔽性都是至关重要的。

除了声学环境要素对潜艇作战有重要影响之外，内波、中尺度涡等海洋动力过程也会对水下作战造成影响。例如，内波会对潜艇安全航行造成重要威胁，例如潜艇掉深的发生很大程度与内波有关。内波对声传播也会造成影响，对潜艇水下侦察和探测带来不确定性。中尺度涡对声传播的影响也会造成潜艇水下发现或被发现态势的变化。

3. 水下作战平台——水面舰艇

水面舰艇同时装备了主动和被动声纳系统，例如美国海军水面舰船安装的 SQS-53 球鼻艏声纳，可以同时以主动和被动两种方式工作，SQR-19 拖曳阵声纳也得以利用。水面舰艇在水下作战中的绝大多数任务与潜艇相同，其优势是可以不考虑隐蔽性，这样就能使用主动声纳，但同时也带来自身防御中缺少隐蔽性的劣势。如图 11-4 所示为典型水文条件下水面舰艇反潜作战示意图。潜艇使用被动声纳发生的问题同样也发生在水面舰艇上，水面舰艇在水下作战中也需要海洋环境数据库和战术辅助决策的支持，才能提高作战效能。特别是在浅海水域或濒海水域，环境的复杂性对海洋环境数据库和战术辅助决策的要求更高。

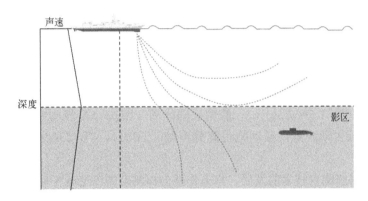

图 11-4　水面舰艇反潜作战示意图

4．水下作战平台——反潜机

空中反潜战主要是利用海空巡逻或者直升机布置水听器或水听器阵列。通常，它们只是一种作用距离很近的定位设备。目前，用于被动探测的系统已经从单一的水听器声纳浮标发展到使用梯度传感器的定向声纳浮标（DIF-ARS）、垂直的线性阵列（VLADS）、水平阵列（ADAR）等。主动系统已经从单个声纳浮标的收发向与水面舰艇和潜艇声纳相结合的远距离系统演变。

5．水下作战平台——水下监控系统

多年来，美国海军布设在海底的水平电缆阵列构成的音响监视系统网络（SOSUS），一直是远程反潜战的关键部分，如图 11-5 所示。大量的环境信息被用于模拟这些阵列的性能。美军所掌握的大多数关于声波远程传播的知识，都是通过音响监视系统得到的。但是，潜艇静音技术的发展，使音响监视系统的探测范围显著减小。拖曳式阵列监视系统现在是音响监视系统的一个重要补充，它是一个大孔径拖曳阵声纳系统。另外，布设在海底的大规模固定阵列网络（FDS）和先进的可展开系统（一种可以迅速部署在海底的阵列网络）都已经在部署和/或测试中。最近，拖曳式阵列监视系统增加了主动探测功能，形成了低频主动附件系统。这些水下监控系统的效能发挥也非常依赖于可靠的环境噪声模式和声传播损耗的预报。

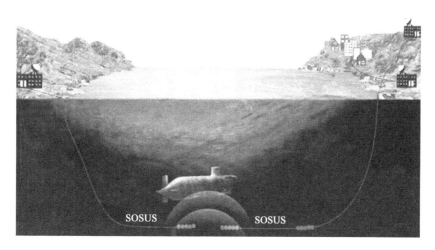

图 11-5 美军音响监视系统网络示意图

11.1.3 水雷作战中的应用

1．水雷战

水雷战是水雷作战和反水雷作战的统称，是海军的作战样式之一。水雷战通常在战术、战役和战略层次上配合封锁与反封锁、登陆与抗登陆等作战行动实施。水雷战对战争的进程往往产生较大的影响。布设水雷行动和水雷作战性能以及反水雷作战都不可避免地受海洋大气环境的影响。

海洋水体的浅海区是进行水雷战的战场。利用海洋的特性布设水雷，以封锁航道，消灭敌人的有生力量。水雷战在世界海战史上具有重要的位置。第一次世界大战时，英德双方在北海都布了雷，使得双方无法在这一海区活动。第二次世界大战时，美国对日本布雷 25000 个，击沉重伤日本船舰 670 艘，其中军舰 109 艘。总吨位超过 225 万吨，平均 110 板水雷就炸沉或炸伤 1 万吨舰船。抗美援朝时，朝鲜人民军在元山港口布雷，使美军无法使用港口，美国在越南沿海布雷，据说有 26 个国家的商船被困在港内不能动。水雷能有效的消灭敌人，使用不好也能误伤自己，这方面的例子也很多。第二次世界大战初期日本布设的水雷至少炸沉了 6 艘本国商船，美国在第二次世界大战中，被水雷炸沉、炸伤的商船中，有 20%是被自己的和友军的水雷炸沉的。正反两方面的经验表明，在布雷时必须掌握海洋要素与各种水雷的特性之间的关系。

2. 海洋环境对水雷战的影响

1）海洋环境对水雷封锁作战的影响

海上水雷封锁作战主要是在敌基地、港口和近岸水域分布设攻势水雷障碍，以阻断敌沿海地区、舰艇基地与外界的海上联系，破坏其海上交通运输和兵力机动；或在己方有关海域布设防御水雷障碍，以阻击敌海上兵力向我海区逼近或登陆上岸，夺取制海权。在进行海上水雷封锁作战时，首先应根据欲布设水雷的海域的水文气象条件及自然地理条件，包括海底地形、底质、水深、海流、潮汐、潮流、海浪等，确定最适宜布设的水雷类型。比如，流速过急的海域，不能有效布设锚雷和沉底雷，可以考虑布设漂雷；而在周期较长波幅较大的涌浪海域，可能不适宜布设水压引信水雷。在布设锚雷时，应根据海流、潮流及潮差等对锚雷的影响，确定锚雷定深方法、布设区域及时机。其次应根据海洋水文气象条件，并结合其他战场条件确定何种布雷方式。此外，对于隐蔽布雷时机的选择，在很大程度上依赖对战场有利的水文气象条件的及时准确的捕捉和把握。

2）海洋大气环境对反水雷作战的影响

反水雷作战包括所有防止或减少水雷对舰船的行动。狭义上的反水雷作战是指主动反水雷作战，主要有扫雷和猎雷两种。

扫雷是利用各种扫雷具通过接触或模拟真实舰船的声、磁物理场引爆水雷的一种反水雷手段。海洋、大气环境条件不仅影响扫雷舰的作战性能，也影响对水雷的搜索与定位。扫雷舰一般抗风浪性能较差，海况较高时很难执行扫雷任务。风浪较大时，实施编队扫雷会更加困难。海雾以及其他低能见度条件不仅影响舰船航行和编队协同，更对搜索水雷和对水雷进行准确定位影响极大。因此，对于扫雷作战，需要有准确的海浪、海流及海雾能见度等预报保障。此外，还特别需要知道不同水层的水流流速和流向，以便准确计算扫雷具下放深度及扫雷深度。

猎雷是借助水声器材等探测、发现水雷，然后予以销毁。海洋、大气环境条件不仅影响、制约猎雷舰的作战性能，而且影响对水雷的探测与识别。

在灭雷作业中，风和侧流对猎雷艇保持阵位会产生不利的影响。海流中周期性变化的潮流对猎雷艇保持阵位影响最大。在猎雷作业时，猎雷艇必须作顶流悬停，并根据风向、流向的变化适当调整航向状态，以利于保持艇位。风浪使猎雷舰的摇摆或航向改变，会影响声纳系统对水雷的探测、定位，可能导致漏猎区。此外，影响声波在海洋环境中传播的海洋水文气象条件都将影响猎雷声纳的性能。比如，声影区的存在限制了猎雷声纳的有效探测范围，尤其在海洋涡和海洋锋区，声波传播异常对猎雷声纳的影响非常严重。

3. 水雷战的经典战例

1）美国对日本发起的"饥饿战役"

在二战期间，美国对日本发起了著名的攻势水雷战——"饥饿战役"，以封锁日本海上生命线。

日本由于四面环海，海上运输航线成为其经济和军事攻击的命脉，一旦航线遭到水雷封锁，就等于被人扼住咽喉。1945年3月27日—8月初，美国以舰船、潜艇布设和B-29轰炸机空投等方式，在日本周边海域布设了12000多枚水雷。这些"水中伏兵"使日本本土离岛的交通线被截断，重要的生命线——大洋航线由此瘫痪，日本因此陷入困境，工厂停工，全国大多数人陷入饥饿状态，这无疑加速了日本走向失败的步伐。

2）朝鲜元山港口海域布雷延误美军登陆

1950年6月25日，朝鲜战争爆发。战争开始不久，朝鲜人民军把美军及其盟军逼迫到朝鲜半岛最南端的釜山地区附近。随后，美军计划先后在半岛西部的仁川和东部的元山登陆，对朝鲜人民军发动钳形攻势，以包抄歼灭朝鲜人民军。朝鲜人民军为了争取时间组织兵力进行战略转移，9月上旬先后在仁川港和元山港海域布雷，其中元山港海域布雷最为有效和成功。为了隐蔽，布雷行动都是在夜间进行，朝鲜人民军动用了多艘军船、民船（包括货船、渔船和小舢板等）进行布雷，前后共布放各种水雷共3000多枚，既有触发锚雷，也有非触发沉底雷，各种水雷混合布放，雷区面积约达400平方千米。

9月26日，美军第七舰队"布拉什"号驱逐舰在元山东北面的端川港海域航行时触雷被重创，被炸死13人、炸伤23人；同一天，"曼斯菲尔德"号驱逐舰在该海域航行时也触雷被炸，舰艏与主炮被炸毁，最后被勉强拖回港口。

当时美军计划10月20日实施元山港登陆作战，要求第七舰队第三扫雷中队在10天内完成登陆前的扫雷作业。于是10月1日—10日，美军纠集本国的9艘扫雷舰艇、日本海上保安厅的8艘扫雷舰以及盟国海军的2艘辅助扫雷艇，合计19艘扫雷舰艇先后参加扫雷作业；但直到10月29日，已经过了计划登陆日期9天，美军非但没有打通上陆航道，反而损失惨重，多艘舰船被水雷击沉，登陆计划被迫推迟。最终，迫使由美国为首的其他各国部队5万多人、250艘舰船在元山外海"游荡"了一个多星期，而朝鲜人民军按时完成了兵力战略转移，保存了实力，实现了布雷作战的意图。

11.1.4 无人舰艇作战中的应用

无人艇是一种具有一定自主能力、可在不搭载操作人员情况下自主航行并完成一定作战或作业任务的平台。无人艇无需搭乘操作人员、不受人类生理条件限制,能在恶劣或高威胁条件下代替有人装备执行任务,减少人员伤亡、降低人员工作强度和提升任务能力;同时无需考虑载人保障,更易小型化和提升隐蔽性,使用灵活;相比有人舰艇系统规模小,集成化、模块化程度高,经济性好。目前无人艇主要包括水面无人艇(USV)和水下无人艇(UUV),具有代表性的如图 11-6 所示的美国"海上猎手"水面无人艇和如图 11-7 所示的我国"探索 4500"自主水下机器人。

图 11-6 美国的"海上猎手"　　　　图 11-7 我国的"探索 4500"
　　　水面无人艇　　　　　　　　　　　自主水下机器人

海洋环境对于无人艇的作战使用有非常大的影响,通常情况海况 4 级以上无人艇就无法使用,海面上的风场、波浪、海流对于无人艇的布放与回收、航行、通信等有着非常直接的影响。如图 11-8—11-11 所示为无人艇海上使用、布放与回收场景。

图 11-8 装配 Anykey-AV8 无线　　图 11-9 无人艇坞舱式快速收放
　　多载波宽带电台的无人艇

第 11 章 军事海洋学的军事应用

图 11-10 无人艇舷侧收放　　图 11-11 以色列"海上骑士"无人艇在巡逻

1. 水面无人艇作战中的应用

目前水面无人艇的各项技术都比较成熟，故应用较多，特别是在警戒巡逻、情报侦察、海战场环境调查、反水雷、反潜、物资运输等 6 种典型作战运用模式中正在体现出其不可替代的优势。

在实际使用中，水面无人艇由于海面风场和波浪的作用也会出现与水面舰艇类似的环境效应。并且由于无人艇体积小、吨位轻，在相同海况条件下这些环境效应所造成的结果甚至会更严重。比如：稳性环境效应、快速性环境效应、操纵性环境效应、航行安全环境效应等。以稳性环境效应为例，军用水面无人艇对于速度要求较高，故多采用滑行艇体设计，所以其稳性高较低，航行时由于波浪的作用易发生纯稳性丧失、参数激振横摇和横甩现象等威胁航行安全的情况。另外，影响无人艇航行安全的其他环境因素还有海雾、固体边界、渔网等，如，无人艇航行中遇到海雾，由于能见度降低，对于突然出现的海上移动物体会因为舰艇的惯性运动控制困难而发生碰撞危险；靠近固体边界航行时，流体吸力的作用使无人艇操纵控制特性发生变化，也会导致无人艇发生碰撞（包括搁浅）危险。这些环境因素可能影响无人艇的航行安全，统称为"航行安全环境效应"。

水面无人艇由于长度所限，其桅杆/天线高度普遍较低，这就使得其在探测、通信、控制等方面存在先天短板，往往有效作用半径较小，尤其是在海面波浪影响下，有效距离还会进一步降低，如何提升水面无人艇的实际作业半径成为了近年来研究领域的一个热点。以美军为例，2017 年美国国防部高级计划研究局（DARPA）借助美国海军"旋风"级巡逻艇"微风"号（USS Zephyr），进行了"TALONS"的拖曳式空中导航和监视系统的试验（图 11-12）。TALONS 即"空中拖曳式海军系统"，其航空平台就是一个大号的牵引伞，由美国国防高级研究计划局在 2015 年主导开发，属于 DARPA 战术应用侦察节点（TERN）项目的第一阶段，能够携带约 100kg 的设备上升到 450m 的高度，任务范围涵盖电子战、情报、监视、侦察和通信。通俗来说这个试验就是"军舰放风筝"，只不过他们放的是一个高科技的"风筝"。此后"TALONS"也在"海上猎人"无人艇上（图 11-13）和"阿利·伯克"级驱逐舰上进行了测试。经测试 TALONS 可以把约 68kg 的监视或通信设备，提升到约 457m 的空中，比现有任何舰艇都高很多倍，将极大的增加舰艇的探测距离。

图 11-12　TALONS 试验

图 11-13　"海上猎人"释放 TALONS 系统

2. 水下无人艇作战中的应用

水下无人艇又称为水下无人航行器或水下机器人，目前的水下无人艇主要是指用于水下侦察、海洋工程、水下作战等具有一定智能的小型水下自航载体。它主要包括：自主水下无人航行器（Autonomous Underwater Vehicle，AUV）、遥控航行器（Remotely Operated Vehicle，ROV）和水下滑翔机等。如图 11-14～图 11-17 所示为国内外部分自主水下航行器。

图 11-14　国外部分深海自主水下航行器

第 11 章 军事海洋学的军事应用

图 11-15　4500 米级 "海马" 号 ROV

图 11-16　我国研发的 "黑珍珠" 波浪滑翔机

图 11-17　美国 Slocum 水下滑翔机

水下无人航行器的研制目的最早是为克服潜水员在深水中工作所遇到的困难，先后研制了结构各异和性能多样的潜水器，因而它的构造、工作原理、使用目的也是多种多样的，如图 11-18 为水下无人航行器的主要类型。

331

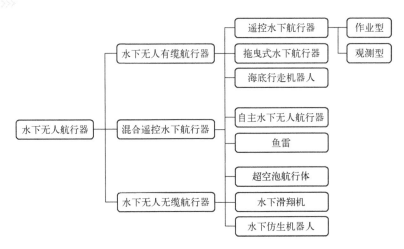

图 11-18　水下无人航行器的主要类型

现在，水下无人航行器可以携带多种传感器、专用设备或武器，执行特定的使命和任务，可用于通信、导航、监测、反水雷、反潜和海洋作战等。ROV 的作用，一是打捞沉没于水中的武器、鱼雷及其他装置；二是协助潜水员执行打捞作业；三是可检查核潜艇，并辅助核潜艇的维修与保养，去除附着在核潜艇上的杂物等；四是检测与观察海军的水下工程。AUV 可用来辅助军用潜艇，作为它的体外传感器，为它护航和警戒，以及为它引开敌方攻击充当假目标。在反潜方面，AUV 可担任海上反潜警戒，也可当作反潜舰艇进行训练的靶艇。在水雷战和反水雷方面，以及其他许多特种作业中，AUV 都可以大显身手。

同样，在实际使用中水下航行器也由于海洋环境的影响产生如浮性效应、水下航行环境效应等海洋环境效应。

以水下航行环境效应为例，大型的水下航行器航行于密度跃层附近时，可能激发跃层处产生内波，引起航行器水下航速显著降低，称为水下航速环境效应。同时在水下航行时，由于海流的作用导致水下航行器的运动出现漂移现象，其实际航行轨迹与航行预测轨迹的偏差，称为水下航行漂移环境效应。水下航行漂移环境效应大小取决于海流速度的大小和方向。

最后，影响水下航行器隐蔽性的环境因素有近海底、海水跃层、海洋中尺度涡、海水水色、海面风浪等等。这些因素影响到其在航行时被水声仪器探测、卫星遥感尾流轨迹探测等。这些环境因素影响到水下航行器被探测到的可能性，统称为水下航行器隐蔽性环境效应。

11.2 在海军装备保障中的应用

军事海洋环境对搭载各种武备的平台以及不同武器装备有着不同方面不同程度的影响。在本节中主要介绍军事海洋环境在舰艇作战平台、导弹、鱼雷、水雷、雷达、声纳、导航通信装备保障中的应用。

11.2.1 舰艇作战平台中的应用

海洋环境,包括物理海洋(风、浪、流等)对舰艇的机动性、适航性的影响,海上天气对航行安全的影响,还有海上盐雾环境、海洋生物对舰艇设备的影响等,这些会直接或间接地改变舰艇平台在作战中的效能发挥。

1. 海洋环境对水面舰艇的影响

水面舰艇航行和战斗,主要受风、海雾、气温、湿度、海流、波浪、水深、生物等的影响。

水面舰艇在海上活动,如果预先不掌握好海区的气象变化,就可能造成损失或失败。如1959年,美国在离东海岸200n mile的洋面上进行反潜演习,由于没有进行准确的天气预报,使三艘驱逐舰遭风暴袭击,遭到严重的破坏,多人死亡。

海面有风必有浪,风大浪高,影响舰艇的安全和性能的发挥,同时也降低了武器射击的命中率。在第一次世界大战中,英国的一艘巡洋舰与德国的一艘驱逐舰在海上相遇,由于当时海面的风浪很大,双方船身都剧烈摆动,不能使用火力,英国巡洋舰只好开足马力向德国驱逐舰撞去。

如果能进行准确的天气预报,并能巧妙的利用海上天气系统及其变化规律,也能达到袭击敌人,战胜敌人的作用。这方面的例子很多,在英阿马岛海战中,阿根廷军队充分利用了有利的气象条件。1982年5月4日,阿军两架"超级军旗"战机,在恶劣天气下,借助"飞鱼"导弹的雷达引导头在极短时间内锁定目标,隐蔽自己并接近目标,成功击中了英国皇家海军"谢菲尔德"号驱逐舰。当时,云底高仅152m,能见度400m,英舰雷达受到干扰,未能及时发现来袭导弹,最终"谢菲尔德"号驱逐舰被击沉。

如果海上雾大,能见度差,水面舰艇的活动就要受到限制,武器装备在作战中就不能充分发挥作用。如果我们对海流的变化规律掌握不住,就可能使预定的航线发生偏差,也会使航速减慢或加快,达不到预期的目的,影响任务的完成和战斗的胜利。

附着生物对水面舰艇的影响也是很大的,这种生物附着在舰艇上,就会使舰艇的重量加大,阻力增加,航速减低,机动性能减弱。在击沉"台生"轮的战斗时，有的舰艇刚从北方调到南方，对厦门海区的海蝠子生长的速度估计不足，二十多天没有刮船底，海蜗子在艇底下繁殖很快，致使战斗时，因不能高速前进而影响了编队齐射。

发光生物给水面舰艇的隐蔽带来了很大的不利。水面舰艇在夜间航行时，扰动发光生物，在尾部产生一个光带，使航迹暴露得非常明显，高速快艇留下的航迹有时可达数海里，很容易被敌方发现。在两次世界大战期间，交战双方经常利用飞机，根据光带来追踪对方的舰艇，而被追踪舰艇往往用弯山航行或低速航行来减少航迹可见度，有时甚至不得不停航灭迹。再举两个实际案例加以说明：

（1）案例1。

2004年5月，阿曼湾，美国一艘核动力航空母舰和三艘巡洋舰夜间在阿曼湾马速尔群岛附近的一个避风海域锚泊。抛锚的过程很顺利，舰艇在这个海域停泊了一个晚上。日出后4小时，舰员发现所有舰艇的海水冷却系统都被阻塞，主要电力系统因为过热而断电。这个小问题对整个部队构成威胁，几乎使其瘫痪。工程师打开冷却水泵，发现这些水泵被类似水母的生物堵住了。舰艇人员与美军METOC（气象和海洋保障）军官联系后才得知，这片海域因其不断上涌的冷水团和大量海洋生物而闻名。进一步研究表明，夜里海洋生物会被船上的灯光吸引而游到海水上层。在关闭了舰艇上所有的外部光源后，这种情况得到了改善。随后潜水员也证实，如果夜里海面有灯光，大量的海洋生物会被吸引到海水表层。

（2）案例2。

2004年6月，印度尼西亚海域，一艘被怀疑载有走私武器的船只被美国海军跟踪，它正驶向某敌对国的港口。美国海军准备派遣一支"海豹"突击队搭乘一艘快艇对其进行拦截。"海豹"突击队长与美军METOC（气象和海洋保障）军官进行协商，并确认风浪来自西南方向，平均波高约1m。队长估计如果快艇的平均速度能达到45kn，就可以在距离敌对国海域数千米之外对其进行拦截。任务是在23:00开始的，但此时的风浪方向已经转为西北，波高已经接近2m。由于快艇不断加速，约2m的海浪直接打在艇艏产生强烈的振动。海豹突击队队员和快艇本身都难以承受这么大的风浪，所以快艇不得不将航速降到30kn，结果错过了拦截的时间，造成任务失败。

2. 海洋环境对潜艇的影响

潜艇主要受海流、海水密度、内波、盐度、水色透明度、海底地形、地质的影响。这里主要谈一下海流和海水密度对潜艇的影响。

大洋中的海流就象陆地上的江河一样，长年不断地向一个方向流动。但是海流要比河流的规模大得多，海流运动的水体往往宽达数十千米，厚 100～200m，流速有时高达 5～6kn。海流（潮流）对潜艇的主要影响是船位的推算和航行的速度。1939 年 10 月，德国 U-47 号潜艇利用海流巧妙地顺流潜入英国海军基地，将停泊在港内的英国海军第二舰队旗舰，两万余吨的战列舰"皇家橡树"号击毁，并且顺利撤离。

海水密度主要是密度跃层对潜艇的影响比较大，潜艇下潜时，如果遇到海水密度剧烈增大的密度跃层，潜艇的浮力就会骤然增大，艇身潜坐在密度跃层上，就象坐在天然海底一样，不会继续下潜，这种现象称为"液体海底"。如果潜艇在潜航中，遇到密度突然减小的水层，就会由于潜艇浮力突然减小，而使艇体骤然下沉，容易发生意外，出现"掉深"现象，也即海上密度"断崖"。密度断崖对于水下航行潜艇具有极大的危险性，尽管在各国有据可查的潜艇事故里，几乎查不到由此导致潜艇沉没的直接记录，但海上密度"断崖"往往被怀疑为潜艇神秘失踪的元凶之一。例如美国"长尾鲨"号、以色列"达喀尔"号等潜艇的沉没，便可能是它在暗中作祟。除此之外，由于潜艇进行水下侦察的有效手段是利用声纳，因此海水密度对潜艇的影响也是十分显著的。由于海水上方与下方的密度存在差异，声纳发射的声波束遇此就会发生折射，有时明明看到前方的潜艇下潜了，但声纳却突然跟丢了，这有可能就是不同深度海水密度差异造成的。当然，现代潜艇也可以把这些海洋因素"为我所用"，譬如在遇敌时，熟知地形的潜艇可以躲到敌方声波难以到达的盲区，隐蔽起来，然后利用声纳迅速地定位敌方目标。

密度的改变同时还容易产生海洋内波，这是另一种对潜艇有重要影响的海洋现象。内波极易发生在密度跃层底部，与海洋表面的波浪相比，海洋内部波动的最大振幅要比表面波大得多，振幅从数米到几十米甚至上百米，因此内波携带的能量也是远大于表面波的，这对于航行在海洋内部的潜艇来说具有极大的威胁。内波不仅可使潜艇航行阻力增加，航速下降，严重妨碍潜艇的机动，而且还可以使潜艇摇摆起伏，影响潜艇武器发射姿态。由内波引起的等密面波动会影响海洋中声速的大小和传播方向，从而影响声纳的性能，甚至将潜艇突然推向水面或者压入海底，使潜艇运动的稳定性发生突变甚至导致其操作失控。1963 年 4 月 10 日美国"长尾鲨"号核潜艇在波士顿外海进行超 300m 潜航深度实验，被压入 2700m 的海底，129 名官兵无一生还。据专家分析，试航时，虽然风平浪静，但因前几天强风暴引起了内波，潜艇失去平衡，被压入深渊。一般为避开内波，潜艇可采取停止航行、高速航行、离开密度跃层区等方法。

11.2.2 导弹武器保障中的应用

导弹是一种依靠制导系统来控制飞行轨迹的可以指定攻击目标，甚至追踪目标动向的无人驾驶武器，其任务是把战斗部装药在打击目标附近引爆并毁伤目标，或在没有战斗部的情况下依靠自身动能直接撞击目标，以达到毁伤效果。

作为海军的"明星"武器，导弹在海上的作战环境与陆地上有很大差别，海浪、海流、海面大气环境等直接影响导弹的命中率，具体表现为以下两点。

1. 海浪、海流、重力变化对导弹命中率的影响

海浪的波高、浪向、浪级及相位对潜射导弹出水姿态有较大影响。纵向海浪会影响导弹的俯仰姿态，而横向海浪则会影响导弹偏航和滚动姿态。

海流对潜射导弹的影响主要在于海流切变会对导弹产生俯仰、偏航、滚动等作用。潜射导弹发射过程中，一般要求潜艇艇速尽可能小，使发射尽可能平稳。但艇速过小，会使潜艇稳定性变差。按照作战要求，海流在海洋深处较小，潜射深度越深越好，但发射深度会增加弹体结构载荷，影响出水姿态。潜射导弹发射示意如图 11-19 所示。

图 11-19　潜射导弹示意图

以美国北极星潜射导弹为例（图 11-20），美国的"北极星"导弹是二级固体燃料导弹，水下发射是采用动力发射法，第一级火箭是离水面 15~20m 处点火，如果在发射时海面波浪太大，波高超过 15m，第一级火箭就不能点火。如果海流超过 2kn，潜艇摇摆角大于 2°，升降深度大于 1m，"北极星"导弹就不能发射。"北极星"导弹的发射深度在 25~30m 处，由于发射时产生很大的后坐力，为保证潜艇发射导弹的机动性，水深必须大于 80m，不然性能就会受到影响。

图 11-20 美国第一代潜射导弹"北极星"

另外,地球上各点的重力都是不同的,重力变化也会影响导弹的速度,如果不作精确的修正,导弹就会偏离目标。因此发射导弹就要掌握精确的重力资料。

2. 大气环境对导弹命中率的影响

海面大气环境对导弹命中率影响很大,作为重要作战环境信息之一的大气环境参数信息,是导弹进行精确攻击所必不可少的重要情报。其对于导弹的影响具体表现为以下几方面。

1)大气环境对导弹飞行性能及弹道散布的影响

大多数导弹是在大气环境中飞行的,因此,导弹的飞行性能和弹道散布不可避免地会受到大气环境的影响。气温影响固体发动机的推力,高低温条件下的推力与常温下的推力相比,可能产生20%左右的偏差,这必然会引起弹道飞行速度和弹道的偏差。风会改变导弹的攻角,使导弹产生附加气动力和气动力距。垂直阵风和大气湍流会对导弹产生气动干扰,影响导弹的飞行性能,尤其是对巡航导弹的巡航性能影响严重。伴有气流强烈上升、下沉运动的中尺度天气现象,如雷暴大风,对导弹的飞行性能影响极大。在海上,大风与海浪的共同影响可能会使掠海巡航导弹的巡航变得极其困难。潜射导弹出水如图 11-21 所示。

2)大气环境对制导武器硬件设备的影响

温度、湿度、气压、降雨及地面风等大气环境对制导武器硬件设备都有影响。

高温可引起武器系统中焊点熔化、固体器件烧毁、电气元件参数改变、化学腐蚀加速等。

图 11-21 潜射导弹出水

低温的影响多与机械因素有关，如运动部件卡死、非金属材料脆化、收缩引起的结构强度降低等。通常，防空导弹高温环境条件为50℃～70℃低温环境条件为-40℃～-50℃。

潮湿条件的影响表现在使绝缘材料吸潮后体积增大、电阻率减小、绝缘强度降低、损耗系数加大，使非金属材料表面形成表面膜，从而构成漏电通道，使这些部位相邻两点间击穿强度降低;使金属构件表面加速氧化而造成腐蚀。温度和湿度的综合构成的湿热条件以温度和相对湿度为主要参数，通常，防空导弹湿热条件为温度为30℃，相对湿度为95%。

低气压条件造成的影响有高压点飞弧或击穿、密封点漏气、带油器件膨胀开裂等。导弹的低气压条件由导弹的最大作战海拔高度来确定。

降雨主要是影响雷达系统的搜索、探测、跟踪等性能。通常，防空导弹在降雨环境中工作条件为0.6mm/min，承受条件为5mm/min。

导弹在停放、调挂、运输及发射时均会受到地面风的影响。通常，防空导弹地面风环境工作条件为20m/s，承受条件为30m/s。

3）大气环境对制导系统的影响

大气环境对各种精确制导武器系统及其战术使用的影响，因各种精确制导武器的工作波长、制导体制以及所采用的战术不同而不同。一般地，制导系统的工作波长越长，分辨率越低，制导精度越低，系统受大气环境的影响也越小;制导系统工作波长越短，分辨率越高，制导精度越高，但受大气环境的影响越大。因此，越是制导精度较高的精确制导武器，受气象条件影响越大，对天气条件越敏感。

大气环境对电视寻的制导的影响主要体现在两大方面:一是影响武器使用人员在投放电视制导武器之前对目标的有助或无助目视发现、识别。二是影响电视寻的导引头中电视摄像机对目标图像的获取能力。电视寻的头在探测目标时需要有一定的自然照度、目标与背景间的固有亮度对比度和目标与背景间视亮度对比度的大气透过率，这些都受到大气环境的影响。有云或雾的天空条件下会降低自然照度，进而可能会减小目标与背景间的固有亮度对比度，从而使电视系统的探测距离被缩短；由霾、烟、烟雾、烟尘形成的干气溶胶粒子会散射可见光辐射，减弱亮度对比度的大气透过率，通常会使电视系统的探测距离小于所报告的能见度；相对湿度对电视系统影响也很大，在高相对湿度条件下，对可见光的散射衰减极为显著，从而缩短电视系统的探测距离。

大气环境对红外成像寻的制导武器使用的影响主要体现在以下两大方面：一是影响对目标的捕获。目前，一般是利用光学瞄准具或前视红外系统来辅助人员对目标的捕获，光学瞄准具只能在白天使用，且受气象条件影响严重，在有烟、尘、霾、薄雾等条件下，光学瞄准具作用距离极其有限，甚至根本无法使用。前视红外系统是热成像系统，可以在烟、尘、霾、薄雾等条件下代替光学瞄准具正常工作；但在毛毛雨和阴天，前视红外系统可能只能勉强工作；在降水、云层和浓雾中，则可能根本不能使用。二是影响红外寻的头的寻的性能，进而影响寻的头对目标的锁定距离，这主要体现在两个方面：（1）影响目标与背景间的固有辐射差异；（2）影响目标与背景红外辐射的传输特性。

大气环境对激光寻的制导武器的影响主要体现在以下三个方面：一是影响和制约激光目标指示器对目标的瞄准、跟踪、测距与指示能力，从而直接影响激光寻的制导武器能否成功实施制导；二是对用于制导的激光产生衰减影响，进而影响和制约着激光寻的制导武器的有效作用距离；三是使用于制导的激光产生波束漂移、发散和光强闪烁，从而影响激光目标指示器的指示精度和激光寻的头的寻的精度。如图11-22所示为我国鹰击83反舰导弹。

图11-22　鹰击83反舰导弹

4）大气环境对海上导弹超视距作战的影响

提高远程或超视距打击能力，依赖于超视距探测能力的提高。目前反舰导弹的有效射程大多数都在舰载雷达的实际视距之外，由于受舰载雷达水平视距限制，反舰导弹无法实施超视距作战。同样，在电磁波正常传播条件下，舰载或潜载的电子支援措施（ESM）也由于受几何视距限制，无法对舰载或潜载反舰导弹实施超视距攻击提供引导。为了实施超视距攻击，就需要另外的目标导引平台的引导攻击。如图11-23所示为飞行中的巡航导弹。

图11-23　飞行中的巡航导弹

就舰—机或舰—舰引导手段而言，均会不同程度受到海洋大气环境的影响。海洋大气环境不仅影响目标导引平台对目标的侦察、探测和精确定位，而且影响舰—舰、机—舰的通信联络、组织协调和准确定位。在恶劣水文气象条件下，舰载机因无法起飞而无法充当目标导引平台；恶劣水文气象条件也使舰—舰难以协调，因此无法实施超视距攻击。

但是，当海面存在大气波导时，如果海面目标恰好也处于波导内，此时水面舰艇或潜艇利用电子支援措施（ESM），对目标所发射的电磁波信息进行超视距截收，从而可以直接引导反舰导弹实施超视距攻击。

在早期预警机的引导之下，利用攻击机或反舰导弹实施超视距突袭，是实施超视距攻击的另一有效方法，但是，海洋大气环境对预警机侦察、预警也有较大的影响，有关内容将在其他章节中讨论。

11.2.3　鱼雷武器保障中的应用

1. 鱼雷概述

《中国大百科全书·军事》鱼雷词条的释义是："鱼雷——能在水中自航、

自控和自导,在水中爆炸毁伤目标的水中兵器。……现代鱼雷具有速度快、航程远、隐蔽性好、命中率高和破坏威力大等特点……"。我国国军标(GJB 175)对鱼雷的定义是:"鱼雷是一种水中自动推进、导引,用以攻击水面或水下目标的水中兵器。"

鱼雷自问世以来,由于能自动跟踪且攻击目标、隐蔽性强、爆炸威力大和使用范围广等特点,始终是各国海军的主战武器。第二次世界大战前,鱼雷是直航鱼雷,主要攻击水面舰艇,工作深度很浅,航程均为几千米。第二次世界大战共发射鱼雷45000余条,击沉舰艇达2958万吨,由鱼雷击沉的舰艇约占全部沉没舰船的2/3。

20世纪80年代,鱼雷武器性能有了大幅度提高,已被公认为是"水下导弹"。在动力技术、制导技术、流体动力布局、减阻降噪、引信战斗部等技术方面的科技进步使鱼雷航程、航速、制导性能、爆炸威力等方面技术指标迅速提高。这使鱼雷在执行水下攻击敌舰艇作战任务时,具有高度的隐蔽性,敌人难以防御,使其时刻处于恐慌状态;水下爆炸威力远比空气中大,舰艇的水下部分一般比较薄弱,且损坏后易进水沉没。能在水下隐蔽机动航行的鱼雷武器,以其独特的优势,已成为有效的反潜、反舰武器。

鱼雷按携载平台和攻击对象分为反舰(舰舰、潜舰、空舰)鱼雷和反潜(舰潜、潜潜、空潜)鱼雷。按雷体直径分为大型鱼雷(533~555mm)、中型鱼雷(400~482mm)和小型鱼雷(254~324mm)。按制导方式分为自控(程序控制)鱼雷、自导鱼雷、线导鱼雷和复合制导鱼雷。按推进动力分为热动力(燃气、喷气)鱼雷、电动力鱼雷和火箭助飞鱼雷。按装药分为常规装药鱼雷和核装药鱼雷。

2. 海洋环境对鱼雷作战使用的影响

鱼雷武器装备的发展,与海战场环境研究的技术进步息息相关,鱼雷装备性能的提高是人类不断深化地掌握海洋环境知识的结果。可以说鱼雷上的绝大多数组、部件性能都与海洋环境密切相关。但从总体性能来看主要有鱼雷航程、速度、噪声、工作深度、自导性能、定位与控制精度、爆炸威力等。它们与水文条件、海洋深度、海况等参数相关,如图11-24所示。

海水深度对鱼雷发射的影响:发射鱼雷时,有一定的海水深度要求,水面舰艇的阵位不得小于15~20m,因为鱼雷在离开发射管进入水中后,会急剧下沉,然后逐渐按设定的深度航行,水浅了会使鱼雷碰撞海底。

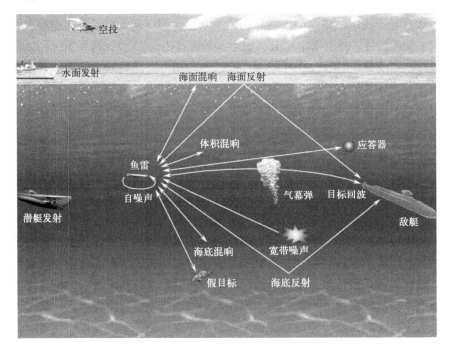

图 11-24　鱼雷与海洋环境关系的示意图

海面能见度效应：海面能见度的好坏，直接影响鱼雷的发现距离。在海面能见度 20～70 链及其以上的条件下，水面舰艇实施鱼雷攻击，敌方可能在较远的距离发现鱼雷，因而会增加敌方组织抗击和机动的时间，从而降低鱼雷的命中率。

海水温度垂直分布效应：鱼雷在航行中能否被敌方水声器材发现，与作战海域水温的垂直分布有直接关系。水温随深度的增加而降低时，水声器材的探测距离缩短，航行中的鱼雷不易被发现；反之，当鱼雷处于水温随深度增加而递增层次时，则易被敌方水声器材及早探测到。因此，为提高鱼雷攻击效果，应预先注意分析作战海域的水温垂直分布规律，特别应避免在表面声道内发射鱼雷。

海流的影响：海流使鱼雷偏离预定航线，造成雷位偏差。在特定的作战态势下，如果事先不知道作战海区的海流大小和方向，本艇解算的鱼雷方位就会产生很大误差，在这种情况下线导鱼雷就导引不到预定的位置，使得鱼雷线导段结束后自导装置难以捕获目标，影响了鱼雷的作战效能。

海浪效应：鱼雷在航行中，因有废气逸出水面而在海面形成明显的航迹。因此，当海面出现较为平静的海况时，鱼雷航迹较为明显，易被较早发现。当

海面有成片白色浪花的海况时,鱼雷的航迹会与白色浪花混杂在一起,有利于浪花掩盖鱼雷航轨迹,不易被敌发现

11.2.4 水雷武器保障中的应用

1. 水雷概述

水雷是一种布设在水中的爆炸性武器,它可由舰船的机械碰撞或由其他非接触式因素(如磁性、噪声、水压等)的作用而起爆,用于毁伤敌方舰船或阻碍其活动。水雷具有价格低廉、威力巨大、布放简便、发现和扫除困难、作用灵活的特点。

水雷在反潜战和抗登陆作战中具有重要的作用,历来是海战中的一种重要战略性武器。早在明朝嘉靖年间(公元 1549 年),水雷就已应用于战争中。那时中国沿海经常遭受倭寇侵袭,明朝军事家施永图发明了世界上最早的漂雷"水底龙王炮",沿海士兵学会了使用这种水中武器抵御来犯的倭寇,并多次在抗击倭寇的海战中毁伤敌船,取得辉煌战绩。从此,世界海战中经常活跃着水雷的身影。

1776 年,美国发明家大卫·布什内尔用水密小桶装火药挂在浮球下方制成漂雷,最初把它命名为"鱼雷",其基本结构与"水底龙王炮"相似。在 1777 年 12 月美国独立战争期间,美国使用这种"鱼雷"攻击并炸沉了英国当时世界一流的"西勃拉斯"号帆船。后来,人们又将这种"鱼雷"改装成"小桶火雷",因而这次海战也史称"小桶战争"。通过"小桶战争"让"小桶水雷"在世界名声大噪,也让人们真正了解到水雷在海战中的巨大作用。到了第二次世界大战期间,各交战国对水雷的使用达到了顶峰。整个战争中,各国通过水面舰艇、潜艇和飞机先后布设了 110 万枚各式水雷,共炸毁、炸沉舰船 3000 余艘。后续的朝鲜战争和海湾战争,再一次雄辩地证明"对于海上力量较弱的国家来说,水雷是一种理想的武器。使用水雷的国家通过限制或减慢舰队的运动速度从海军力量较强的国家手中夺得了制海权。"由此可见,水雷战在海战中有着举足轻重的作用。

水雷按其在水中的状态,可分为漂雷、锚雷、沉底雷三类。在水面或水中一定深处呈漂浮状态的水雷称为漂雷;布设于海底的水雷称为沉底雷;用锚链或雷索将雷体系住,通过雷锚将其固定在水中一定深度的水雷称为锚雷。按引信起爆方式,水雷分为触发水雷和非触发水雷。装有触角、触线等触发引信,依靠与目标撞击而爆炸的水雷称为触发水雷;装有非触发引信的水雷称为非触发水雷。非触发水雷按其引信作用的物理场不同可分为声引信水雷、磁引信水

雷、水压引信水雷或其他物理场引信水雷。按布设的水深可分为浅水、中等水深和深水水雷；按布放工具可分为水面舰艇布设、空投、潜布及人工布设水雷。布设水雷行动和水雷作战性能以及反水雷作战都不可避免地受海洋环境的影响。

2. 海洋环境对水雷作战使用的影响

海洋环境对水雷作战使用有着重要的影响。水温会影响水雷电池寿命，水温愈高，电池自然放电愈快，寿命愈短，从而缩短了水雷的战斗有效期。海水盐度主要对触线水雷有较大影响。触线水雷是以海水作为导电体的，在盐度低的海区，不利于使用触线水雷。在水温高、盐度大的海区使用锚雷，会使雷索的被腐蚀性增强，从而缩短了雷索的寿命。此外，海洋环境也会对不同种类的水雷产生影响。

1）海洋环境对沉底雷的影响

沉底水雷撞击到海底后，可能会部分或全部插入海底。沉底水雷插入沉积物的过程分为初次插入和后续插入两阶段。初次插入能否发生取决于海底底质和水雷的冲击力。一般地，在岩石、砾石或砂质海底上不会出现初次插入；在细粒沉积物如黏土、泥沙和砂的混合体上会发生一定数量的插入。水雷冲击海底的速度取决于水雷质量、形态、布设工具和水深。水雷后续下陷是因塑性流或冲蚀和沉积造成的。塑性流是指沉积物在水雷质量的压迫下从水雷底下的流出，它可使水雷部分或全部插入。冲蚀是指把沉积物从海底物体周围移走的现象，它是由于水在物体周围流动时，水的速度增加引起的。在岩质海底上，水雷一般不会发生后续插入；在砾石或砂与砾石海底上，水雷没有或只有轻微后续插入，只有在强风暴条件下，波浪作用的影响才能产生强冲蚀，部分掩埋在砾石沉积物上的水雷，普通波浪作用仅影响发生在 9~12m 左右深度的冲蚀；在砂质海底上水雷的后续下陷是由海浪、波浪作用形成的冲蚀和沉积过强所至的。沉积物的冲蚀取决于海底水流速度与方向的变化快慢以及悬浮在水中泥沙或黏土的数量和沉积物微粒的物理特性等。在波浪较大的季节里，浅水区中大量的砂会被移动，使水雷插入速度加快，在风暴发生时，波浪作用所引起的砂运动可延伸到 30~45m 的深度，若碰到强的不定流，水雷可能完全插入海底。在细沙、泥沙和黏土混合的沉积物上，水雷后续插入较小。

水雷的插入对磁引信影响很小或几乎没有影响，但对声引信水雷、水压引信水雷影响却很大。声信号受水雷上覆盖的沉积物强烈衰减，可能对舰艇声信号不敏感，因而不会起爆，但泥土消散后，可能仍能起作用；水压引信水雷会因振动膜活动受阻碍而失去对舰艇水压信号产生反应的能力。

海流效应：海流可以使沉底水雷发生滚动，滚动发出的声响能使沉底雷的声引信发生动作直至爆炸。沉底雷滚动还可能改变水雷引信的作用方向，从而减小水雷的作用距离，降低使用效果。此外，海流携带泥沙能够掩埋沉底雷，从而使水雷引信的灵敏度降低甚至失去作用。

综上分析可知，在使用沉底水雷实施反潜或封锁作战时，必须充分掌握海区自然环境的情况，特别是布雷海域的底质和沉积物特性，才能因地制宜，科学决策，达到预期的军事目的。

2）海洋环境对锚雷的影响

海流、潮汐等作用会使布设于水中的锚雷发生位置的偏移，如相对于水面的垂直升降和水平移位，波浪会使雷索发生振动。相应的影响是：垂直升降可能会使水雷浮出水面或沉到比其预设深度更深处；水平移位会使水雷脱离预定敷设区或改变锚雷的深度；雷索振动可能会将雷索拉断。对于磁倾针式水雷，快速振动可能会对水雷引信装置产生一种使水雷早爆的惯性拖曳力；雷体的不断振动还会造成雷索的疲劳，使雷索被拉断。

锚雷的水平运动取决于海浪、海流、海底沉积物和海底地形的影响。受海流影响的锚雷在平滑、硬质的岩石海底上比在较软的泥质海底上更可能产生水平移动。在强风暴的影响下，锚雷可能会移出原来布设的位置。

潮汐引起的海面水位的周期性升降，直接造成水雷深度的改变。对触发式锚雷而言，潮落时，会导致水雷因水深减小而暴露水雷的位置；在高潮时，水雷的定深加大，会导致敌舰通过时碰不到水雷，达不到预期的作战目的。潮差越大，对水雷深度的影响越大。对于非触发沉底雷而言，由于其破坏半径是固定值，因此，潮汐所引起的潮差变化，直接影响其水面破坏半径的大小。

3）海洋环境对漂雷的影响

影响自由漂浮水雷的因素有海流、波浪和风等。在风和海浪的共同影响下，漂雷不能稳定地漂浮于预定的漂移带上，海浪大于4~5级时，不宜使用漂雷。了解流系状况对漂雷作业具有重要的战术指导意义。有些水域舰艇较难进入时，可根据海流状况在安全距离之外投放漂雷进行攻击。在不能有效布设锚雷和沉底雷的狭窄航道以及敌方舰艇集结地可布设攻击性漂雷。在布设进攻性漂雷时，应对海流作审慎考虑以防止因潮汐或风等造成的流向转变，从而改变攻击效能或对布雷部队和友军构成威胁。

4）海洋环境对声引信水雷的影响

声引信水雷是利用舰船所产生的水声而动作的，舰船的声频范围为1Hz~100kHz。声引信水雷多采用较低频率，其有效性取决于水雷的频率响应、舰艇水声频率、声传播特性和海洋环境噪声。海洋环境噪声的频带极宽，声强的动态范围也极大，生物噪声、港口工业噪声、浅海拍岸浪噪声、恶劣气象条件下的水动力噪声以及低频段的地震噪声等，都可能构成对声引信的强烈干扰。

5）海洋环境对水压水雷的影响

海浪、潮汐和风暴潮等对水压水雷影响很大。海浪水压场构成对舰船水压场信号极强的背景干扰，可能会直接引爆水压水雷，特别是周期较长的涌浪，更易造成这种情况。此外，由于海浪水压影响使水压引信连续工作，会大大缩短水雷电池的寿命。在周期较短且波高较高的波浪的影响下，水压引信水雷的灵敏度会大大降低。

潮汐和风暴潮所产生的压力变化较慢，一般只对水压引信水雷造成干扰，不会引爆水雷。舰船水压场与潮汐和风暴潮等的水压场之间有许多差别，应用现代信号处理技术充分利用各水压场信息，可设计出能在较强背景干扰基础上检测出微弱舰船水压场信息的水压引信。为使海面波浪引起的水压变化不至于启动水压引信，水压水雷必须具有与存储的海况谱相结合的海况分析系统。对于不能分析海况谱的水压水雷，了解海区的风浪、涌浪等对于评价使用水压水雷的可行性有着重要战术意义。

11.2.5 雷达装备保障中的应用

1. 对雷达探测距离的影响

1）可实现超视距探测

当雷达天线和目标都处在大气波导中时，在远大于正常折射所定义的水平距离上仍可检测到目标，而此水平距离本来是正常的实际探测距离的极限。大气波导使射线弯曲，不仅消除了地平线效应，而且还可防止波前在垂直面里扩散。水平扩散仍然有，但这时电波只在一个方向而不在两个方向上扩散，因此扩散引起的功率密度的平均减小率仅与距离一次方成反比（$1/R$），而在正常大气折射中由扩散引起的功率密度平均减小率是与距离平方成反比的（$1/R^2$）。对双程雷达来说，这就表示在大气波导情况下，目标回波强度随距离而减弱是成$1/R^2$关系，而不是$1/R^4$关系。因此可在远大于正常的自由空间探测距离上，以及在水平线以下检测到目标。当然吸收和波导的泄漏要增加损失，但波导效应的总效果是增加了目标的检测距离，也就是使得在正常大气折射中的电磁盲区成为可探测区域。

由于可变因素很多,很难写出电波在大气波导中传播时的实际检测距离方程。即使对无泄漏波导来说,上面所说的信号强度和距离一次方成反比,也只描述了水平方向上的平均变化。实际上其中还叠加有波导水平方向和垂直方向的更为复杂的变化。波导中电波传播的完整描述只能由电磁场理论得出。

尽管这里无法给出波导传播的详细检测距离方程,但仍可描述它的一些特性。形式上它类似于自由空间雷达距离方程,只是因为波前只在一维上散开,指数 1/4 应换成 1/2。损失因子 L 应包括波导泄漏损失、大气吸收损失以及其他系统损失。

美国加利福尼亚圣迭戈哥市的海军电子实验中心早就开始研究编制计算波导中目标信号强度和雷达检测性能的程序。现在不少文章已有关于利用抛物方程模型、分布傅里叶算法或几何光学法来模拟或预测波导中的雷达探测距离的论述。虽然所得结果与实际情况有误差,但几种方法得出的传输轨迹基本相似,如图 11-25 所示。

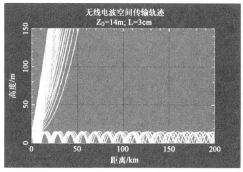

图 11-25 大气波导条件下雷达波传输轨迹

通过接收来自目标物辐射的电磁信号进行目标探测的被动雷达,在大气波导条件下同样可实现超视距探测。

2)可使雷达探测出现大面积盲区

在临界仰角 Φ_c 附近,雷达发射的电磁波要么被大气波导陷获,在波导层内传播;要么穿越大气波导层顶形成标准大气传播。这就使得在大气波导层顶部上方一定的空间范围内出现雷达波的探测空洞盲区,原理如图 11-26 所示。

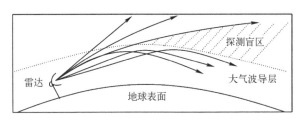

图 11-26 大气波导使雷达探测出现盲区

大气波导形成雷达盲区孔如图 11-27 所示。

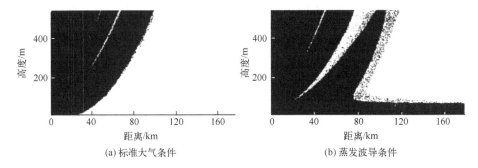

图 11-27 大气波导形成雷达盲区孔

从图中可见，雷达波盲区孔的特征，如盲区孔开口端的距离、孔的大小等，主要与电磁波的特征、大气波导层顶部大气折射指数、波导特征以及波导层与雷达相对位置有关。在实际应用中，由于海面反射作用，反射线常常能够覆盖部分波导顶盲区，使得波导顶盲区的开口位置变得模糊，甚至消失。

另外，在大气波导中传播的雷达波总是具有一定波束宽度的，而一定厚度的大气波导层内大气折射指数是渐变的，雷达波束展宽有限，在波导下方一定间隔内雷达波束不能到达，因而会形成一个个跳跃盲区，如图 11-28 所示。

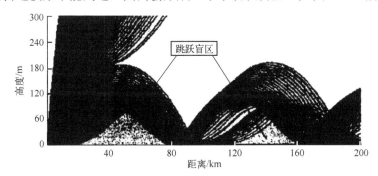

图 11-28 表面波导层内的跳跃盲区

跳跃盲区的特征主要与雷达系统的参数、大气波导的类型和参数以及雷达相对于大气波导的位置有关。通常,跳跃盲区一般在第 1 个跳跃区比较明显。由于海面反射作用,使得后续的跳跃盲区逐渐减弱,甚至消失。

由试验结果还可以分析出,蒸发波导产生的波导顶部盲区分布特征不明显,没有形成跳跃盲区。

表面波导可形成明显的跳跃盲区和波导顶部盲区孔,如图 11-29 所示。

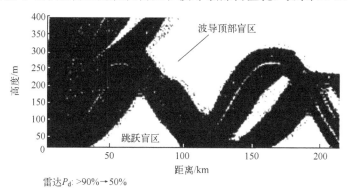

图 11-29 表面波导条件下雷达电磁盲区分布

同时还应注意到,降低雷达频率,跳跃盲区将减小;雷达功率和极化等能影响远端盲区分布,但对跳跃盲区的影响不大。

这些盲区在海战中应引起攻防双方的注意。对防御者而言,雷达探测盲区是其防御的薄弱区域;而对进攻者而言,对方雷达探测盲区则是其隐蔽接敌,实施突防的最佳路径。

2. 对雷达探测精度的影响

由于大气波导是一种极端的超折射现象,因此它所引起的雷达测距、测高、测速的误差要比在正常折射条件下所引起的误差大很多。

1) 对雷达视在距离精度的影响

在正常折射条件下,雷达波的传播路径微微向下弯曲,可算得这时雷达对高度为 H 的目标物的最大探测距离要比目标距雷达的实际直线距离增加 16%。可是,当存在大气波导、且雷达波在波导内传播时,所探测到的目标物的视在距离与实际距离相差要远得多。

2) 对测高精度的影响

由大气折射引起的雷达测高误差为

$$\Delta H = \frac{R^2}{2}\left(\frac{1}{8500} - \frac{1}{R'_m}\right) \quad (11.11)$$

式中：R 为雷达到目标的斜距；R'_m 为对应实际大气折射率的等效地球半径，大气折射所引起的测高误差频率分布如图 11-30 所示。

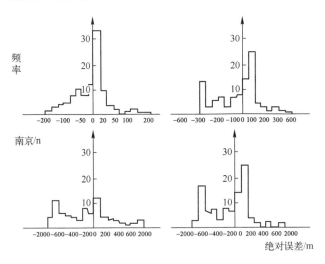

图 11-30　大气折射所引起的测高误差频率分布直方图

图 11-30 中示出的是南京地区从地面到 1000hPa 之间，实际大气时的波束轴线高度与标准大气折射时该高度的绝对误差频率分布直方图。其中横坐标为与标准大气折射比较时测高误差的绝对值，以 m 为单位；纵坐标是出现的频率。由图可见，当 R=50km 时约 65%的误差在±40m，即误差可以忽略不计。但 R=200km 时，误差明显增加，达到千米量级的占 20%以上，少数情况会达数千米。出现大气波导时，误差更大，在强超折射情况下，误差甚至可达 10km。

对海面观测的结果显示，对 100km 远的海面目标，由于大气波导效应的影响，可能被认为是高度为 1km 左右的空中目标。

3）对目标测速精度的影响

大气波导传播特性也可引起雷达测得的目标多普勒频谱展宽，导致目标径向速度测速误差加大。

3. 对雷达杂波回波的影响

大气波导现象经常会将出现在雷达正常探测条件下，不可能出现在雷达显示屏上的远处的陆地杂波或海面杂波等显示在雷达显示屏上，从而大大增加了雷达杂波信号强度和分布范围，降低了雷达的检测分辨性能。

超折射杂波回波在 PPI 显示器上的特点是呈针状、米粒状，沿雷达径向分布。

4. 大气波导条件下的雷达目标探测概率

大气波导条件下，对目标的探测概率表征了系统的实际可用度。因此在微波超视距探测系统设计中，必须对各种大气传播条件下的目标检测概率进行定量的估计。基于给定的气象参数（图 11-31）和系统工作参数(图 11-32)，估计出系统在不同高度和距离上对目标的检测概率，见图 11-33。

图 11-31 计算目标检测概率所假定的气象参数

图 11-32 微波雷达超视距探测系统的工作参数

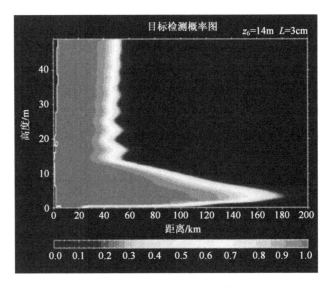

图 11-33 对目标的检测概率与目标高度和距离的关系

11.2.6 声纳装备保障中的应用

声纳是"SONAR"一词的音译，原意是声导航与测距。现在凡是利用水下声波作为传播媒介，以达到某种目的的设备和方法都是声纳。然而，人们更习惯于将声纳理解为具体的设备，因而用声波对水下目标进行探测、定位、跟踪、识别，以及利用水下声波进行通信、导航、制导、武器的射击指挥和对抗的水声设备皆属声纳这一范畴。

声纳在军事上的作用主要有：水下目标的探测、定位及跟踪、水下武器的射击指挥、水下通信、水雷探测、水下导航、目标识别、水下武器制导、侦察与干扰等。水下目标探测，是指利用目标自身发出的声波（包括自身的噪声或主动发出的声信号）或目标的回波来确定目标的存在。定位，则是利用上述声波来确定目标的位置，包括目标的距离、方位及深度。对水中感兴趣的目标进行连续不间断的跟踪探测称为跟踪。区分目标的类型和性质是通常所指的识别。所谓目标类型和性质是指目标的大小，是假目标或是真目标（例如石头、鱼或舰艇），是我方舰艇或敌方舰艇，是何种类型的舰艇等。通信是指各潜艇之间，潜艇与水面舰艇之间利用声波传递信息。导航是声纳另一个广泛应用的领域，可以利用测量水深、本舰的航速来提供本舰的位置和速度等参数。例如船只进港常需要多普勒导航声纳，潜艇在冰下航行则必须利用声纳进行导航。

声纳目前作为海军重要的装备，海洋环境对其使用有重要的影响，主要体现在如下几个方面：

1. 跃变层

跃变层（对声纳而言通常指温跃层）是海水温度随深度急剧变化的一个水层。通常这一水层较薄，它将海水分成上下水温截然不同的两层，大多在夏季出现。在上部的等温层中，由于压力的影响，声速梯度呈现微弱的正梯度；在等温层下方跃变层，温度剧烈下降，使声速突然减小；在跃变层下面，温度变化又很缓慢，声速变化也很缓慢。当声源（例如主动声纳）位于跃变层上方的等温层时，声线经过跃变层时会发生强烈的折射，使声波显著衰减，如图 11-34 所示。主要原因在于：声线经过跃变层后，声线间隔增大，声线束管的面积变宽，声线变稀，能量扩散了，因而声波能量显著下降；另外，还有一部分声波向上反射，也减少了向下传播的声波的能量。经过跃变层后，声纳的作用距离大大减小。潜艇往往利用跃变层这种性质作为隐蔽的屏障，如果潜艇至于跃变层下方，水面舰艇就很难发现，但是在跃变层下方的潜艇也很难发现水面舰艇。在声纳使用中，为了克服跃变层的影响，可采用变深声纳，把变深声纳的换能器放到跃变层下面对处于跃变层下方的潜艇进行探测（图 11-34）。

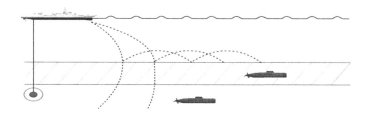

图 11-34 利用跃变层进行战术机动示意图

2. 深海声传播的应用

深海声道是深海中的一种自然现象，在 20 世纪 60 年代才被发现并利用其探测远程目标。20 世纪 80 年代后，各国海军的远程声纳几乎都利用了深海声道传播途径。

当声纳发射的声波从海面附近以某种倾角向水中发射时，若存在负声速梯度，则声线逐渐向海下弯曲。当到达声速值为极小值的深海声速轴（通常位于水深 1000~1200m，不同海域有差别），声波继续向深海延伸。随着深度增加，声速增大，形成正声速梯度，声线又向海面方向弯曲，最后从海洋深处折回海面附近。然后声波又从海面附近折向海下，重复前述传播过程，便在海面和海底之间多次折射传播，形成远距离的波导传播过程，如图 11-35 所示。

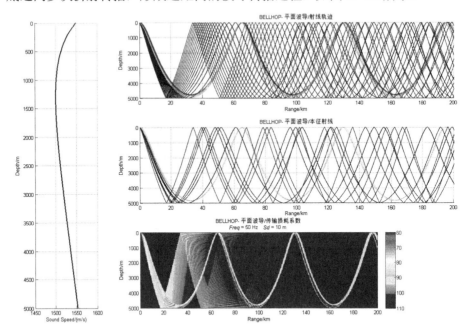

图 11-35　声源深度 10m 时的深海声传播图（BELLHOP 程序二维仿真结果）

声波从海面附近某点向海下传播过声道轴后又折向海面附近另一点，两点之间的水平直线距离大约为 30n mile。第一折回点所在区域称为深海第一汇聚区，第二折回点所在区域称为第二汇聚区等。声波沿深海声道传播时，可将声能汇聚到一个狭窄通道内，因而可传播很远的距离。舰艇主动式声纳使用此种深海声道传播途径，可探测到第一汇聚区（30～35n mile）的目标，而被动声纳可探测到第三汇聚区（大于 100n mile），甚至更高次汇聚区的目标使用深海声道效应可实现远程目标探测，在军事上有极其重要的意义。现代声纳可以利用直径传播、海底海面反射和深海声道三种途径探测目标。

3. 传播损耗与环境噪声

通过声纳方程中的各个分量，可以很好的知道环境对声纳的影响。对于被动声纳：

$$SE = SL - TL - NL + AG + SP_g - RD \tag{11.1}$$

式中：SE 是被动声纳探测到的信号（剩余信号）；SL 是信号源水平；TL 是信号传输损耗；NL 是环境噪声水平；AG 是空间阵列的信号增益；SP_g 是信号处理的增益；RD 是识别差分。

对于主动声纳：

$$SE = SL - 2TL + TS - RL + AG + SP_g - RD \quad (11.2)$$

式中：SE 是主动声纳接收到的信号；SL 是主动声纳发射的信号声源的功率；TS 是目标强度；RL 是信号反射水平（声纳接收的混响级）。

海洋环境的影响主要体现在 TL、NL 和 RL，对 AG 和 SP_g 也会有一定的影响。完善环境对传输损耗的影响效能预报，长期以来一直是海军部门努力的目标。尤其在浅水区，这个问题并不是一个数字那么简单，而是十分复杂的。对于深海的 RR（折射/折射）和 RSR（折射/表面反射）传播损耗的预报相对容易些，因为不考虑海底要素，这对于远距离的潜艇探测非常重要。当出现大量的海底相互作用的传输路径时，就会出现严重的问题。对于深海和短距离预报，在目标和潜艇之间通常存在两条主要传输路径，即直接折射路径和/或从水面和海底之间来回反射的路径。对传播损耗的预报模型而言，直接路径相对简单，来回反射路径则比较困难。目前，当存在海底相互作用的传输路径时，对传播损耗的预报并不十分可信。对濒海浅水而言，难以对传播损耗进行可靠的预报。很多例子表明，模型预报结果与校验的试验数据之间存在着 10dB 以上的差异。浅水环境是目前海军作战的主要区域，因此这是一个非常重要的问题。

除传播损耗以外，环境噪声是影响反潜战的第二个重要因素。环境噪声可以分成两个主要部分——周围背景环境的散射和航行中产生的强烈的不连续干扰。散射部分代表难以分解的远距离船只和生成于海表面的由风浪导致的噪声，而"离散的"噪声是指那些由高频航行噪声、地球物理学上的地震勘探器和生物源产生的噪声。濒海环境噪声是一个更为复杂的问题。由于作用范围通常很小，因此受渔船和其他沿海交通工具的影响最大。

4. 混响

主动声纳的主要外部干扰之一是混响，这是由于发射信号从各种散射体（海底、海面及海水中不均匀水团）上的散射产生。主动声纳的混响 RL 等同于被动声纳的环境噪声 NL。混响有时会严重妨碍信号的接收，使声纳作用距离减小。水体混响在频谱上与发射信号几乎相同，更增加了抑制其干扰的难度。在混响的海洋环境里，增加主动声纳的发射功率不仅会增强来自目标物的回波，同样也会增强诸如海底、海面和鱼群的干扰反射体的水平。在有限混响环境中，提高探测效果的唯一方法就是强化对信号的设计。到目前为止，对绝大多数海军声纳系统而言，来自海底的混响是最重要的。因为有混响的存在，又因为接收的信号承受着双程传播损失（式（11.2）），在加上还有本舰噪声的干扰，故主动声纳作用距离一般不会很远。主动声纳主要用在水面舰艇上,在潜艇上虽然也有主动声纳,但一旦使用容易被敌方发现,影响潜艇的隐蔽性。因此,潜艇声纳平时以被动方式为主,只有在精确测距时采用主动声纳发射 2~3 个脉冲测定目标距离。

混响通常用单位面积上的散射强度来衡量,是入射频率和入射角的函数,可以通过测量得到。但是,在很多重要的作战区域,这种数据很难获得。在低频段和海底沉积物较少的的地区,详细的水深测量会提高散射强度的预报效果。但是,在高频段和海底沉积物较多的地区,比较典型的如濒海作战区域,由于波长较短以及声学模式不适用,准确预报散射强度的难度很大。

11.2.7　导航通信装备保障中的应用

1. 在导航装备中的应用

舰艇导航系统是用来指示航向、航速、航程,纵、横摇角和水深等信息,以保证舰艇安全航行和有效地使用舰载武器。

舰艇上常用的导航装备可以分为普通导航、惯性导航、卫星导航以及组合导航。

军事海洋环境对舰艇导航装备有一定的影响,主要体现在:

(1) 舰艇在大机动时,舰艇平台摇摆幅度大,对导航罗经的精度有影响。

(2) 重力场分布差异,对高精度惯性导航定位有影响。

(3) 现在气垫船上使用的多普勒计程仪,受到海况影响较大。

(4) 舰艇上测量水深通常使用回声测深仪。回声测深仪在工作时,遇到海水密度分层处,会出现多个回波,影响测深的准确度。

(5) 在航母和新型驱护舰上,准备有天文导航装备,其主要有可见光和无线电两种主要工作方式。海面的能见度和气象条件,可以影响采用可见光工作方式的天文导航。

(6) 航行过程中,如果磁场分布中出现磁场异常区,将会影响磁罗经工作。

2. 在通信装备中的应用

海军通信系统必须具有能够完成一切远、中、近距离通信的能力,可以为一切岸上、海上、空中和水下兵力提供足够多的、性能稳定可靠的通信线路,要拥有能够抵抗一切恶劣环境的通信方式和手段,并且要求使用能够抵御较强电磁干扰和破坏的先进通信技术。现代海军通信包含几乎所有的通信手段,对电磁波的利用已覆盖了从超长波到光波的全部电磁频谱。

海军通信系统可以分为岸基通信和海上通信两大部分。其中,海上通信包括舰艇通信、航母通信和潜艇通信。使用的通信手段大体上可以分为三类：有线通信、无线通信和其他通信。有线通信通常都用于舰艇内部和岸上；无线通信方式则在海军所有作战平台上普遍使用，尤其是在舰艇及其编队外部通信中，除了使用能力极为有限的灯光和旗语以外，都只能依靠无线通信。卫星通信也是采用无线电波来进行通信的。目前，各国海军使用较多的有 HF（高频）、VHF/UHF（甚高频）、SHF（超高频）、EHF（极高频）、LF（低频）、VLF（甚低频）通信等。

军事海洋环境对无线通信和卫星通信装备有一定的影响，主要体现在：

（1）在远距离长波通信时，利用对流层散射的原理，可以实现超视距通信。

（2）在卫星通信时，若是舰艇所在区域存在较大降雨，将会大大减弱微波信号，影响卫星通信效果。

（3）卫星通信时，通常要求舰艇上的卫星天线指向卫星方向，一般会由卫星天线的伺服系统完成。当舰艇在波浪中摇摆幅度过大时，将会使伺服系统来不及调整卫星天线方向，也影响卫星通信的效果。

习题和思考题

1．简述在登陆作战中海洋环境的影响。
2．简述在无人舰艇作战中海洋环境的影响。
3．简述海洋环境对舰艇平台的影响。
4．简述海洋环境对水雷武器的影响。

参 考 文 献

[1] 冯士筰，李凤岐，李少菁. 海洋科学导论[M]. 北京：高等教育出版社，1998.

[2] 叶安乐，李凤岐. 物理海洋学[M]. 青岛：青岛海洋大学出版社，1992.

[3] 陈达熙，孙湘平，浦泳修，等. 渤海、黄海、东海海洋图集（水文）[M]. 青岛：青岛海洋大学出版社，1992.

[4] 黄祖珂，黄磊. 潮汐原理与计算[M]. 青岛：中国海洋大学出版社，2005.

[5] 吕华庆. 2008 大学地球科学课程报告论坛论文集[M]. 北京：高等教育出版社，2009.

[6] 侍茂崇，高郭平，鲍献文. 海洋调查方法[M]. 青岛：青岛海洋大学出版社，2000.

[7] 侍茂崇，鲍献文，高郭平，等. 物理海洋学[M]. 济南：山东教育出版社，2004.

[8] 孙湘平. 中国近海区域海洋[M]. 北京：海洋出版社，2006.

[9] 文圣常，余宙文. 海浪理论与计算原理[M]. 北京：科学出版社，1984.

[10] 中国大百科全书编委会. 中国大百科全书，大气科学、海洋科学、水文科学卷[M]. 北京：中国大百科全书出版社，1987.

[11] 中华人民共和国交通部. 港口与航道水文规范[M]. 北京：人民交通出版社，2015.

[12] 何宜军，丘仲锋，张彪. 海浪观测技术[M]. 北京：科学出版社，2015.

[13] 吕华庆. 物理海洋学基础[M]. 北京：海洋出版社，2012.

[14] 张荣华，李新正，李安春，等. 海洋学导论[M]. 北京：电子工业出版社，2017.

[15] 徐青，范开国，顾艳镇，等. 星载合成雷达海洋遥感导论（上册）[M]. 北京：海洋出版社，2019.

[16] 范开国，徐青，傅斌，等. 星载合成雷达海洋遥感导论（下册）[M]. 北京：海洋出版社，2019.

[17] 李茂林，王继光，潘高峰，等. 美国海军作战环境信息保障[M]. 北京：海洋出版社，2016.

[18] 徐建平，刘增宏，梅山，等. 西太平洋 Argon 实时海洋调查[M]. 北京：海洋出版社，2019.

[19] 董昌明. 物理海洋学导论[M]. 北京：科学出版社，2019.

[20] 孙文心，李凤岐，李磊. 军事海洋学引论[M]. 北京：海洋出版社，2011.

[21] 中国船舶工业集团公司. 海军武器装备与海战场环境概论[M]. 北京：海洋出版社，2007.

[22] 张为华，汤建国，文援兰，等. 战场环境概论[M]. 北京：科学出版社，2013.

[23] 刘伯胜，黄益旺，陈文剑，等. 水声学原理（第3版）[M]. 北京：科学出版社，2021.

[24] 张宇，宋忠长. 海洋声学导论[M]. 北京：科学出版社，2024.

[25] 范开国，郭飞. 海洋无人自主观测装备发展与应用：载荷篇[M]. 北京：海洋出版社，2022.

[26] 廖光洪，鄢晓琴. 物理海洋学[M]. 北京：海洋出版社，2022.

[27] 韩开锋，张文，陈羽，等. 海洋观测与数据处理[M]. 北京：海洋出版社，2022.

[28] 董昌明. 人工智能海洋学基础及应用[M]. 北京：科学出版社，2022.

[30] 王维俊. 海洋波浪及其利用[M]. 北京：科学出版社，2022.

[31] 于谭，胡松，孙展凤. 海洋数据处理与可视化[M]. 上海：上海海洋大学出版社，2022.

[32] 孟俊敏，孙丽娜，张杰. "两洋一海"内孤立波遥感调查图集[M]. 北京：海洋出版社，2023.

[33] 沃尔特·芒克，彼得·伍斯特，卡尔·温施. 海洋声层析：理论与应用[M]. 项杰，赵小峰，王辉赞，等译. 北京：国防工业出版社，2023.

[34] 赵进平. 高等描述性物理海洋学[M]. 青岛：中国海洋大学出版社，2023.

后　　记

　　本书是对多名教员的多年课程授课资料的梳理和总结。在编写的过程中，得到了朱军教授的直接指导，也直接引用了朱教授的大量授课资料。对于所有为本书编写提供帮助和授课资料的人，在此表示热忱的感谢。

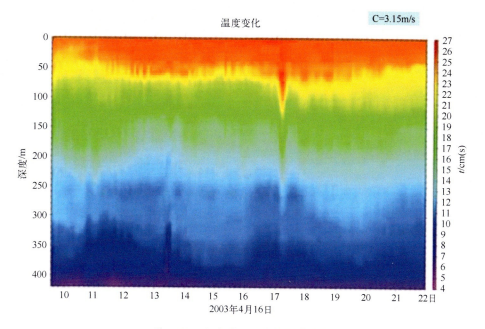

图 6-21 内波引起的海水温度变化

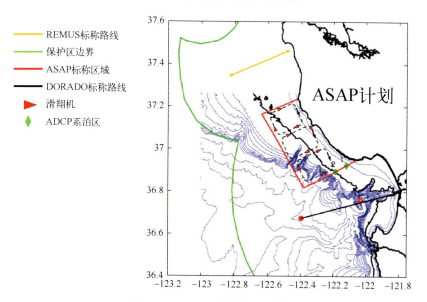

图 9-10 MB06 走航线路示意图

彩插 1